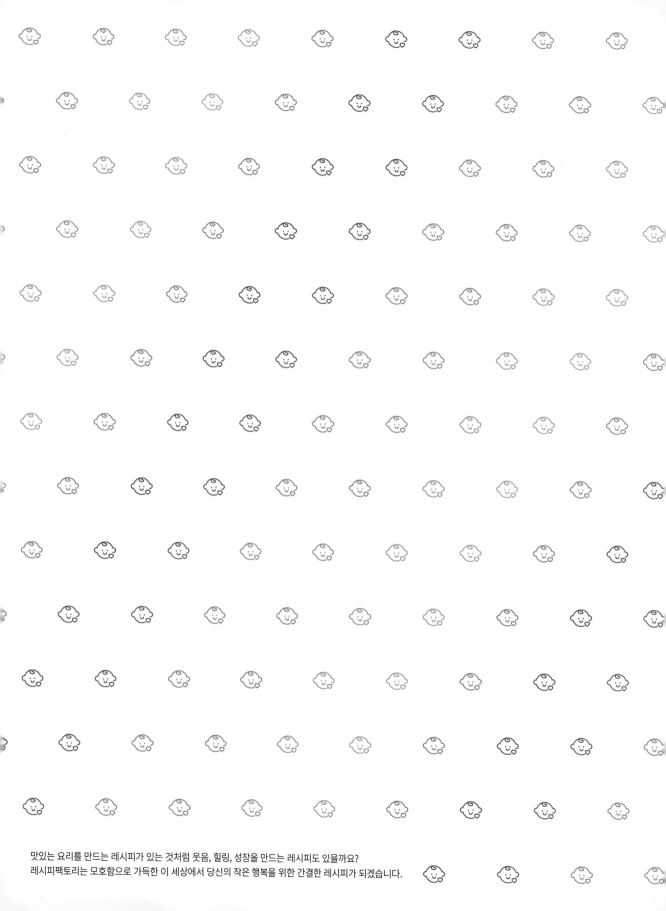

맛있는 요리를 만드는 레시피가 있는 것처럼 웃음, 힐링, 성장을 만드는 레시피도 있을까요?
레시피팩토리는 모호함으로 가득한 이 세상에서 당신의 작은 행복을 위한 간결한 레시피가 되겠습니다.

토핑으로 시작해 아이주도로 완성하는

아기 성장 맞춤 이유식

전혀 다른 두 아이의 이유식을 하며
터득하게 된 것들,
많은 엄마들과 나누고 싶습니다

처음 이유식 책을 써야겠다고 결심한 때가 벌써 3년 전이네요. 작고 약하게 태어나
잘 먹지 않았던 상현이와의 전쟁 같던 이유식이 끝나가고, 둘째 출산을 한두 달 정도 앞둔
시점이었어요. 제가 SNS에 소개했던 다양한 이유식과 '아이주도 레스토랑'이라는
키워드를 궁금해하는 출판사(레시피팩토리)와의 긴 인터뷰에서 이유식에 대한 제 생각,
방식, 메뉴들을 설명했는데요, 그때 저처럼 이유식이 어려운 엄마들에게 도움이 되는 책을
써보고 싶다는 생각을 하게 되었어요. 출판사에서도 기꺼이 둘째 이유식이 끝날 때까지
기다려줄 수 있다고 해서 집필을 마음먹게 되었답니다.

작고 약하게 태어난 첫아들 상현이의 이유식

35주 만에 갑작스레 태어난 상현이는 아빠의 두 손안에
온몸이 들어올 정도로 작은 아기였어요. 몸이 약해서인지
여러모로 예민한 면이 많아 미숙아 분유는 입에도 대지
않고 모유만 찾았어요. 빠는 힘이 약해 유축해둔 모유를
작은 젖병에 담아 먹였는데, 그나마도 한 끼에 먹는 양이
터무니없이 적었어요. 잘 먹다가도 중간에 한 번씩
경련하듯 울며 뱉어내 처음으로 40㎖를 먹은 날,
남편과 '오늘은 진짜 많이 먹었어!' 하며 기뻐했답니다.

체구가 작을 뿐, 잘 크는 줄 알았던 아기는 100일 전부터
아프기 시작했어요. 40㎖를 겨우 먹는 아기에게 하루 세 번,
15㎖씩 약을 먹여야 했지요. 울다 토하고 또 뱉어내고,
퍼렇게 된 입술에 덜덜 떨며 억지로 입을 막아가며 약을 먹여야
하는 악몽 같은 시간. 그때부터 저는 먹이는 데 집착하는
엄마가 되었고, 아이는 먹는 걸 무서워하게 되었어요.

이유식의 시작은 전쟁과도 같았어요.

음식을 앞에 놓기만 해도 자지러지는 아기 때문에 첫 시작은 쩔쩔매며
몇 숟가락 먹이는 게 고작이었어요. 먹는 양 10g에 울고 웃으며 하루를
보냈답니다. 매 끼니 식단을 고민해야 했고, 영양성분을 계산해야 했죠.
나트륨 섭취는 제한하고, 가공식은 일절 주지 않았어요.

당시 아이는 매달 검사를 받았기 때문에 본의 아니게 철분, 콜레스테롤, 혈당, 간수치
등의 종합 검사지를 받았고 이를 통해 아기가 제대로 잘 먹고 있는지, 정상적으로
자라고 있는지 확인할 수 있었어요. 매일 논문을 뒤지고, 매달 병원에서 유아
영양에 관한 상담을 받고 식단을 조절했어요. 아기가 잠든 자정이면 남편과 해외
정보를 번역기로 돌리며 '이 이유식은 괜찮다네, 이건 먹으면 안 되겠다, 이거 한번
사볼까?'라고 속삭이며 밤을 지새웠죠.

아직 또래보다 조금 작은 편이지만, 그래도 건강하게 잘 먹는 아이로 커준 상현이.
지금도 여전히 먹는 건 조심하고 있어요. 제가 만들어주는 음식에 '엄마 최고예요!'를
외치며 엉덩이를 들썩이곤 하는 아이가 얼마나 사랑스러운지 몰라요.

튼튼이 미식가 둘째 딸 화영이의 이유식

저희 친정엄마는 식당을 하셨기 때문에 어려서부터 어깨너머로 요리를 많이 배웠어요.
또 대학 때부터 자취하면서 집밥을 해 먹었기 때문에 저는 늘 음식 만드는 것에 자신이
있었어요. 하지만 이유식을 하며 세상에서 가장 까다로운 음식이 이유식이라는 것을
알게 되었지요. 큰 애 이유식을 하며 워낙 공부도 많이 했고, 경험과 자료도 잘 축적해
놓은지라 둘째 이유식은 누구보다 자신 있었어요. 그런데! 둘째는 전혀 달랐어요!
성별도 달랐지만, 식성과 성향은 물론 성장 속도도 아주 많이 달랐답니다.

첫째처럼 둘째 화영이도 일찍 37주 만에 태어나 한 달간 인큐베이터 속에 있다가
제 품으로 돌아왔어요. 태어날 때부터 삼키는 데 문제가 있어 인큐베이터에 있는
동안 잘 크지 않았어요. 그래도 병원에서 구강 마사지와 삼킴 재활을 받고 퇴원해서
다행히 음식을 먹는 데 거부감이 없었어요. 오히려 너무 많이 먹으려고 해서 식단
조절을 해줘야 할 정도였어요. 화영이는 무엇이든 잘 먹었고, 새로운 이유식을 주면 더
좋아하는 미식가 아기였어요. 이유식 진도도 빨라 아이주도식으로 전환도 빨랐어요.

두 아이의 전혀 다른 경험을 모두 담은 이유식 책

덕분에 이 책에는 전혀 다른 두 아이의 이유식 경험을 모두 담을 수 있게 되었어요.
작고 약하게 태어나 잘 먹지 않는 아기, 무엇이든 잘 먹고 다채롭게 먹고 싶어 하는
아기 모두를 만족시키는 이유식 방법, 식단, 메뉴들을 소개했답니다.

사실 제가 만드는 이유식이 특별하다고 생각하지는 않아요. WHO와 소아과협회에서
권장하는 가이드라인을 지켜 탄단지채(탄수화물, 단백질, 지방, 채소) 밸런스를 맞춰
식단을 구성하고 조리하는 게 기본이었고, 가능하면 제철 재료를 활용해 만들었어요.
억지로 먹이기보다 아기 스스로 먹을 수 있게 메뉴를 짰고, 싫어하는 식재료도
좋아질 수 있게 지속적으로 노출해 편식을 줄이려고 노력했어요.

또한 같은 이유식이라도 아기가 조금 더 맛있게 먹을 방법을 고민했고,
하나의 식재료로 다양한 이유식을 만들어 맛의 미묘한 차이를 느끼고 그걸 즐길
수 있게 해주려고 했어요. 각각 맛볼 수 있게 따로 주었다가 먹기 편하게 한번에
섞어주기도 하고, 수저로 먹기 힘들면 손으로도 먹을 수 있게 만들기도 했답니다.
아이들을 키우면서 느끼는 건 엄마가 어떻게 하느냐에 따라 아기의 식습관은
아주 많이 달라질 수 있다는 거예요.

이유식에 진심을 다했던 덕분에 입이 짧던 첫째는 이제 어떤 음식도 잘 먹는 먹보가 되었고, 둘째는 음식을 하나하나 따져보며 맛보는 미식가가 되었답니다.

아기에게 이유식이 처음인 것처럼 엄마도 모든 게 처음이니까

뭐든 처음부터 잘하면 좋겠지만 엄마도 아기도 여러 가지 시행착오를 겪고 고치고 배우는 과정이 필요해요. '엄마 젖만 먹던 아기에게 처음으로 음식을 입에 담는 법부터 가르친다'는 마음으로 이유식을 시작해야 해요. 아기에게 이 모든 과정은 처음이기 때문에 음식을 먹는 방법 하나부터 열까지 배워야 하고, 음식을 만드는 엄마 역시 재료 손질부터 조리 방법, 식단을 짜고 구성하는 것까지 하나씩 새롭게 배우고 익숙해져야 하지요. 처음부터 모두 완벽하게 하려고 하지 말고 하나씩 해나가면 돼요.

아기가 먹는 양에 맞춰 엄마도 조금씩 만드는 양을 늘리고, 아기가 먹을 수 있는 음식의 수가 늘어날 때마다 엄마도 할 수 있는 요리가 하나씩 더 생기도록요. 초기에는 이렇게, 중기에는 이렇게, 완료기에는 이렇게 먹여야 한다는 강박관념에 사로잡혀 아기와 마주 보고 밥 먹으며 웃는 시간을 잊어버리면 안 돼요. 전쟁 같은 밥시간이 아니라, 식탁에 둘러앉아 식구가 함께 즐거운 식사 시간이 될 수 있도록, 이런 것들에 차근차근 익숙해질 수 있도록 도와드리는 것이 저의, 그리고 제 책의 역할이라고 생각해요.

책을 쓰는 긴 시간 동안 엄마와 같이 크느라 고생한 우리 아이들, 묵묵히 외조하면서 한 남자에서 아빠가 되어가고 있는 남편에게 고마움을 전하고 싶어요. 그리고 누구보다 손주들을 끔찍이 아끼셨던, 이 책의 출간을 앞두고 하늘나라로 떠난 우리 아빠에게 감사와 사랑을 전합니다.

_____ 2024년 여름, 석은선

★ 이럴 때는 이 이유식을 먹여보세요!

외출 할 때 준비해 가서 먹이기 좋은 이유식
변비 일 때 먹이면 도움되는 이유식
보양 아프고 난 후에 먹이는 든든한 이유식
쟁여템 넉넉히 만들어 냉동했다가 식단에 단백질 반찬으로 활용하기 좋은 이유식

이 책의 계량에 대해 알아두기

- 대부분의 메인 재료는 모두 g으로 표기했으니
  저울을 사용해 계량하세요.
- 액체와 양념 재료는 계량컵과 계량스푼을 사용했습니다.
- 이유식에 사용하는 대부분의 액체(채수, 분유물 등)는
  g과 ㎖가 동일합니다. 가지고 있는 계량컵, 또는 젖병,
  저울 모두 사용이 가능하니 편한 방법으로 계량하세요.

  1컵 = 200㎖ = 200g
  1큰술 = 1Ts = 15㎖ = 15g
  1작은술 = 1ts = 5㎖ = 5g

이 책의 전자레인지로 채소 익히는 법 알아두기

단단한 채소의 경우, 아기가 먹기 좋게 익히기 위해
전자레인지에 미리 익힌 후 조리하는 경우가 있는데,
이때는 채소를 내열 용기에 담고 물을 넣은 후
뚜껑을 꼭 덮고 익히세요.

이 책에 많이 쓰인 분유물 알아두기

분유물은 아기에게 먹이는 분유를 그대로 써도 되고,
시판 액상 분유를 활용해도 돼요. 최근 WHO에서
만 6개월 이후부터 우유 사용이 가능하다는 권고안을
발표했으니, 이유식 조리용으로 소량이니 분유물 대신
우유를 활용해도 돼요(51쪽 참고).

이 책에 많이 쓰인 오븐과 에어프라이어 알아두기

오븐은 에어프라이어와 작동 원리가 동일해요. 다만,
오븐보다 에어프라이어의 열전도율이 더 높기 때문에
두 조리도구를 대체할 때는 주의할 점이 있어요.

- **오븐 대신 에어프라이어를 사용할 때**는 온도를
  5~10℃ 정도 낮추거나 시간을 2~5분간 적게 설정해
  요리의 상태를 보고 시간을 추가하는 게 좋아요.
- **에어프라이어 대신 오븐을 사용할 때**는 굽는 시간을
  추가해 완전히 익었는지 확인해야 해요.
- 5~10분 사이의 짧은 조리의 경우
  동일한 온도, 동일한 시간으로 설정해요.

만 6~7 개월

초기 이유식
첫 이유식, 엄마주도 토핑 이유식으로 시작하기

중기 이유식

엄마주도로 토핑 이유식과 한 그릇 이유식 병행하기

만 12~24 개월

완료기 이유식
돌 이후 완료기, 아이주도 레스토랑으로 다채롭게 먹이기

후기부터 완료기까지

후기와 완료기에 활용하는 아기 소스 & 반찬 & 국 & 간식

Basic Guide

첫 이유식을 만들기 전, 기본적으로 꼭 알아야 할 것들을 정리했어요.
이유식을 시작하면서 느끼는 막연한 궁금증부터 다양한 이유식 중
우리 아기에게 정말 필요한 이유식은 어떤 것인지 하나씩 알려드릴게요.
제가 이유식을 만들 때 사용했던 재료나 도구들도 싹 정리했어요.
어떤 것을 골라야 하는지 고민하는 엄마들에게 도움이 되길 바랍니다.

이유식, 왜 필요할까요?

예전에 이유식은 젖을 떼기 전 먹이는 유동식을 의미했어요.
죽이나 미음 형태로 만들어 주로 엄마가 수저로 떠먹이는 방식이었는데,
요즘 들어서는 토핑 이유식, 아이주도 이유식 등 다양한 방식이 자리 잡으며
이유식은 무조건 유동식이란 공식은 사라졌어요.

이유식에 대한 지침도 바뀌면서 많은 변화가 있었지만
기본적으로 이유식을 하는 목적은,
① 생후 6개월이 되면 태아기에 축적된 철, 칼슘, 구리 등이 고갈되어
'영양의 보충'이 필요합니다.
② 아기가 모유나 분유가 아닌 음식을 먹기 전 씹고 삼키는 방법을 배우고
③ 아기가 일정 재료나 음식에 알레르기 등 이상 반응을 나타내는지 여부를
알아보는 단계라고 이해하면 됩니다.

태어나 겪는 첫 경험이기 때문에 오래 걸리고, 낯설고, 어려운 과정이에요.
음식을 입에 넣고 삼키는 것부터 하나씩 배우고 익혀야 하므로
엄마의 인내심이 무엇보다 중요하답니다.

그래도 요즘에는 몇 가지 주의사항만 준수한다면
예전의 천편일률적인 이유식에서 벗어나 준비하는 엄마도 편하고, 아기도
더 즐거운 식사시간이 될 수 있도록 다채로운 식단을 구성할 수 있어요.

책을 찬찬히 살펴보며, 우리 아기의 성장에 맞춘 이유식을 함께 준비해요.

아기가 좋아하고
식사 시간이 즐거워지는
'아기 성장 맞춤 이유식'
이제 함께
시작해 볼까요?

17

우리 아기는 언제 시작할까요?

예전에는 4개월부터 아기가 보내는 신호를 보고 이유식을 시작했어요.
입맛을 다신다거나 이가 나고 손을 빤다거나 하는 등의 행동이지요.
지금은 완모, 완분 상관없이 만 6개월 이후, 180일을 기점으로 이유식을
시작하라고 지침이 내려져 있어요. 아직 음식을 먹을 준비가 충분히 되지
않은 상태에서 이유식을 빨리 시작하기보다 충분히 잘 먹을 수 있을 때까지
발달한 후 이유식을 시작했을 때 아기가 음식을 더 잘, 즐겁게 먹을 수 있기
때문이에요.

분유나 모유만으로도 만 6개월까지 필요한 영양을 충분히 얻을 수 있기 때문에
미리부터 이유식을 시작할 필요도 없거니와 이유식의 형태 자체가 이가
없어도 충분히 먹고 삼킬 수 있기 때문에 아기의 신체 발달을 신호로 시작
시기를 결정할 필요가 없는 거죠. 초기 이유식은 섭취량이 아주 적고 이유식을
통해 영양을 섭취하는 개념이 아니에요. 초기 단계는 분유나 모유를 통해
주로 영양분을 섭취하기 때문에 우리 아기가 작아서, 혹은 우리 아기가 발달이
빠르다는 이유로 만 6개월 이전에 이유식을 시작하지 않아도 됩니다.

아기가 충분히 발달한 생후 만 6개월 이후부터
더 맛있고 즐겁게 먹을 수 있어요!

다양한 이유식 방법이 있어요

1_ 죽 이유식

✳ 모든 재료가 어우러지게 푹 끓여낸 전통 방식의 이유식이에요.
　냄비 이유식이나 밥솥 이유식으로 불리며 엄마주도 방식이 많아요.
✳ 각 재료별 맛과 식감의 차이를 알려주기 어려워요.
✳ 바로 만들어 먹이기가 쉽지 않아, 한 번에 3~4회분씩 넉넉히 만들어
　냉장, 냉동했다가 데워 먹이기도 해요. 외출 시 휴대성이 좋아요.
✳ 어떤 재료에 알레르기가 있는지 정확한 확인이 어려워요.
✳ 초기에는 잘 먹지만 입자가 커지고 농도가 되직해지는 중, 후기가 되면
　끈적한 식감에 캑캑거리거나 구토하는 경우도 있어요.
　이는 주로 4배죽에서 진밥으로 넘어가는 돌 전후에 많이 나타나요.

2_ 토핑 이유식

✳ 채소나 고기, 생선 등 재료를 따로 조리해 쌀미음이나 죽에 반찬 개념으로
　섞거나 올려주는 이유식으로, 근래 들어 도입된 방식이에요.
✳ 재료별 맛과 식감의 차이를 알려줄 수 있고 다양한 재료를 접할 수 있어요.
✳ 재료를 한꺼번에 손질해 큐브화 해서 낭비 없이 사용할 수 있어요.
✳ 준비가 번거롭게 느껴지지만 익숙해지면 시간이 많이 단축되며
　시판 토핑 제품도 있으니 자주 먹지 않는 식재료는 구매해도 좋아요.
✳ 모든 재료를 따로 먹이기 때문에 정확한 알레르기 원인을 확인할 수 있어요.
✳ 입자의 크기를 빠르게 키울 수 있어 이유식 단계의 진행이 빨라져요.
✳ 초기에는 거친 식감으로 인해 먹이는데 어려움이 있을 수 있어요.

3_ 아이주도 이유식

✳ 식재료 원물을 아기가 먹을 수 있는 식감으로 손질해
스스로 잡고 먹도록 하는 방식이에요.

✳ 아기의 소근육 발달에 효과적이에요.

✳ 자기 주도적인 식사 방법을 통해 주체성을 향상시킬 수 있어요.

✳ 난이도 있어 보이나 초기 단계에서는 재료를 찌거나 삶는 게 대부분으로
준비가 어렵진 않아요.

✳ 스스로 먹는 것이기 때문에 호불호에 따라 편식이 생길 수 있어요.

✳ 삼킬 때 목에 걸릴 위험이 크기 때문에 항상 주의 깊게 살펴야 해요.
아이주도 이유식을 처음 시작할 경우 등 밀치기법과 하임리히법(185쪽)을
숙지하고 시작해요.

스스로 먹는 재미는 아기의 이유식 생활에
빠질 수 없는 즐거움 중 하나예요!

이 책이 추천해요!

☑ '아기 성장 맞춤 이유식' 성장 단계에 맞춘 최상의 방법이에요

앞서 설명한 세 가지 이유식 방법은 각각의 장점과 단점이 있어요.
그래서 아기 월령에 맞춰 최상의 방법을 선택하는 것을 추천해요.
저는 이 방법을 '아기 성장 맞춤 이유식'이라고 불러요.

＊ **초기** '엄마주도 토핑 이유식'으로 시작,
　　각 재료별 알레르기 테스트를 꼼꼼히 진행합니다.

＊ **중기** 토핑 이유식의 입자를 키우면서 죽, 수프, 스튜 등의
　　한 그릇 이유식도 함께 주어 다양한 맛과 식감을 경험하게 합니다.
　　이는 영양 균형과 편식 예방에 도움이 됩니다.

＊ **후기(전반기)** '아이주도 이유식'을 조금씩 시도하며 연습하다가
　　자연스럽게 아이주도 이유식으로 전환합니다. 되직한 농도의 음식과
　　핑거푸드를 준비해 아기가 스스로 먹을 수 있도록 도와줍니다.

＊ **후기(후반기) & 완료기** 밥과 반찬으로 구성된 '식판 이유식'을 자주 접하게
　　해서 이유식에서 유아식으로 자연스럽게 넘어갈 수 있도록 합니다.

＊ **완료기** '아이주도 레스토랑'의 시기로 다채로운 음식을 경험하게 합니다.

아기 성장 맞춤 이유식의 특징

- 죽 이유식과 토핑 이유식, 아이주도 이유식의 장점만을 가져와 만들었어요.
- 알레르기 테스트를 꼼꼼하게 진행할 수 있어요.
- 세 가지 이유식 스타일로 다양한 맛을 경험시켜요.
- 후기로 가면서 아이주도 이유식을 연습하고 스스로 먹는 즐거움을 알려줘요.
- 다양한 응용으로 밥과 반찬으로 구성한 식판 이유식을 쉽게 만들 수 있어요.
- 완료기에 다채로운 음식을 접하며 이유식에서 유아식으로 자연스러운 전환이 가능해요.

아기 성장 맞춤 이유식

이렇게 진행해요

**엄마주도 토핑 이유식으로 안전하게 시작,
아이주도 스스로 이유식으로 완성**

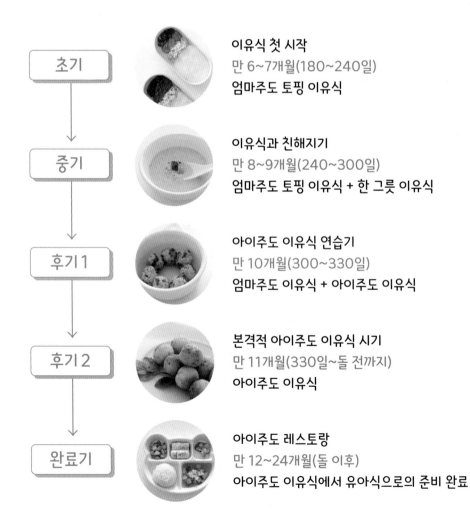

초기	**이유식 첫 시작** 만 6~7개월(180~240일) **엄마주도 토핑 이유식**
↓	
중기	**이유식과 친해지기** 만 8~9개월(240~300일) **엄마주도 토핑 이유식 + 한 그릇 이유식**
↓	
후기1	**아이주도 이유식 연습기** 만 10개월(300~330일) **엄마주도 이유식 + 아이주도 이유식**
↓	
후기2	**본격적 아이주도 이유식 시기** 만 11개월(330일~돌 전까지) **아이주도 이유식**
↓	
완료기	**아이주도 레스토랑** 만 12~24개월(돌 이후) **아이주도 이유식에서 유아식으로의 준비 완료**

보다 자세히 소개해요!

☑ 엄마주도 이유식 시기
엄마주도 토핑 이유식과 한 그릇 이유식

 초기

만 6~7개월 **하루 1회 토핑 이유식**

엄마도 처음, 아기도 처음인 초기 이유식. 무엇보다 아기의 안전이
중요하기 때문에 아기를 살피며 엄마가 이유식을 먹여줍니다.
아기는 하루 1회만 이유식을 먹는데, 이때는 준비도 편하고 알레르기 테스트도
용이한 토핑 이유식으로 시작합니다.

 중기

만 8~9개월 **1회 토핑 이유식** + **1회 한 그릇 이유식**

이유식과 조금 친해진 우리 아기. 하루에 2회로 이유식을 늘리면서
1회는 친숙해진 토핑 이유식의 입자를 키워서 주고,
다른 1회는 죽, 수프, 스튜 등 다양한 맛과 식감의 한 그릇 이유식을 먹입니다.

☑️ 엄마주도 + 아이주도 이유식 병행 시기
아이주도 이유식 연습기

후기1

만 10개월   **1회 토핑 이유식**   +   **1회 한 그릇 이유식**   +   **1회 아이주도 이유식**

이제 먹는 것의 즐거움을 알게 된 우리 아기. 하루 3회 이유식을 먹기 시작합니다.
1회는 토핑 이유식의 입자를 키워 반찬처럼 식판에 나눠 담아주고, 다른 1회는
중기와 마찬가지로 다양한 맛의 한 그릇 이유식을 먹입니다. 그리고 나머지 1회는
되직한 음식이나 핑거푸드를 만들어주어 아이주도 이유식을 시도합니다.
이 시기의 아기는 간단한 것들을 스스로 도전하고 싶어하는 시기랍니다.

✳ 후기 1에서 후기 2로 넘어가는 시점은 아기가 이유식을 받아들이는 정도를 보고 파악하세요.

☑️ 본격적인 아이주도 이유식 시기
기관 생활 전 스스로 먹도록 유도하기

후기2

만 11개월   **1회 한 그릇 이유식**   +   **2회 아이주도 이유식**   또는   **3회 아이주도 이유식**

기관 생활을 앞둔 우리 아기. 스스로 먹을 수 있게 하루 2~3회를 아이주도식으로
준비합니다. 낯선 음식도 스스로 먹는 걸 도전하며 새롭게 시작될 사회 생활을
준비해야 합니다. 한 그릇 이유식부터 여러 반찬으로 구성된 다양한 식판식까지 접할 수
있게 도와주세요. 아기는 이때부터 처음부터 끝까지 스스로 먹는 연습을 해야 합니다.

☑ 아이주도 레스토랑 시기

이유식에서 초기 유아식으로!

완료기

만 12~24개월 **3회 아이주도 이유식**

어느 정도 아이주도식에 익숙해졌다면 어디에서도 스스로 식사를 할 수 있습니다.
하루 3회 모두 아이주도 이유식을 진행하되 편식 없이 골고루 먹을 수 있도록
아기에게 음식과 식재료에 대한 긍정적인 인식을 계속 심어주세요. 억지로 먹는 게
아니라 자기가 식사시간을 즐기며 먹을 수 있도록 골고루 준비하되 모두
식판식을 준비할 필요는 없어요. 상황에 맞춰 한 그릇 이유식에서 여러 반찬의
식판식, 다양한 핑거푸드 등 엄마와 아기, 서로가 맞춰가며 균형을 잡아보아요.

아기가 이유식을 가지고
장난을 치며 먹는 것도
성장하는 과정의 일부랍니다.
너그럽고 사랑스럽게
봐주세요~

한눈에 쏙~
표로 정리했어요!

＊ 후기 1에서 후기 2로 넘어가는 시점은
아기가 이유식을 받아들이는 정도를 보고 파악하세요.

단계	초기	중기	후기 1	후기 2
개월 수	만 6~7개월	만 8~9개월	만 10개월	만 11개월
이유식 형식	엄마주도 토핑 이유식	엄마주도 토핑 이유식과 한 그릇 이유식	아이주도 이유식의 연습과 시작	본격 아이주도 이유식
이유식 및 수유 횟수	이유식 1회 + 수유 4~5회	이유식 2회 + 수유 4회	이유식 3회 + 수유 3회 + 간식 1~2회	이유식 3회 + 수유 1회 + 간식 1~2회
이유식 구성	토핑 이유식	토핑 이유식 + 한 그릇 이유식	토핑 이유식 + 한 그릇 이유식 + 아이주도 이유식	한 그릇 이유식 + 2회 아이주도 이유식 (또는 3회 모두 아이주도식)
이유식 추천 시간	오전 9시 또는 오후 1시	오전 9시, 오후 4시	부모와 동일한 식사 시간	
수유량(1회당)	150~200㎖	180~210㎖	210~240㎖	210~250㎖
쌀의 형태	미음	죽	무른밥	
이유식 분량(1회당)	40~80g	60~110g	80~140g	120~170g
곡류 섭취량(조리 후)	20~40g	30~60g	40~70g	60~80g
육류 섭취량(조리 전)	10~20g	20~30g	20~40g	30~50g
채소 섭취량(조리 전)	10~20g	10~20g	20~30g	30~40g
하루 섭취 열량	600kcal	700kcal	800kcal	900kcal

단계	완료기	
개월 수	만 12~18개월	만 19~24개월
이유식 형식	아이주도 레스토랑	
이유식 및 수유 횟수	이유식 3회 + 수유(또는 우유) 1회 + 간식 1~2회	
이유식 구성	다양한 메뉴의 아이주도 이유식	
이유식 추천 시간	부모와 동일한 식사 시간	
수유량(1회당)	210~240㎖ 1회(또는 우유 1컵)	
쌀의 형태	진밥 → 일반밥	
이유식 분량(1회당)	140~180g	160~200g
곡류 섭취량(조리 후)	70~90g	90~110g
육류 섭취량(조리 전)	30~40g	30~40g
채소 섭취량(조리 전)	40~50g	40~50g
하루 섭취 열량	1000kcal	1200kcal

☆

이유식을 시작하기 전 알아두세요

❶ **무염식은 36개월까지!**
최소 24개월까지 무염식 권장해요
소금 사용을 자제하는 것을
의미하며, 재료 자체가 가진
염분은 괜찮아요.

❷ **음식에 단맛을 내는 당은**
후기 이후 소량만 사용해요
백설탕, 물엿보다는 원당, 올리고당,
조청, 혹은 원재료(과일 등)가
가진 단맛을 사용해요.

❸ **과일은 중기 이유식이 끝난 후**
천천히 시작해요
당분이 많은 과일은 초, 중기 이후
다양한 식재료를 먹어본 이후에
시작하는 게 좋아요. 251쪽 참고.

❹ **소화시킬 수 없는 특정 식재료는**
섭취를 제한해요
12개월 전까지 금지
돼지고기 삼겹살, 소고기 등심,
날달걀, 과일주스, 잼, 꿀
24개월 전까지 금지
훈제오리, 햄, 맛살, 통조림 참치,
날음식
36개월 전까지 금지
올리브, 오이지, 녹차, 허브티,
초콜릿, 카페인 함유 식품

❺ **가공식품의 사용은 최소로**
햄, 맛살 등 첨가물과 나트륨
함량이 높은 가공식품은 최소
24개월까지 절대 주지 마세요.

이유식 준비가 편해져요

시판 재료 & 추천 브랜드

요즘에는 이유식용 손질 식재료나 육수팩, 양념장 등 편하게 사용할 수 있는
시판 제품이 많아요. 초기 이유식에 필수 재료인 쌀가루는 아기가 먹는 양이 적어
1팩이면 충분해요. 쌀가루를 선택할 때는 성분표와 원산지를 확인, 세척 횟수도
꼼꼼히 살펴요. 다른 시판 식재료도 마찬가지로 첨가물이 적고 원재료 함량이
높은 것을 선택해요. 보통 유통기한이 짧아 소분해서 냉동하거나 아예 소분된
제품을 구매해요. 반드시 친환경제품, 유기농제품을 구매할 필요는 없으나
개인의 신념에 맞춰 구매하되 GMO 제품이나 난각번호가 3, 4인 달걀은 피해요.

채소큐브   초기부터

이유시작 야채큐브

초기 단계의 채소 토핑은 소량만 사용하기에 자주 먹지 않는
식재료의 경우 시판 큐브를 사용했어요.
첫째 때는 네모 큐브 안에 냉동되어 판매되는 제품을 사용했는데,
한 개를 꺼내 쓰면 나머지는 개봉된 상태로 보관해야 해서
다시 구매하지 않게 되더라고요. '이유시작 야채큐브'는 10g씩
작은 튜브에 밀봉되어 있어 깔끔하고, 입자별로 골라 구매할 수 있어요.
남은 큐브는 냉동 보관 후 중, 후기에 죽이나 주먹밥에 활용해요.

생선   초기부터

생선파는언니

시판 일반 생선들은 가시를 발라주기 번거롭고, 대부분 염지가
되어 있어 무염 생선을 구매하는 게 중요해요. '생선파는언니'는
초기 이유식부터 유아식까지 사용할 수 있는 손질 무염 생선을
판매해요. 초, 중기 때는 이유식용 생선 큐브로 시작해서 후기부터는
손질된 순살 생선을 구입할 수 있어요.

오트밀   초기부터

플라하반 오트밀

오트밀은 다양한 브랜드 중 '플라하반 오트밀'을 주로 사용해요. 입자별로 다양한 제품군이 있는데, 초기 이유식때는 아주 고운 오트 브란을 토핑으로 뿌려주고, 중기부터는 슈퍼오트로 죽을 만들거나 간식을 만들어주곤 했어요. 후기 들어서는 퀵오트나 포리지 오트로 오버나이트 오트밀을 만들거나 튀김 요리에 빵가루를 대신해 사용해도 좋아요.

무조미 김   초, 중기부터

반장 진맛김

무조미로 만들어진 김으로 이 책에 소개된 김밥은 전부 이 김을 사용했어요. 원초 함량이 높고 일반 김밥 김보다 두께가 얇아 아기가 먹기 편하며, 맛도 더 고소해요. 중기까지는 목에 붙을 수 있으니 잘게 부수어 미음이나 죽에 더해주고, 후기부터는 김밥을 만들거나 식단에 반찬으로 활용해요.

채수   중기부터

베이비채수

중기 이유식부터는 채수 사용이 가능해요. 직접 만들 수도 있지만 번거로운 과정과 짧은 보관기간이 문제라면 시판 제품을 활용해도 괜찮아요. 저희 아이들은 표고버섯 향이 강하게 나는 걸 싫어해 향이 옅은 '베이비채수' 제품을 사용하는데, 한식부터 양식까지 사용하기 좋아요. 맛이 진해 메뉴에 따라 물을 더해 희석하거나, 그대로 넣어 감칠맛을 살렸어요.

＊ **홈메이드 채수 만드는 법** 냄비에 물 7~8컵(약 1.5리터), 무 1토막(100~200g), 당근 1/3개, 대파 1/2대, 마늘 3~4개, 표고버섯 1개, 다시마 조각 2~3장을 넣고 중간 불에서 끓어오르면 약한 불로 줄여 10분간 끓여요. 다시마를 건진 후 뚜껑을 덮고 50분~1시간 정도 뭉근히 끓이고 체에 밭쳐 국물만 사용해요. 소분해 냉동 보관도 가능해요(30일).

＊ **시판 채수를 홈메이드 채수로 대체하는 법** 이 책에서는 시판 채수를 사용했는데요, 홈메이드 채수로 대체할 때는 채수만 사용하는 이유식에는 그대로 대체하고, 시판 채수와 물을 섞어 희석하는 이유식에는 물 분량만큼 홈메이드 채수를 더하세요.

건조 곤드레　중기부터

건강을 찾는 사람들 곤드레쑥

삶은 곤드레나물을 동결 건조한 제품이라 전처리 없이 한 번 데치는 걸로 바로
조리가 가능해요. 전날 불리고 씻고 데치고 다시 불리는 과정이 없어 간편해요.
손이 많이 가는 식재료는 간편하게 나온 시판 제품으로 시간을 절약해요.

가루 양념류　중, 후기부터

파프리카가루, 양파가루, 강황가루, 백후춧가루

이유식에 사용하는 다양한 양념들은 브랜드를 정하지는 않아요.
필요할 때마다 성분표를 확인하고 구매하는데, 첨가물이 들어가지 않고
원재료만 기재되어 있는 제품을 고르고, 성분표와 생산 일자를 확인하고
적은 양으로 소포장된 제품을 구매해요. 후춧가루는 아기들이
매워할 수 있으니 흑후추의 껍질을 제거하고 곱게 분쇄한 백후춧가루를
사용해요. 이 역시 소량만 사용하는 게 좋아요.

분말 페스토　중, 후기부터

이유박스 누 페스토

아기 음식에 파슬리 대신 뿌려주는 분말 페스토. 색감이 쨍하고
허브처럼 향이 세지 않아 데코용으로 살짝 뿌리기 좋아요.

조청, 배도라지고　후기부터

다온 첫단추 쌀조청, 배도라지고

후기 이유식을 잘 먹지 않는 아이들을 위해 사용해요. 쌀로 만든 조청은
맛도 부드럽고 미네랄이 풍부해 사용하기 좋아요. '첫단추 쌀조청'은
시럽과 같은 묽은 점도를 가지고 있어요. 개봉 후 장기간 사용하면 맛과
품질이 떨어져 적은 용량의 제품을 구매하는 게 좋아요. '배도라지고'는
아이들에게 한 수저씩 떠먹이기도 하지만, 요리용으로도 많이 활용해요.
고기에 밑간할 때 사용하는데, 도라지가 들어갔지만 쓴맛이 나지 않고
산뜻한 제형이라 사용이 편해요.

빵가루 대용 　중, 후기부터

로지오가닉 시작퍼프

중기 이후 이유식에서 가장 많이 하는 실수가 시판 빵가루를 사용하는 거예요.
시판 빵가루에는 다양한 첨가물과 다량의 나트륨이 포함되어 있기 때문에
24개월 이전의 아기들에게는 맞지 않아요. 다만 시중에 무염으로 나온 빵가루가
없으니 아기 간식으로 판매되는 떡뻥이나 퍼프를 갈아 사용해요.

발사믹식초, 저산 사과식초 　후기부터

안드레아밀라노 유기농 발사믹비네거, 애플비네거

식초는 가열 시 약간의 신맛과 특유의 향미만 남아요. 조청이나 배도라지고와
함께 사용하면 무염이면서도 마치 간장을 넣은 듯한 맛이 나 고기 요리나 한식을
만들 때 유용하죠. '안드레아밀라노 유기농 발사믹 비네거'는 가격도 적당하고
포도 함량이 높은 제품 중의 하나예요. 텁텁하지 않고 깔끔하게 떨어지는 뒷맛이
좋아 드레싱으로 사용하기에도 손색없어요.

통밀가루, 베이킹파우더 　후기부터

밥스레드밀 유기농 통밀가루, 베이킹파우더

백밀가루보다 거친 식감의 통밀가루는 식이섬유가 풍부하고, 풍미가 고소해요.
아기들도 통밀빵을 더 잘 먹기도 해요. 주로 '밥스레드밀'에서 나온 유기농
통밀가루와 베이킹파우더를 사용했어요. 오아시스나 한살림 등의 생협 조합에서
나온 앉은뱅이 밀이나 우리밀 통밀가루 등을 사용해도 좋아요.

통조림 　중, 후기부터

비비베르데 유기농 캔(옥수수, 강낭콩, 병아리콩, 렌틸콩, 토마토 퓌레, 홀토마토)

손질이 불편하고 한 번 먹기 위해 많은 양을 사야 하는 식재료는 통조림을
사용해요. 특히 옥수수나 콩은 손질에 품이 많이 들어가기에 믿을 만한 제품을
선택하는 게 좋답니다. '비비베르데 유기농 캔'은 시중 무첨가 유기농 캔 중에
용량이 적당하고, 가격도 합리적이에요. 유럽에서 그린 라벨을 받은 제품으로
첨가물이 들어 있지 않은 다양한 종류의 유기농 캔이 있어요. 통조림에는 보존을
위해 소량의 나트륨이 함유되어 있으니, 조리 전 물로 헹궈 사용해요.

조리도구를 구비해요

도구 & 추천 브랜드

이유식을 시작할 때 당장 준비해야 할 건 몇 가지 없어요. 정확한 계량을 위해
저울과 계량스푼을 기본으로 구비하고, 조리도구로는 냄비와 칼, 도마, 강판
정도면 충분해요. 시작은 쌀미음으로 하기 때문에 꼭 필요한 것만 갖추고
다음으로 필요한 도구들을 장만해요. 초, 중기까지는 최소한의 도구로, 중기
이후 꼭 필요한 물품을 구비하는 거죠. 이유식부터 유아식까지 유용한 도구들을
시기별로 체크해보세요.

실리콘 큐브　초기부터

중, 후기 이후 요긴하게 사용해요. 얼린 채소큐브로
10분 만에 죽이나 볶음밥을 만들 수 있어요.
다양한 소스나 양념도 소분해 얼렸다가 필요할 때 넣기만
하면 되니 중기부터는 크기별로 한 개씩은 구비해요.

주니 코지 큐브

50~60g 크기의 큐브가 각각 개별로 구성되어
냉동실에 넣었다가 필요한 큐브만 꺼내 사용할 수 있어요.
개별 큐브라 두께가 얇지만 사용하는 데 있어 크게
불편하지 않아요.

마미스테이블 실리콘큐브

40~50g부터 100g까지 다양한 크기가 있어요.
큰 크기는 미음이나 죽을 얼리기 좋아요. 두께가 두꺼워
튼튼하고 뚜껑의 결합력이 좋아 내용물이 새지 않아요.
반찬통이나 도시락통으로 사용할 수 있어요.

쁘띠누베 실리콘큐브

시중에 나와 있는 큐브 중에 가장 작아요.
10g, 25g, 50g 짜리가 있어 소스 등을 소분하기 좋아요.
다만 뚜껑이 완전히 닫히는 게 아니라서 완전히 얼면 꺼내
다른 밀폐 용기에 담아 보관해야 해요.

칼 초기부터

식재료별로 전부 나누어 사용할 필요는 없어요.
한 가지 식재료를 손질하고 씻은 후 다른 식재료를 손질해요.
이유식 시기에는 다지기를 많이 해 날이 금방 상해요.
적당한 가격에 손목이 편한 걸로 구매해요.

도마 초기부터

원칙대로라면 육류용, 생선용, 채소용을 구분해야 하나
사용하다 보면 대중없이 막 사용하게 돼요. 세척이 편한
도마를 구매해 육류나 생선 손질 시에 일회용 커팅 도마를
깔고 사용하세요. 위생적이고 편리합니다.

차퍼(다지기) 초, 중기부터

초기에는 아주 작은 미니 다지기면 충분해요.
가격도 저렴한데, 고장도 잘 나지 않아요. 시간이 지나
먹는 양이 늘어나면 큰 차퍼나 다양하게 활용할 수 있는
푸드프로세서를 추가로 구비하면 빠르게 조리할 수 있어요.

에버홈 미니다지기
내열유리강화볼로 되어 있어 튼튼하고 위생적이에요.
칼날도 분리해 세척하기 쉬워요. 다만 이유식용으로
작게 나와 양이 많으면 내용물이 위로 타고 올라가는 경우도
있고, 너무 적은 양은 곱게 갈리지 않아요.

닌자 차퍼
넉넉한 사이즈를 자랑하는 만큼 주방에서 자리를 조금 더
차지해요. 용기는 BPA-free 투명용기로 오래 사용하면
바닥에 금이 가기도 하지만 성능이 좋아 어떤 재료도 곱게
갈아내 유용해요.

밀크팬 정도면 아기가 하루 1회, 3일 동안 먹을 만큼의 죽을
끓일 수 있어요. 큰 냄비는 조리하는 시간도 오래 걸리지만,
음식의 맛을 떨어뜨리기도 해요. 코팅이 잘 된 세라믹이나 법랑,
사용이 편한 스텐냄비가 좋아요.

알마 미오 미니 찜기 겸용 냄비 12cm

양수 냄비이면서 찜기로 사용 가능한 미니 냄비예요. 간단하게는
죽이나 미음 2~3일분을 한 번에 만들 수 있고, 찜기로도
요긴하게 사용할 수 있어요. 소량씩 자주 만들 때 좋아요.

모도리 소담 미니 냄비 14cm

세라믹 코팅이 된 냄비예요. 많게는 5~6회 분량의 죽을
한 번에 끓일 수 있어요. 양쪽에 물코가 있어 그릇에 옮겨 담기
편하고, 열원을 가리지 않아 불에 올려 사용하다 바로 오븐에
넣을 수도 있어요.

저렴하고 코팅이 잘 된 걸로 구매하고 비싼 것보다는
가성비 있는 제품을 선택해요. 코팅팬은 6개월에서 1년에 한 번씩
교체하거나 코팅이 벗겨졌을 경우 즉시 교체해요.
국산 제품은 원자재도 좋은 걸 사용하기 때문에 신뢰가 가요.

LAGO 미니 웍 & 미니 후라이팬 & 계란말이팬

가격은 저렴한데 코팅이 아주 잘 된 팬이에요.
시중에 나온 코팅 프라이팬 중 사이즈가 가장 작아요.
모든 열원에서 사용 가능하기 때문에 인덕션에서도 조리가
가능해요. 세트로 구매하면 좀 더 할인이 가능해요.

모도리 구들 후라이팬

완자나 볼, 떡갈비 등 대량으로 음식을 조리 시
큰 팬이 필요할 때가 있어요. 그럴 때 사용하는 팬으로
모도리 제품 중에 소담 라인보다 더 코팅이 잘 되어 있어
눌어붙거나 잘 타지 않아요.

주물 냄비 · 후기부터

무겁고 주기적인 시즈닝이 필요하지만 고슬고슬 차진 밥맛이 모든 걸 감수할 수 있게 해요.
솥밥이나 푹 쪄야 하는 찜 요리에 적합한데, 크기와 가격대가 아주 다양해요.

라바 미니 주물냄비

다른 주물 냄비의 반 정도 가격이지만 품질이 떨어지진 않아요.
1인 1솥 할 수 있을 정도로 부담 없는 가격이라 고민 없이 구매할 수 있어요.
종종 쿠팡에서 할인할 때가 있어 저렴한 가격으로 구매가 가능해요.

스타우브 미니 웍

고가에 속하는 브랜드로 품질이 뛰어나요. 미니 웍은 크기가 작아
한 끼 분량만 조리가 가능해요. 아웃렛이나 연말 세일, 직구 사이트 등
찾아보면 비교적 저렴하게 살 수 있어요.

머핀틀 · 후기부터

실리콘 머핀틀은 분리가 잘 돼 사용이 편하고 세척이나 관리도 쉬워요.
작은 크기 1세트, 큰 크기 1세트가 있으면 나중에도 유용하게 사용이 가능해요.

에어프라이어 또는 오븐 · 후기부터

복합레인지를 가지고 있다면 튀김부터 베이킹, 구이까지 많은 음식을
쉽게 할 수 있어요. 오븐으로 만들 수 있는 음식은 에어프라이어로도
모두 가능하니 작은 에어프라이어 하나만 있어도 됩니다.

＊ 두 기구를 대체할 때 주의할 점은 8쪽을 참고하세요.

튀김기 · 후기부터

꼭 있을 필요는 없지만 가지고 있다면 편리한 도구예요. 튀겨야 맛있는
음식들이 있기 때문에 가끔 꺼내곤 해요. 1~2인용 튀김기면
아기들 음식부터 어른들 음식까지 좀 더 편하게 만들 수 있어요.

델키 튀김기

시중에 나온 제품 중에 가장 작은 크기의 튀김기예요. 적은 양의 기름으로도
튀김이 가능하고 본체에 손잡이가 달려 있어 기름을 따라 버리거나
세척하는 게 좀 더 편해요. 다만 온도 조절 레버 설정이 힘든 편이에요.

이유식부터 유아식까지 사용하는
식기류 & 추천 브랜드

보관 용기와 식기는 종류가 아주 다양해요. 시중에 많은 제품들이 나와 있는데,
딱 어떤 제품이 좋다 콕 집어서 말할 수는 없어요. 저는 두 아이를 키우면서
대부분 구비해서 사용했어요. 각자 소재에 따른 장단점이 명확하기에
처음부터 많은 종류를 갖추기보다는 한두 가지 제품을 구입해 사용해 보고
아기와 엄마가 편한 제품을 추가로 선택하는 것이 좋답니다.

숟가락

엄마주도 이유식에서 꼭 필요한 준비물이에요. 아기마다 선호하는 숟가락이
다를 수도 있는데, 우선 아기가 불편함 없이 잘 먹고, 엄마가 이유식을 뜰 때
사용하기 편한 것이 제일이에요.

종류	온도 감지 수저	실리콘 숟가락	BPA free PE 숟가락	스테인리스 숟가락
특징	온도 감지 기능이 있어 아기에게 알맞은 이유식 온도 체크가 가능해요. 온도에 따라 색이 변해 눈으로 바로 확인이 가능하니 초보 엄마에게 유용해요.	재질이 부드럽고 둥글어 안전해요. 숟가락 부분이 오목하고 깊이 있는 제품이 오래 사용하기 좋고 흘리지 않고 먹일 수 있어요.	저렴한 가격대의 제품이 많아요. 가볍고 단단해 아이주도식을 시작하는 아기에게 적합하며, 다양한 디자인이 많으니 아기가 좋아하는 색이나 캐릭터를 구입, 식사에 흥미를 더해도 좋아요.	도구 사용이 익숙한 완료기에 쓰기 좋아요. 위생적이며 추후 어린이집에서도 스테인리스 제품을 사용하기에 미리 익숙하도록 연습할 수 있어요.
사용 시기	초기	초, 중기	후기	완료기
추천 브랜드	먼치킨	에디슨	먼치킨	키친유

한 번에 두세 끼를 만들어 소분해 두었다가 그대로 다시 데워서 먹이는 경우가
많아요. 가능하면 전자레인지 사용이 가능하거나 중탕이 되는 용기를 고르는 게
좋아요. 보관 용기는 유아식 시기까지 반찬통이나 간식통으로 쭉 사용되니
처음 살 때 퀄리티가 좋은 제품을 구매하는 게 좋습니다.

종류	PP, 트라이탄 용기	도자기 용기	모유보관팩	유리 용기	실리콘 용기
특징	**PP** 가장 쉽게 구할 수 있는 기본 용기로 가볍고 적층이 가능해요. 단 뚜껑 변형이 잦은 편으로 대부분 식기 세척기 사용이 불가능해요. **트라이탄** 젖병 소재로 만들어져 가볍고 적층이 가능해요. 뚜껑 변형이 잦은 편으로 대부분 식기세척기 사용이 불가능해요.	몸체는 도자기, 뚜껑은 실리콘으로 되어 있어요. 오랜 기간 동안 변형 없이 사용이 가능하나 무게가 무겁고 가격이 고가인 것이 단점이에요.	원래는 모유를 보관하는 팩으로 가볍고 중탕이 가능해요. 초, 중기 등 죽 이유식 보관에 유용하며 겉에 날짜 기입이 가능해 좋아요. 부피가 작아 소분해 외출 시에도 편하게 사용이 가능해요.	눈금 표시가 있어 초기나 중기 이유식 단계에서 죽이나 미음을 소분하기에 적합해요. 뚜껑은 실리콘이나 플라스틱이며 변형이 없어 장기간 사용이 가능해요. 내열 유리로 만들어져 있기 때문에 강한 충격이 아니면 잘 깨지지 않아요.	열탕소독이 가능하고 소재가 유연해 간식이나 반찬을 담아놓는 등 다용도로 사용하기 좋아요. 단 실리콘 특유의 냄새 배임, 미사용 시 끈적함이 생겨 관리에 주의가 필요해요.
사용 시기	초, 중, 후기 이유식	초, 중, 후기 이유식	초, 중기 이유식	중, 후기 이유식	후기 이유식
추천 메뉴	미음, 반찬류, 간식	미음, 죽, 밥	미음, 죽	미음, 죽	반찬류, 간식
전자레인지	○	○	×	○	○
식기세척기	△	○	○	○	○
오븐	×	○	×	×	○
추천 브랜드	**PP** 베베락 **트라이탄** 웜리, 베베락	블루마마	마더케이	락앤락	마미스테이블

이유식 턱받이

이유식을 먹일 때 아기가 편하게 먹을 수 있고 바닥으로 이유식을 흘리는 것을
조금이라도 막기 위해 하는 턱받이예요. 외출 시에도 챙겨 가면 사용할 수 있어
옷이 더러워지는 것을 막아줘요. 추후 기관 생활을 할 때도 챙겨야 하기에
여분이 있으면 편리하게 사용할 수 있어요.

종류	PP 재질 턱받이	실리콘 재질 턱받이	입는 턱받이
특징	PP 재질로 만들어져 실리콘 턱받이에 비해 받쳐주는 힘이 강해요. 베이비본 제품은 시중에 나온 턱받이 중 가장 작은 크기의 제품으로 6개월 아기가 착용해도 식탁이나 의자에 닿지 않아 사용하기 편리해요.	실리콘으로 만든 턱받이로 부드럽고 유연해요. 음식이 담기는 포켓이 깊어 아이주도 이유식을 시작할 때 적합해요. 다양한 제품이 있으니 취향에 맞게 선택하되, 마더케이 제품은 움직임이 많은 아기가 사용해도 버클이 잘 풀리지 않아 좋아요.	아이주도 이유식을 시작하거나 일반 턱받이를 거부하는 아기들에게 추천해요. 취향에 따라 소매의 길이, 기장을 다양하게 고를 수 있어요. 음식이 밖으로 떨어지지 않고 옷에 담겨 뒤처리가 비교적 편리해요.
사용 시기	초기부터	후기 이후	후기 이후
추천 브랜드	베이비본 이유식 턱받이(스몰)	마더케이 이유식 턱받이	벨베이비 입는 턱받이

아이주도식을 진행하면서 가장 많이 사용하게 돼요.
이유식 시기에 구비한 식판은 유아식 시기까지 사용이 가능하니 꼼꼼하게
골라 취향에 맞는 제품을 구비하세요. 한꺼번에 많은 제품을 사기보다는
사용해 보고 엄마와 아기에게 맞는 제품을 추가로 구입하는 걸 추천해요

종류	실리콘 볼 & 식판	에코젠, 카사바 소재 식판	도자기 식판	유기 그릇
특징	다양한 디자인과 색감이 있고 대부분 흡착이여서 떨어뜨려도 깨지지 않아 아기가 어릴수록 요긴해요. 열탕, 식기세척기, 오븐에도 활용이 가능해요. 실리콘 소재라서 꼼꼼한 세척과 관리가 필요하고, 포개서 보관이 불가능해 자리를 많이 차지해요.	단단하고 가볍고 매끈한 소재라 세척이 간편해요. 가벼운 열탕이나 식기세척기 사용이 가능하고 냉장, 냉동 보관도 가능해요. 대부분 흡착이 불가능하고 미끄럼 방지만 되어 후기 이후에 사용하는 것이 적합해요. 포개서 보관이 가능해 부피를 많이 차지하지 않아요.	깨질 수 있는 재질로 아기들이 던지지 않도록 유의해야 해요. 초기보다는 후기 이후에 사용하기 좋고. 포개서 보관이 가능하며 오븐, 열탕소독, 전자레인지 모두 사용이 가능해요.	음식의 온기를 유지하는 성질이 있어 식사를 마칠 때까지 따뜻한 음식을 먹는 것이 가능하며, 세균 번식을 억제하는 효과가 있어 여름에 사용하기 좋아요. 관리가 번거롭지만 반영구적으로 사용이 가능해요. 열전도율이 높아 뜨거운 음식은 위험할 수 있어 주의해야 해요. 묵직한 무게나 높은 가격이 단점이에요.
추천 아기 타입	식판을 가만히 놔두지 않는 아기. 움직여도 안전하게 식사를 마칠 수 있어 초기 이유식에 적합해요.	식판을 움직이지 않는 아기. 가정 보육 중인 아기. 식사 횟수가 많은 가정에 적합해요.	식판을 움직이지 않는 아기. 다자녀 가정이어서 식사 횟수가 많은 가정에 적합해요.	여름철 배앓이가 잦은 아기. 따뜻한 음식을 좋아해 음식의 온도에 민감하게 반응하는 아기에게 적합해요.
추천 브랜드	마더케이	탁가온, 네스틱	디어미니하우스	놋향

이유식을 안 먹거나
변비가 생긴 아기를 위한 가이드

엄마들이 가장 힘들 때는 이유식 만들 때가 아니라 정성껏 만든 이유식을
아기가 거부할 때 아닐까요? 아기를 위해 힘들게 준비한 이유식도
아기가 먹지 않는다면 무용지물이겠죠? 아기들은 미각이 예민하고
섬세하답니다. 이유식을 거부하는 아기는 아래의 가이드에 따라 다시 한번
먹이는 방법을 바꿔서 시도해보세요. 또한 이유식을 시작한 후 변비가 생기는
아기들이 있는데요, 어떻게 대처하면 좋을지도 알려드려요.

☑ 이유식을 아예 거부하는 아기

아기에게 밥을 먹이는 기본 원칙은 '의자에 앉혀서 천천히 먹인다'예요.
쉽지만 가장 힘든 일이기도 해요. 우선 6단계로 나눠 마음을 비우고
천천히 시도해보세요.

이유식을 거부하는 아기를 위한 6단계

1 싫어하는 아기를 억지로 의자에 앉히지 마세요.
발버둥 치며 일어나겠다고 울면 내려주세요.

2 아기의 배가 고플 때까지 기다려요. 30분 정도 지난 뒤에
아기가 배가 고파 보채기 시작하면 딱 한 입! 한 입만 먼저 주세요.

3 한 입 먹는 사이에 아기를 의자에 앉히고 안전벨트를 한 뒤에
식사를 시작해요. 한 입 먹고 기분이 좋을 때 아주 소량을 입에 넣어요.
음식을 입에 한가득 넣고 잘 먹는 아기는 매우 드물어요. 입안에서
음식을 굴리며 맛을 보고 목으로 삼키기 편할 정도의 양만 담아요.

몸도 약하고 이유식도
잘 먹지 않아서
엄마를 이유식 전문가로
만들어준 첫째

무엇이든 잘 먹어서
엄마에게 이유식
만드는 즐거움을 느끼게
해준 둘째

4 다음 한 입은 입안의 음식을 모두 삼킨 후 시작해요. 다 먹지도 않았는데
숟가락을 입 앞에 대기하지 마세요. 아기에게 밥을 먹는 시간은
즐겁고 행복한 시간이라는 걸 알려줘야 해요. 안 먹고 오래 걸린다고
화내거나 굳은 얼굴로 아기를 마주하지 않도록 노력해요.

5 허기가 가시고 별로 먹지도 않았는데, 내려오겠다 보채면
다양한 컬러의 아기 숟가락을 하나씩 주고 음식에 관해 조곤조곤
이야기하며 다시 흥미를 끌어주세요.

6 다정한 설명과 숟가락을 가지고 노는 사이에 한 입씩 또 먹여주세요.
그렇게 하다 보면 그 사이 준비한 음식은 모두 아기 뱃속으로 들어가 있을 거예요.

아기가 의자에 앉기만 해도 자지러지고, 울다가 토하고 다 흘려
이유식 시간만 되면 눈물이 날 것 같아요

이런 분들은 깔끔하게 의자를 포기하세요. 좀 더 커서 말귀를 알아들을 때쯤
다시 의자에 앉혀요. 그 전까지는 그냥 먹이고 씻긴다는 생각으로 아기에게
편하고 익숙한 곳에서 앉혀 먹여요. 가능하면 식탁이나 주방 근처에서 먹이되
그게 꼭 의자일 필요는 없어요. 좌식이 편한 아기는 작은 소반을 앞에 두고
먹어도 돼요. 제일 중요한 건 이유식에 거부감이 생기지 않도록 주의하는
거예요. 원칙을 지킨다고 식사 시간이 눈물과 통곡의 시간이 된다면 그건
서로에게 지옥 같은 순간이 돼요. 원칙보다 중요한 건 그 시간의 즐거움이니
원칙을 고집하지 마세요.

☑ 이유식을 먹긴 하지만, 너무 안 먹거나 조금만 먹는 아기

아기들은 미각이 어른보다 훨씬 예민하고 섬세해 음식에 대한 거부감이 생기면
회복하기가 매우 어려워요. 아래의 네 가지 방법을 참고해 아기가 조금 더
식사를 즐길 수 있도록 도와주세요.

1 한 꼬집으로 더 맛있게 만들어주세요

돌 이후에는 잘 먹지 않는다고 간을 하는 경우가 많은데, 엄밀히 따지면
가염은 36개월까지는 권장되지 않아요. 최소 24개월까지는 무염식을 먹이는 게
WHO의 권고 사항이에요. 안 먹는 아기들이 간을 한다고 잘 먹진 않아요.
다만 나트륨에 익숙해지고 거기에 중독성이 생겨 짤수록 먹는 그 순간은 맛있게
먹는 것처럼 보이는 거지 절대적인 양이 늘어나지는 않아요. 만 2세 이전에는
신장 기능이 미숙해 이 시기 이전에 소금에 노출이 되면 신장에 무리가 가고,

나중에 심혈관 질환을 앓게 될 가능성이 크다고 해요. 최소 24개월, 최대 36개월까지는 무염식을 하는 게 좋습니다. 물론 그 이후에는 몸의 전해질 균형도 고려해야 하므로 연령에 맞춰 권장 섭취량을 고려해 음식의 간을 해주세요. 그럼, 아기들이 잘 먹지 않는데 간도 안 하고 어떻게 해야 하나 궁금하실 수 있어요. 그럴 때는 원물의 맛을 최대한 살려 조리하되 이미 아기들이 어느 정도 컸기 때문에 그 전에는 사용하지 않던 조미료나 조리방법을 활용해주세요(여기서 조미료는 염분이 포함되지 않은 향유, 향신료, 산미료, 감미료 등을 말합니다).

만 8~9개월부터는 음식에 약간의 향유(참기름, 들기름, 무염버터, 올리브유 등)를 첨가해 맛을 더하고, 만 10개월 이후에는 집에서 만든 아기 소스(414쪽)를 활용하는 것도 좋아요. 만 10~11개월부터는 약간의 향신료(허브, 백후춧가루 등의 향신료, 표고버섯가루 등)를 한 꼬집 뿌려주세요. 물 대신 채수를 사용하는 것도 좋아요. 만 11개월 이후에는 발사믹식초, 사과식초 등의 산미료, 조청, 원당 등의 감미료를 음식에 소량 첨가해요. 무염이어도 얼마든지 맛있게 만들 수 있으니 가능하면 24개월까지는 손이 더 많이 가더라도 아기들의 건강한 식습관 형성과 올바른 성장을 위해 조금만 노력해주세요.

2 아기에게 딱 맞는 맛있는 밥을 지어주세요

미음이나 죽에서 처음 밥으로 넘어갈 때는 당연히 어른과 똑같은 밥을 먹기는 힘들어요. 그냥 전기 밥솥으로 취사 버튼을 눌러 지은 밥은 생각보다 고두밥이기 때문에 몇 가지 과정을 거쳐 아기가 먹고 소화하기 편한 밥으로 지어줘야 해요. 처음에는 부드러운 식감과 편한 소화를 위해 찹쌀을 20%정도 섞어주세요. 찹쌀은 멥쌀에 비해 단맛이 돌고 더 보드랍기 때문에 적정량을 섞으면 밥맛을 높여줘요. 너무 많이 넣으면 찰기가 심해져 삼키기 힘드니 20%는 넘기지 마세요. 밥 짓기 전 쌀을 물에 30분 정도 불리면 속까지 보드라운 밥이 돼요.

쌀의 묵은내, 비린내도 한결 가시기 때문에 밥태기가 온 아기에게 더 좋아요.
밥솥에 취사할 때도 불린 쌀을 사용하면 더 차지고 윤기가 돌아 맛있답니다.

아기를 위한 밥 짓기, 어렵지 않죠? 찹쌀 한 수저 넣고, 깨끗하게 씻어 30분간
불려 지으면 끝! 이렇게 해서 먹으면 입맛 없는 어른도 입에 침 고이는 쌀밥
완성이에요. 그럼에도 안 먹는다면 쌀의 품종을 바꾸거나 도정 일자가
최근인 쌀을 구매하는 것도 좋아요. 미각이 아주 예민한 아기들은 특정 쌀 혹은
오래되어 묵은쌀에서 나는 냄새에 거부감을 느끼는 경우도 있어요.

3 간식을 줄이고, 밥 사이에 간격을 늘려주세요

이런저런 방법을 다 사용했는데도 잘 먹지 않는다면 간식을 너무 많이
주지 않았나, 고민해 볼 필요가 있어요. 조금씩 늘어난 간식량이 어느 순간
밥 한 공기만큼 많아졌다면 당연히 한두 시간 후에 먹는 식사량이
줄 수밖에 없어요. 아기들은 배가 고파야 밥을 잘 먹기 때문에 식사량이
현저히 줄었다면 단호하게 간식을 끊어야 해요. 주로 간식은 달콤한 맛을 내는
과일이나 고구마나 빵 같은 대체 탄수화물이 주가 되는데, 식사와 식사 중간에
간식을 지나치게 먹으면 정작 밥은 제대로 먹지 않게 된답니다.

아기는 크며 한 끼에 먹는 양이 점차 늘어나는데, 그건 위가 커져
그만큼 많은 음식물을 먹고 소화할 능력이 생긴 거예요. 더 많은 양을 먹으니,
소화에 필요한 시간은 더 늘어나요. 아주 아기일 때를 생각해 보면
처음엔 2시간마다 적은 양의 수유를 하다 조금씩 크면서 수유량도 늘어나고
수유텀도 길어지잖아요. 밥 먹는 것도 똑같아요. 처음에는 한 번에 먹을 수 있는
양이 한정되어 있어 소량씩 자주 먹었다면 나중에는 한 번에 많은 양을 먹도록
도와주고 식사 간격을 벌려줘야 해요.

아침밥, 오전 간식, 점심밥, 오후 간식, 저녁밥으로 계속해서 먹으면 하루 종일 위가 차 있어 한 끼에 먹는 양은 줄고, 점점 식사량과 간식량이 평균으로 맞춰져요. 성장기의 아기니 그만큼 많은 열량이 필요하지만, 요즘처럼 먹을 게 많은 세상에서 지나친 과열량 섭취는 좋지 않아요. 간식량은 최소한으로 맞춰 제시간에 밥을 먹도록 주의를 기울여주세요.

4 담음새에 신경 써주세요

아기들도 어른과 마찬가지로 정갈하고 예쁜 걸 좋아해요. 아직 뭘 모르는 아기라고 음식을 아무 데나 담거나 막 담아주지 마세요. 거창하게 데코하고 모양낼 필요까지는 없어요. 담으면서 주변에 묻은 음식물을 닦아내고, 색감이 쨍한 토마토나 초록색이 싱그러운 어린잎을 이용해 포인트를 주세요. 다이소에서 판매하는 천 원짜리 모양 틀을 이용해 아기가 좋아하는 동물이나 꽃 모양으로 채소를 찍어줘도 좋아요. 먹기 싫어하는 아기의 호기심을 자극해 손이 먼저 갈 수 있게 약간의 노력만 해주면 좀 더 즐거운 식사 시간이 될 수 있어요.

☑ 이유식을 먹고 변비가 생긴 아기

이유식을 처음 시작하면 이유식 재료에 따라 아기 변의 색이 변하고, 변비가 생기거나 변이 묽어질 수 있어요. 이유식 시작 후 3일 이상 변을 보지 못하고 배앓이를 하면 식이섬유가 풍부한 사과나 잘 익은 바나나를 곱게 갈아 퓌레처럼 만들어주세요. 푸룬은 효과가 강해 어린 아기들은 오히려 힘들어할 수 있답니다. 변비가 7일 이상 지속된다면 병원에서 진찰을 받도록 해요.
＊목차(8~13쪽)에 변비에 도움이 되는 이유식을 표기했으니 참고하세요.

첫 이유식,
엄마주도
토핑 이유식으로
시작하기

☑ 초기 이유식 / 만 6~7개월(약 180일 이후)

첫 이유식은 엄마주도 이유식으로 시작해요. 모유나 분유 외에
아기가 처음으로 다른 것을 먹어야 하는 '첫 경험'의 시기예요.
엄마 역시 아기를 위한 음식을 처음 만들기 때문에 두렵기는 마찬가지.
초보 엄마도 그대로 따라 하면 쉽게 완성되는 '엄마주도 토핑 이유식'을
꼼꼼히 알려드릴게요. 토핑 이유식은 재료 본연의 맛을 느낄 수 있게
조리하는 것이 중요하기에 어떤 식재료를 골라 어떻게 손질해서 조리해야
하는지 친절하게 안내할 거예요. 음식을 만드는 가장 기초 단계이니
초기부터 잘 배워두면 앞으로 중기, 후기, 완료기는 물론 유아식까지
여러 가지 식재료를 손쉽고 영양가 있게 요리할 수 있답니다.

방식	엄마주도 토핑 이유식
횟수와 분량	1일 1회 / 회당 40~80g
수유	모유나 분유 1일 4~5회 1회 150~200㎖ / 총 900~1000㎖

☑️ 우리 아기 첫 맘마,
초기 이유식은 엄마주도의 토핑 이유식으로!

첫 이유식은 '엄마주도'로 안전하게 시작하세요

＊ 첫 이유식은 엄마가 아기를 보살피며 안전하게 먹여야 해요.
그래서 오랜 세월 검증된, 엄마가 직접 떠서 아기에게 먹이는 엄마주도
'스푼 피딩(spoon feeding)' 방법으로 시작하는 것이 좋아요.
쌀미음(20배죽, 72쪽)을 만들어 작고 말랑한 숟가락에 적은 양만 담아
입안에 넣어주세요.

＊ 거의 물에 가까운 쌀미음이지만, 아기는 처음 먹는 것이라서
사레가 들리는 경우가 많아요. 아기가 삼키고 씹는 법을 배우는 2~3달
동안은 엄마주도하에 안전하게 먹는 방법을 배우게 해주세요.

엄마주도 '토핑 이유식'을 추천해요

＊ 간략히 설명하면, 토핑 이유식은 밥과 반찬처럼 미음 위에
손질해 익힌 채소와 고기 등을 토핑처럼 올려 함께 먹이는 방식이지요.

＊ 베이스가 되는 미음 재료는 쌀, 잡곡, 오트밀, 밀가루 등
다양한 곡물을 사용할 수 있어요.

＊ 토핑은 재료 본연의 맛을 살리기 위해 다른 조리는 하지 않고,
아기가 먹을 수 있게 삶거나 볶거나 쪄서 적당한 입자 크기로
다지기만 하면 돼요. 토핑 이유식 전용 식판에 따로 담아줘도 되고,
그냥 이유식 볼에 미음을 담고 그 위에 살포시 올려줘도 괜찮아요.

＊ 최근에는 손질이 잘 되어 있는 이유식용 토핑 채소를 단계별로 판매하니,
자주 사용하지 않는 식재료라면 시판 제품을 활용하는 것도 괜찮아요.
아기가 먹는 양이 아주 소량이라 식재료가 많이 남을 수 있으니,
집에서 잘 사용하지 않는 식재료의 경우에는 손질된 토핑을 구매하는 것이
경제적이기 때문이에요(추천 브랜드 28쪽).

초기 이유식에서 가장 신경써야 하는 것은 '알레르기 테스트'

✻ '토핑 이유식'의 가장 큰 장점은 미음이나 죽에 손질한 재료를
  하나씩 섞여 먹이면서 아기의 알레르기 반응을 정확하고 빠르게
  확인할 수 있다는 것이에요.

✻ 초기 이유식에서 가장 신경 써야 할 것이 아기가 어떤 음식에
  알레르기나 과민반응을 일으키는지 신체 반응을 주의 깊게 살피는 것이라서
  이 시기에 가장 적합한 방식이 '토핑 이유식'이에요.

✻ 초기 이유식은 알레르기 테스트를 겸하는 기간인 만큼
  반드시 2~3일에 1가지씩 새로운 식재료를 추가하고,
  하루에 한 가지 이상 낯선 식재료를 먹이지 마세요.

✻ 두드러기나 구토, 설사 등의 반응이 나타난다면 이유식을 중단하고
  어떤 걸 먹었는지 기록해 검진받아야 해요. 입 주변에 붉게 올라오는
  정도라면 피부에 나타나는 과민반응일 수 있지만, 분수토를 하거나
  온몸에 일어나는 발진, 평소와는 다른 색의 설사는 위험할 수 있으니
  반드시 의사 진찰이 필요해요. 특히 식약청에서 지정한
  알레르기 유발 식품군을 먹일 때는 미리 주의 깊게 살펴야 해요.

**식약처 지정
알레르기 유발 식품**

난류, 소고기, 돼지고기,
닭고기, 새우, 게,
오징어, 고등어, 조개류
(굴, 전복, 홍합 포함),
우유, 땅콩, 호두, 잣, 대두,
복숭아, 토마토, 밀, 메밀 등

✻ 알레르기 반응들은 먹자마자 바로 나타나는 것도 아니고
  꼭 눈에 보이는 반응으로 나타나지 않을 수도 있으니
  아기의 미세한 변화도 놓치지 않아야 해요. 정확한 테스트를
  위해 초기 단계에는 반드시 식단을 짜서 기록하고 언제, 얼마나
  먹었는지를 기록하는 게 좋아요.

✻ 기본 재료들의 알레르기 테스트를 통과했다면, 다양한 식재료를 맛보여 주세요.
  이때 새로운 식재료에 집중하느라 특정 음식이 아기 신체에 어떤 반응을
  일으키는지 간과할 수 있어요. 초기인 만큼 끝까지 긴장의 끈을 놓지 마세요.

☑ 알레르기 테스트를 위해
초기에 꼭 먹여봐야 하는 식재료

알레르기를 많이 일으킨다고 알려진 특정 식재료의 경우, 일찍 접할수록
알레르기 발생 확률이 낮아진다고 알려져 있어요. 그래서 이들 식재료는
초기 이유식 때 접하도록 하는 것이 좋아요. 단, 알레르기가 나타날 수 있는
식재료인 만큼 조금 더 주의하며 아기의 반응을 살펴주세요.

밀가루

식습관이 서구화되면서 빵이나 면 등의 음식을 먹는 경우도 많기 때문에
아기의 글루텐 면역력을 키워주는 게 중요해요.
심한 글루텐 알레르기가 있는 경우를 제외하고는 초기에 접할수록
알레르기가 생길 확률이 낮아진다고 해서 근래 들어 돌 전에 반드시
섭취해야 하는 식재료 중 하나로 꼽혀요.

⟶ 이렇게 알레르기 테스트 하세요

* 밀가루나 잡곡 등의 가루류를 아기에게 먹이기 전, 미리 물에 개어
  걸쭉하게 만들어서 손목이나 팔 안쪽에 발라 10~20분 정도 지켜보세요.
* 알레르기 정도가 심하다면 피부에 울긋불긋 나타나는데,
  간혹 위장에서만 반응을 일으키는 경우도 있으니, 피부에 반응이
  없다고 해서 안심해서는 안 돼요.
* 처음 먹일 때는 쌀가루 무게 대비 5%가량만 섞어 미음을 만들어주는데,
  보통 알레르기가 심한 경우 섭취 후 즉각적으로 반응이 일어나지만
  2~3시간 후에 반응이 일어날 수도 있어요.
* 입 주변이 약간 빨개지거나 울긋불긋해지는 경우 과민반응일 수 있지만,
  부위가 넓고 손이나 발, 배 등 다른 신체 부위에도 반응이 있다면
  섭취를 중단하고 의사의 진료와 상담 후에 다시 섭취해야 합니다.

현미, 잡곡 등의 곡물

현미, 차조, 보리, 귀리, 흑미 등 대부분의 곡물은 초기부터
먹일 수 있으니 초기 이유식부터 식단에 추가해 건강한 이유식을
만들어주세요. 처음에는 쌀 90%에 잡곡 10% 비율로 섞고,
돌쯤에는 쌀 70%에 잡곡 30%까지 늘려도 괜찮습니다.
아기들은 저작 능력이 발달하지 못해 그냥 삼키기 때문에
초기에는 잡곡가루를, 후기로 가면 잡곡을 분쇄해 사용해요.

⟶ 이렇게 알레르기 테스트 하세요

* 잡곡 역시 다른 식재료와 마찬가지로 각각 알레르기 테스트를
  진행해야 해요. 대부분의 잡곡은 괜찮은데 특정 잡곡에만 반응을
  일으키는 경우가 있기 때문이에요.
* 혼합 잡곡밥은 모든 테스트가 끝난 돌 이후 먹이세요.
  혼합 잡곡 역시 한 번에 3개, 많게는 5개까지만 섞고 그 이상은
  섞지 않는 것이 좋습니다.

✿ 알아두세요 이유식에서 우유 섭취에 대한 WHO(세계보건기구)의 권고안

보통 12개월 이전에는 우유 섭취가 불가능하다고 알고 있는데, 최근 WHO는 만 6개월 이후에 우유 섭취가 가능하다는
권고안을 내놓았어요. 이에 관해 나라마다 의견이 분분하지만 적어도 주식(모유나 분유)이 아닌 이유식에서
우유를 활용하는 것은 가능해졌어요. 그래서 이 책에서도 분유물이 들어가는 이유식의 경우, 우유도 대체 가능하다고
적어두었습니다. 우유를 처음 먹여 걱정이라면, 첫 시작은 멸균 우유를 먹이는 것을 추천해요. 멸균 우유는 완전 살균된
제품이라 일반 우유에 비해 비교적 안전하고, 보존 기간이 길답니다. 킨더밀쉬를 활용해도 좋습니다.
또한 WHO의 이 권고안에는 만 6개월 후 철분 공급의 목적으로 우유, 분유에 의존하지 말고 고기, 달걀, 콩, 채소 등
철분이 풍부한 고형 이유식을 주는 것이 중요하다고 강조하고 있어요. 그래서 이 책에는 그 내용을 반영해 미음, 죽, 수프,
스튜 등과 같은 유동식과 함께 탄단지채 밸런스를 고려한 다양한 고형 이유식과 식단을 소개했답니다.

땅콩버터, 아몬드버터 등의 견과버터

다양한 식품에 들어가 있는 경우가 많은 식재료라서 사전에
알레르기 테스트를 해두면 좋아요. 일찍 접할수록 알레르기 반응을
일으킬 확률도 낮아진다고 알려져 있답니다. 단, 땅콩의 경우
알레르기가 심하면 증상이 매우 심각하게 진행될 수 있기 때문에
목이 붓거나 호흡이 곤란할 정도의 증상이 있다면 섭취를 즉시
중단하고 소아과에 내원해야 합니다.

──→ 이렇게 알레르기 테스트 하세요

＊ 무가염, 무가당의 제품을 선택해요.

＊ 땅콩버터를 먹이기 전, 땅콩을 준비해 아기가 입에 넣지 않도록
　주의하며 손이나 피부에 문질러주세요.

＊ 땅콩 알레르기가 심한 경우 접촉만으로도 반응이 올 수 있는데,
　피부에 두드러기가 올라오거나 아기가 갑자기 콧물을 흘리기
　시작한다면 알레르기가 있을 확률이 높습니다.

＊ 심한 경우 입술이나 혀가 부어 호흡이 어려워지고,
　구토와 설사 등 다양한 증상이 나타날 수 있기 때문에
　접촉만으로 반응이 있는 아기라면 먹는 건 시도하지 않는 게
　좋습니다. 좀 더 커서 혈액검사를 통해 알레르기가 진짜
　있는지 없는지 확인한 후에 먹여주세요.

＊ 접촉을 통해 반응이 없었다면, 땅콩버터에 물을 넣고 걸쭉하게 개어
　손목이나 팔 안쪽에 발라 반응을 지켜보세요. 여기서도 아무 반응이
　없었다면 물에 갠 땅콩버터를 수저에 살짝 찍어 혀에 묻히세요.
　10~20분이 지나도 괜찮다면 준비한 분량을 모두 먹여주세요.

무염 흰살생선

흰살생선은 단백질은 물론 철분과 각종 아미노산이 풍부해 이유식으로
먹이기 아주 좋아요. 식감도 부드럽고 소화도 잘되기 때문에 소고기의
거친 식감을 부담스러워하는 아기라면, 육류 대신 생선으로 식단을
구성해도 좋아요. 무염 흰살생선은 같은 양의 소고기보다 나트륨 함량도
적답니다. 대부분 알레르기가 없다고 알려진 흰살생선의 경우에도
알레르기 반응을 일으키는 아기들이 있어요.

⟶⟡ 이렇게 알레르기 테스트 하세요

＊ 생선류는 먹이기 전, 완전히 익힌 후 손이나 피부에 문질러주세요.

＊ 알레르기가 심한 경우 역시 접촉만으로도 반응이 올 수 있습니다.

＊ 단, 생선류나 해산물의 경우 접촉보다는 먹었을 때
구토나 발진 등의 증상이 나타날 확률이 높습니다.

＊ 가볍게는 발진이 일어나거나 설사를 약간 하는 정도라면,
심할 경우 분수토를 하거나 호흡곤란, 경련 등의
증상이 있을 수 있기 때문에 역시나 처음 섭취할 때
매우 조심스럽게 접근해야 합니다.

달걀

달걀에 대한 알레르기는 생각보다 매우 흔한 편입니다. 난백 알레르기로
알려져 있기 때문에 많은 엄마들이 달걀흰자에만 반응을 일으키는 걸로 착각하기
쉬운데, 흰자에 반응을 일으키는 경우도 있고 노른자에 반응을 일으키는 경우도
있기 때문에 흰자와 노른자를 따로 테스트해야 합니다. 대부분은 흰자에
알레르기가 있는 경우가 많아 노른자로 시작하고, 그 다음 주는 흰자로 진행해요.

달걀 알레르기의 경우 증상의 차이에 따라 다르겠지만, 평생 달걀을
섭취 못 하는 건 아니라서 유아기가 지나 5세가량 되면 점차 사라지며 극복하게
됩니다. 다만 달걀의 경우 아주 많은 식품에서 사용되기 때문에 알레르기가
심한 아기들은 가공식을 섭취할 때 달걀 첨가 여부를 확인한 후에 먹여야 합니다.
기본적으로 달걀 혹은 난백, 난황 등의 단어가 들어간 식품은 피하고,
경고 문구(이 제품은 달걀을 사용한 제품과 같은 제조시설에서 제조되고
있습니다)를 확인해야 합니다.

달걀 섭취 후 알레르기 반응이 있었다면 정도에 따라 다르지만, 의사와 상담 후
면역 치료 방법으로 정해진 주기를 가지고 소량의 달걀을 지속해서 먹여
약하게 알레르기 반응을 일으킴으로써 점점 달걀에 대한 면역력을 높이는 방법의
경구 면역 치료를 진행할 수 있습니다. 이와 같은 치료법은 전문의와 상담 후
진행해야 합니다.

⟶ **이렇게 알레르기 테스트 하세요**
＊ 흰자, 노른자를 나누어 테스트를 진행해야 하기 때문에 첫 주는 노른자, 다음
    주는 흰자를 테스트한다고 보면 됩니다.

＊ 삶은 달걀의 노른자만 꺼내 잘게 으깨, 아기 손톱만큼만 먼저 아기에게 주세요.
   먹고 나서 30분가량 별다른 반응이 없다면 나머지 분량의 이유식을 모두 주고,
   반응이 있다면 준비한 달걀을 제외한 나머지만 주면 됩니다.

＊ 반응이 약할 경우 알레르기인지 확실하게 알 수 없기 때문에 2~3일 후 다시
   아기 손톱만큼 먹여보세요. 반응이 똑같이 나타난다면 정도에 따라 2주 후,
   혹은 한 달 후에 다시 테스트할 필요가 있습니다.

＊ 흰자 역시 동일한 방법의 테스트를 거쳐요. 흰자는 노른자보다 알레르기가 더 흔하기
   때문에 내 아기에게 알레르기가 있다는 생각을 늘 염두에 두고 테스트를 진행해주세요.

☆ 알아두세요 **아이들의 성장과 알레르기 반응**

알레르기 반응이 심할 경우에는 가까이 두기만 해도 피부 반응, 호흡곤란 등의 증상이나, 접촉으로 인해
반응이 나타날 수도 있습니다. 간혹 피부 반응 없이 위장에만 반응을 일으키는 알레르기도 있는데,
이 경우에는 먹어봐야 알 수 있기 때문에 첫날에는 소량만 섭취하고, 최초 30분은 매우 유심히,
그리고 반나절은 주의 깊게, 하루 동안은 알레르기에 대해 염두에 두고 생활해야 합니다.
위장에만 알레르기를 일으키는 식품의 경우에는 혈액검사에도 나오지 않는 경우가 있기 때문에 정도에 따라
섭취를 중단하거나 혹은 반대로 지속적인 노출과 면역훈련이 필요하기도 해요.

알레르기는 면역 거부 반응 중 하나이기 때문에 평생 같은 알레르기를 가지기보다 시기에 따라 매번 달라지는 반응을
보일 수도 있어요. 알레르기 반응을 보이던 하나의 식품군에 성장하면서 면역이 생기게 될 수도 있고, 멀쩡히 잘 먹던
음식에서 갑작스레 알레르기가 생길 수도 있습니다. 오랜만에 먹는 음식이나 처음 먹는 식재료에서는 어떻게 반응이
일어날지 모르기 때문에 표현이 어렵고 스스로 처치가 불가능한 영유아기에는 결국 부모가 신경 써야 합니다.

우리 나라의 경우 영유아 검진이 체계적인 편이라 아기 발달에 맞춰 지정된 병원에서 검진이 가능해요.
특정 식품에 반응이 있다면 의사 선생님과 상담, 채혈을 통해 알레르기 검사를 진행할 수 있어요. 소아과나 보건소에서
진행하는 손끝 채혈을 통한 간이 검사의 경우 빈혈 수치는 알 수 있으나 알레르기 여부는 확인이 불가능해요.
알레르기 반응이 심하다면 돌 이후 채혈을 통해 알레르기와 적절한 영양 섭취 여부를 확인해 보는 것도 좋아요.

달걀 알레르기가 있다면, 이 식품을 활용하세요

달걀은 음식을 만들 때 매우 빈번하게 사용되는 식재료예요. 달걀말이나
달걀찜같이 주재료로도 쓰이지만 밥전이나 돈가스 등에 부재료로도 활용되기
때문에 의외로 달걀 알레르기로 인해 메뉴 선택이 제한되는 경우가 많아요.
여러 음식에서 달걀이 하는 역할이 달라지기 때문에 하나의 대체 식재료로 모두
커버할 순 없지만, 각 상황에 따라 다른 식재료로 역할을 대신할 수 있답니다.

✳ 달걀국, 달걀찜

달걀 → **순두부 또는 연두부** 로 대체

국에도 빠지지 않는 달걀은 순두부나 연두부로 대체할 수
있어요. 같은 맛은 아니지만 부드러운 식감과 풍부한
단백질로 아기들에게 양질의 영양분을 제공할 수 있답니다.

✳ 전, 밥전, 부침

달걀 → **전분물 + 향신료** 로 대체

전이나 부침에서 달걀은 풍미를 살려주고 각 재료가
엉기도록 도와주는 역할을 복합적으로 해요.
완벽하게 대체할 수는 없지만, 전분가루와 물을 함께 넣어
비슷한 효과를 낼 수 있어요. 다만 맛이 완전히 다르기
때문에 아예 다른 음식을 조리한다고 생각하고,
좀 더 풍미를 살리기 위해 양파가루나 백후춧가루 등의
향신료를 더해주면 좋아요.

✳ 미트볼, 햄버그스테이크

> 달걀 → 아기 치즈 + 오트밀 로 대체

달걀은 여러 재료가 분리되지 않고 잘 엉기도록 도와주는
역할을 해요. 달걀 없이도 고기가 어느 정도 뭉쳐지지만,
달걀이 들어가지 않으면 반죽에 금이 가고 덩어리가
떨어지기 쉬워요. 이때는 아기 치즈를 작게 찢어 오트밀과
함께 넣으면 고기 반죽이 잘 엉겨 단단하게 구워져요.

✳ 돈가스, 튀김요리

> 달걀 → 식물성 마요네즈 또는 플레인 요구르트 또는 밀가루 푼 물 로 대체

튀김을 할 때 재료에 밀가루 → 달걀 → 빵가루 순으로 묻히는데요,
이때 달걀은 고기와 빵가루가 더 잘 접착될 수 있도록 도와주고
서로 분리되지 않게 유지하는 역할을 해요. 달걀 대신
사용할 수 있는 재료로는 식물성 마요네즈, 신맛이 약한
떠먹는 플레인 요구르트, 밀가루를 푼 물이 있어요.

✳ 머핀, 팬케이크

> 달걀 → 바나나 또는 아보카도 또는 플레인 요구르트 로 대체

베이킹에서 풍미를 좋게 하고, 수분감을 주는 재료가 달걀인데요,
대체하기 좋은 것은 바나나입니다. 부드러운 식감과 맛을 가지고
있으며 으깼을 때 충분한 수분을 가지고 있기 때문이에요.
달걀 대신 바나나를 으깨 머핀이나 케이크 등에 넣는다면
단맛과 함께 촉촉한 식감을 살릴 수 있어요. 다만 단맛이 강하고
특유의 풍미가 사라지지 않기 때문에 다른 주재료의 풍미를
살리고 싶다면 바나나 대신 아보카도나 익힌 단호박 등을
으깨 넣거나 떠먹는 플레인 요구르트(무가당)를 사용하세요.

☑ 초기 토핑 이유식,
잘 먹이는 방법

토핑 이유식은 다른 이유식과 달리 조금 더 세심하게 먹여야 해요.
초기 이유식인 만큼 아기가 받아들이기 불편해할 수 있기 때문이죠.
토핑 이유식을 더 잘 먹일 수 있는 방법들을 참고해 아기의 불편함을
덜어주세요.

초기 '토핑 이유식'의 순서와 요령

✳ 이전에는 쌀 → 채소 → 소고기 순으로 먹였지만, 요즘에는 지침이
　바뀌어 쌀미음 후 철분 섭취를 위해 바로 육류를 함께 먹을 수 있게 해요.
　만 6개월부터 소고기, 닭고기, 흰살생선, 돼지고기 등
　지방이 적은 부위의 살코기 위주로 다양하게 먹일 수 있어요.

✳ 첫 이유식은 음식과 첫 인사를 나누는 과정인 만큼, 아기가 자연스럽게
　받아들일 수 있도록 입자와 농도를 잘 맞추는 게 중요해요.

✳ 미음이라고도 불리는 20배죽(쌀 1 : 물 20)으로 시작하는데, 이는 아주
　묽어 모유(또는 분유)의 농도와 비슷해 거부감을 덜 느끼기 때문이에요.

✳ 미음이라도 모유나 분유와는 다른 맛이라 거부감을 느낄 수 있어요.
　첫 시도에는 멋모르고 잘 먹는 경우가 많은데, 두 번 세 번 먹다 보면
　오히려 다르다는 것을 인식하고 그때부터 입을 꾹 다물기도 한답니다.

'토핑 이유식'은 이 정도 양을 먹여요

✳ 초기 추천 분량은 하루 1회 50~70g인데, 잘 먹지 않는 아기라면
한 달간 50g을 넘기기도 쉽지 않아요. 처음 1~2주는 10g, 20g 정도 먹고
뱉어내기도 하고, 어느 날은 너무 잘 먹어 50g을 훌쩍 넘겨
먹을 때도 있어요.

✳ 아기 컨디션과 기분에 따라 먹는 양의 편차가 매우 크지만,
만 6~7개월의 아기는 주로 수유로 영양분을 섭취하고 이유식은 알레르기
테스트의 목적 중 하나이니 아기가 먹는 양에 크게 구애받지 마세요.

'토핑 이유식'은 이 시간에 먹여요

✳ 하루 1회, 이유식을 먹다가 알레르기 등의 문제가 생겼을 때
소아과 진료를 볼 수 있는 오전, 점심 시간이 지난 오후 시간대가 좋아요.

✳ 아기가 아침에 입맛도 없어하고 컨디션이 좋지 않다면 이른 오후도 괜찮아요.

✳ 수유 스케줄에 따라 달라지겠지만, 아래 두 타임을 추천해요.
① 첫 번째 수유와 오전 낮잠 사이 시간인 오전 9시경
② 두 번째 수유와 오후 낮잠 이전인 오후 1시 30분경

'토핑 이유식'을 안전하게 먹이는 방법

✳ 토핑 이유식은 죽 이유식을 먹일 때에 비해 조금 더 주의해야 해요.
토핑 자체가 가지는 거친 식감으로 인해 목 넘김을 힘들어하는 경우가
종종 있기 때문이에요.

✳ 사레가 들렸을 때 죽 이유식은 기침하다가 입 밖으로 주르륵 나오고,
아이주도 이유식은 목에 걸린 음식을 덩어리로 게워낸다면
토핑 이유식은 목에 달라붙어 좀처럼 나오지 않아요.

✳ 음식을 삼키다 숨 쉬는 타이밍과 맞지 않아 걸린다면 토핑 알갱이가
기도로 넘어가 코로 나오거나 목에 붙어 나오지 않는 경우도 간혹 있어요.
그 때문에 안전한 식사가 될 수 있도록 식사 중 아기용 물을
꼭 준비해주세요.

✳ 특히 육류는 곱게 갈아도 입안에 텁텁하게 달라붙는 특유의 질감이 있어
먹다가 헛기침하는 경우가 많이 있어요. 보통은 미음에 섞어주는
것으로도 충분하지만, 배죽이 올라가면 미음도 목에 달라붙어 힘들어하기
때문에 목 넘김이 수월하게 물을 옆에 두고 아기가 마른 기침을 하면
수저에 물을 떠 입안에 넣어 음식 삼키는 걸 도와주세요.

✳ 아기가 단백질 토핑(소고기, 닭고기 등)을 너무 안 먹는다면
단백질 재료는 토핑으로 주지 말고 미음이나 죽에 넣고 끓여 고기죽을
만들고 여기에 채소 토핑을 곁들여도 괜찮아요.

아기가 '토핑 이유식'을 거부한다면?

✳ 토핑 이유식은 식재료의 맛을 강하게 느낄 수 있기 때문에
    아기가 좋고 싫음의 표현을 더 분명히 해요. 이는 아기의 음식 선호도를
    파악하는 데 큰 도움이 돼요.

✳ 아기가 육류보다 채소를 잘 먹는 경우에는 맛이 아닌 식감에
    거부감을 느끼는 경우가 많아요. 소고기보다는 좀 더 부드러운 닭고기,
    닭고기보다는 더 연한 순살의 돼지고기, 돼지고기보다는 쉽게 으깨지는
    생선 순으로 더 먹기 수월해하죠.

✳ 아기가 육류에 알레르기 반응을 보이는 것도 아닌데 지나치게
    거부한다면 조금 더 촉촉한 식감을 위해 고기 토핑에 고기 육수를
    넣어 갈아주세요.

✳ 위의 방법대로 했는데도 아기가 먹지 않는다면
    토핑을 미음에 섞어 죽처럼 주거나, 한 입의 기준을 적게 줄여
    먹이면서 아기가 적응할 수 있게 도와주세요.

토핑 이유식 담는 법과
먹이는 순서는
119쪽을 참고하세요.

✓ 초기 이유식 식단, 이렇게 구성하세요!

✳ 초기 이유식에서 가장 중요한 것은 알레르기 테스트를 위해
   처음 먹이는 식재료는 하루에 한 가지만 포함시켜야 한다는 거예요.

✳ 초기 이유식의 목적은 알레르기 테스트와 함께 모유(분유)가 아닌 다른 음식을
   삼키는 것에 대한 경험이기 때문에 정확한 확인을 위해 <u>탄수화물 재료 1가지,</u>
   <u>단백질 재료 1가지, 채소 1가지로만 식단을 구성하는 걸 기본으로 합니다.</u>

✳ 쌀은 가장 기본인 재료라서 이유식을 시작하는 첫날부터 식단에 포함시켜요.
   쌀에 알레르기가 있는지 없는지 3일간 테스트가 끝났다면, 4일째 되는 날부터
   현미나 오트밀, 밀가루, 잡곡 등을 소량 넣어 알레르기 반응을 체크하세요.

✳ 쌀 외 다른 탄수화물 식품인 오트밀, 밀가루, 현미, 잡곡 등은 종류가 다양한 만큼
   순서를 정해 3일씩 돌아가며 먹이는 것이 좋아요. 이때 잡곡은 어떤 곡물에 알레르기
   반응을 보일지 모르기 때문에 각각의 잡곡을 하나씩 2~3일간 먹여봐야 합니다.

✳ 단백질 섭취는 이유식을 시작하고 3일차부터 시작합니다.
   가능한 다양한 단백질군을 섭취하는 것이 바람직하므로 소고기, 닭고기, 돼지고기,
   생선, 달걀 등을 골고루 먹을 수 있게 식단을 구성하는 것이 좋습니다.

✳ 첫 번째 단백질 재료로는 주로 소고기를 먹이는데, 어떤 단백질군을 먼저
   먹이는지는 사실 중요하지 않습니다. 잡곡과 마찬가지로 헷갈리지 않게
   순서를 정해 2~3일씩 돌아가며 골고루 먹게 식단을 짜주세요.
   다만, 생선의 경우 반드시 이유식용 '무염' 흰살생선을 사용하고, 테스트가 끝난
   후에는 일주일에 1~2회만 먹이는 것이 좋습니다.

✳ 1일차에 쌀, 3일차에 소고기, 4일차에 오트밀에 대한 알레르기 테스트가 끝났다면
   5일차부터 채소를 하나씩 먹이기 시작합니다.

✳ 채소도 마찬가지로 정확한 테스트를 위해 2~3일간 먹이는데, 같은 채소군이
   반복되지 않게 첫 번째 잎채소를 먹였다면 그 다음은 뿌리채소, 그 다음은 버섯류 등
   다양한 식감과 컬러, 영양소의 채소를 맛볼 수 있게 식단을 구성해주세요.

* 베이스가 되는 쌀죽은 쌀가루 20배죽(미음)으로 시작해 쌀가루 16배죽, 쌀 12배죽까지 입자를 조금씩 키워주세요. 72~79쪽을 참고하세요.

* 오트밀, 밀가루, 보리, 현미, 흑미 등을 섞을 때는 74쪽 가이드를 참고해 10%에서 시작해 20%까지 조금씩 늘려주세요.

* '알레르기나 과민반응 주의'에 표기된 것은 아기가 처음 먹는 재료나 주의 깊게 반응을 살펴야 하는 재료입니다. 빨간색 재료는 특히 알레르기가 많이 일어나는 것이니 이유식을 먹인 후 더 신경써서 살펴주세요.

* 장보기 리스트에서 쌀가루나 오트밀 등 분량이 많은 재료들은 처음 구입할 시점만 표기했습니다.

* 장보기에서 육류의 경우에는 한 번에 소량 구매가 힘드니 3~4주 분량을 구매한 후 냉동 보관하고, 무염 냉동 생선(이유식용)의 경우에는 배송비 절약을 위해 두 달에 한 번 구매해 냉동 보관하세요.

저자의 한 끗 다른 식단 포인트

"저희 애는 같은 걸 먹는 것을 좋아하지 않아 미음, 단백질 토핑, 채소 토핑을 계단식으로 엇갈리게 구성해 매일 다른 조합으로 먹을 수 있게 식단을 짰습니다.
초기 이유식은 알레르기 테스트를 위해 토핑 가짓수를 늘리기보다, 제가 하는 계단식 구조로 매일 다른 조합의 식단을 짜되, 당일 새로 섭취하는 식재료만 한 가지로 제한한다면 안전하면서도 다채롭게 먹일 수 있습니다.
이 방법은 엄마가 하루 한 가지 토핑만 준비하면 돼서 부담도 적어요.
같은 조합으로 2~3일씩 먹여도 괜찮아요."

1주차   😊 20배죽 미음으로 시작해요!

	재료	1일	2일	3일	4일	5일	6일	7일
베이스	곡류	쌀가루 20배죽	쌀가루 20배죽	쌀가루 20배죽	쌀가루 20배죽 + 오트밀	쌀가루 20배죽 + 오트밀	쌀가루 20배죽 + 오트밀	현미 20배죽
토핑	단백질류			소고기(86쪽)	소고기(86쪽)	소고기(86쪽)	닭고기(85쪽)	닭고기(85쪽)
	채소류					시금치(94쪽)	시금치(94쪽)	시금치(94쪽)
알레르기나 과민반응 주의				소고기	오트밀	시금치	닭고기	현미

장보기 ❶ 주차
단백질류 다진 소고기, 닭고기
채소류 시금치
곡류 쌀가루, 오트밀, 현미가루

재료		8일	9일	10일	11일	12일	13일	14일
베이스	곡류	현미 20배죽	현미 20배죽	쌀가루 20배죽 + 밀가루	쌀가루 20배죽 + 밀가루	쌀가루 20배죽 + 밀가루	쌀가루 20배죽	쌀가루 20배죽
토핑	단백질류	닭고기(85쪽)	가자미살(89쪽)	가자미살(89쪽)	가자미살(89쪽)	돼지고기(88쪽)	돼지고기(88쪽)	돼지고기(88쪽)
	채소류	고구마(104쪽)	고구마(104쪽)	고구마(104쪽)	표고버섯 (114쪽)	표고버섯 (114쪽)	표고버섯 (114쪽)	무(107쪽)
알레르기나 과민반응 주의		고구마	가자미	밀가루	표고버섯	돼지고기		무

장보기 **2** 주차
단백질류 다진 돼지고기, 가자미살, 대구살, 동태살
채소류 고구마, 표고버섯, 무
곡류 밀가루

재료		15일	16일	17일	18일	19일	20일	21일
베이스	곡류	쌀가루 20배죽	쌀가루 20배죽 + 오트밀	쌀가루 20배죽 + 오트밀	쌀가루 20배죽 + 오트밀	쌀가루 20배죽 + 찹쌀	쌀가루 20배죽 + 찹쌀	쌀가루 20배죽 + 찹쌀
토핑	단백질류	소고기(86쪽)	소고기(86쪽)	소고기(86쪽)	닭고기(85쪽)	닭고기(85쪽)	닭고기(85쪽)	대구살(89쪽)
	채소류	무(107쪽)	무(107쪽)	브로콜리 (109쪽)	브로콜리 (109쪽)	브로콜리 (109쪽)	당근(105쪽)	당근(105쪽)
알레르기나 과민반응 주의				브로콜리			당근	대구살

장보기 **3** 주차
채소류 브로콜리, 당근
곡류 찹쌀

4주차 — 🍼 16배죽으로 입자를 키워요!

재료		22일	23일	24일	25일	26일	27일	28일
베이스	곡류	쌀가루 16배죽 + 밀가루	쌀가루 16배죽 + 밀가루	쌀가루 16배죽 + 밀가루	쌀가루 16배죽	쌀가루 16배죽	쌀가루 16배죽	쌀가루 16배죽 + 오트밀
토핑	단백질류	대구살(89쪽)	대구살(89쪽)	돼지고기(88쪽)	돼지고기(88쪽)	돼지고기(88쪽)	소고기(86쪽)	소고기(86쪽)
	채소류	당근(105쪽)	청경채(95쪽)	청경채(95쪽)	청경채(95쪽)	양송이버섯(113쪽)	양송이버섯(113쪽)	양송이버섯(113쪽)
알레르기나 과민반응 주의			청경채			양송이버섯		

장보기 ④ 주차
채소류 청경채, 양송이버섯

5주차

재료		29일	30일	31일	32일	33일	34일	35일
베이스	곡류	쌀가루 16배죽 + 오트밀	쌀가루 16배죽 + 오트밀	쌀가루 16배죽 + 보리	쌀가루 16배죽 + 보리	쌀가루 16배죽 + 보리	쌀가루 16배죽 + 밀가루	쌀가루 16배죽 + 밀가루
토핑	단백질류	소고기(86쪽)	닭고기(85쪽)	닭고기(85쪽)	닭고기(85쪽)	동태살(89쪽)	동태살(89쪽)	동태살(89쪽)
	채소류	감자(103쪽)	감자(103쪽)	감자(103쪽)	토마토(100쪽)	토마토(100쪽)	토마토(100쪽)	양배추(110쪽)
알레르기나 과민반응 주의		감자			토마토	동태살		양배추

장보기 ⑤ 주차
단백질류 다진 소고기, 닭고기
채소류 감자, 토마토, 양배추
곡류 보리

6주차

12배죽으로 입자를 키워요!

재료		36일	37일	38일	39일	40일	41일	42일
베이스	곡류	쌀가루 16배죽 + 밀가루	쌀가루 16배죽	쌀가루 16배죽	쌀가루 16배죽	쌀 12배죽 + 오트밀	쌀 12배죽 + 오트밀	쌀 12배죽 + 오트밀
토핑	단백질류	돼지고기(88쪽)	돼지고기(88쪽)	돼지고기(88쪽)	소고기(86쪽)	소고기(86쪽)	소고기(86쪽)	닭고기(85쪽)
	채소류	양배추(110쪽)	양배추(110쪽)	느타리버섯 (116쪽)	느타리버섯 (116쪽)	느타리버섯 (116쪽)	연근(106쪽)	연근(106쪽)
알레르기나 과민반응 주의				느타리버섯			연근	

장보기 **6** 주차
단백질류 다진 돼지고기
채소류 느타리버섯, 연근

7주차

재료		43일	44일	45일	46일	47일	48일	49일
베이스	곡류	쌀 12배죽 + 차조	쌀 12배죽 + 차조	쌀 12배죽 + 차조	쌀 12배죽 + 밀가루	쌀 12배죽 + 밀가루	쌀 12배죽 + 밀가루	쌀 12배죽
토핑	단백질류	닭고기(85쪽)	닭고기(85쪽)	가자미살(89쪽)	가자미살(89쪽)	가자미살(89쪽)	달걀노른자 (90쪽)	달걀노른자 (90쪽)
	채소류	연근(106쪽)	단호박(98쪽)	단호박(98쪽)	단호박(98쪽)	근대(93쪽)	근대(93쪽)	근대(93쪽)
알레르기나 과민반응 주의			단호박			근대	달걀노른자	

장보기 **7** 주차
단백질류 달걀
채소류 단호박, 근대
곡류 차조

8주차

재료		50일	51일	52일	53일	54일	55일	56일
베이스	곡류	쌀 12배죽	쌀 12배죽	쌀 12배죽 + 오트밀	쌀 12배죽 + 오트밀	쌀 12배죽 + 오트밀	쌀 12배죽 + 흑미	쌀 12배죽 + 흑미
토핑	단백질류	달걀노른자 (90쪽)	소고기(86쪽)	소고기(86쪽)	소고기(86쪽)	닭고기(85쪽)	닭고기(85쪽)	닭고기(85쪽)
	채소류	애호박(97쪽)	애호박(97쪽)	애호박(97쪽)	새송이버섯 (117쪽)	새송이버섯 (117쪽)	새송이버섯 (117쪽)	파프리카 (101쪽)
알레르기나 과민반응 주의		애호박			새송이버섯			파프리카

장보기 **8** 주차

채소류 애호박, 새송이버섯, 파프리카
곡류 흑미

9주차

재료		57일	58일	59일	60일
베이스	곡류	쌀 12배죽 + 흑미	쌀 12배죽 + 밀가루	쌀 12배죽 + 밀가루	쌀 12배죽 + 밀가루
토핑	단백질류	대구살(89쪽)	대구살(89쪽)	대구살(89쪽)	달걀흰자(90쪽)
	채소류	파프리카(101쪽)	파프리카(101쪽)	알배추(111쪽)	알배추(111쪽)
알레르기나 과민반응 주의				알배추	달걀흰자

장보기 **9** 주차

채소류 알배추

쌀 12배죽
76쪽

쌀가루 20배죽(미음)
72쪽

* 토핑 이유식의 기본 *
미음과 죽 만들기

우리 아기의 첫 이유식은
알레르기 위험이 적은 '쌀미음'으로 시작합니다.
곡물에 물을 넉넉히 붓고 푹 끓여 만든
유동식을 '죽'이라고 하는데, 이를 입자가 보이지 않게
더 묽게 만들면 '미음'이라고 불러요.
토핑 이유식의 베이스가 되는
미음과 죽 만드는 방법을 정리했어요.
아기의 월령과 상태를 고려해 쌀가루, 쌀, 밥으로
만들 수 있어요. 또한 잡곡을 섞어서
잡곡 미음이나 죽을 만들 수도 있답니다.

밥 8배죽
78쪽

잡곡 미음
74쪽

✔️ 배죽(쌀과 물의 비율) 이해하기

이유식을 처음 시작할 때 가장 낯선 단어가 바로 '배죽'이었어요.
다들 20배죽으로 시작한다고 말하는데, 뭔지 감이 안 잡혔거든요.
배죽은 쌀과 물의 비율을 뜻하는데, 쌀 10g에 물 200g(200㎖, 1컵)을 넣어
만들면 20배죽이 돼요. 우리가 먹는 밥도 여기에 맞춰 표현하면,
쌀과 물이 1:1의 비율로 지어진 1배죽이라고 볼 수 있답니다.

"밥이 1:1이면 20배죽은 쌀이 거의 안 들어가는 거 아닌가요?"
"맞아요!"

20배죽은 살짝 걸쭉한 농도의 맑은 죽으로 '미음'이라고 불러요.
모유나 분유보다 약간 더 되직한 정도라 아기가 처음 먹어도 무리가 없어요.
처음엔 아주 묽은 농도의 미음에서 시작해 익숙해지면
쌀의 비율을 조금씩 높여 이유식 후기쯤 되면 4배죽 정도가 됩니다.
4배죽 이상으로 가면 죽보다는 진밥, 무른 밥에 가까운데
이유식 진행이 빠른 아기는 9~10개월부터 이런 밥을 먹기도 해요.

**죽의 농도를 조절하는 건 딱 정해진 건 아니니
아기에게 맞춰 빨리, 혹은 천천히 속도를 조절하세요.**

✔️ 미음과 죽 만드는 3가지 방법

1. 시판 이유식용 쌀가루로 만들기
2. 쌀을 불려 푸드프로세서에 갈아서 만들기
3. 밥을 푸드프로세서에 갈아서 만들기

세 가지 방법은 결과물은 비슷하기 때문에 자신이 편한 방법으로
만들면 되는데요, 저는 초기(이유식 시작하고 40일 정도까지)에는
간편하게 쌀가루를 활용했고, 입자가 커지는 중기에는 쌀을 갈아 만들었어요.
중기 후반부터는 어른 먹는 밥으로 보다 쉽고 빠르게 만들었어요.

처음 이유식을 시작할 때는 아기의 배고픈 시간에 맞춰 바로 만드는 것이
쉽지 않기 때문에 한 번에 1~2주 분량을 만들어 1회분씩 소분한 후 냉동했다가
끼니에 맞춰 데워주세요. 이때 오트밀이나 잡곡가루를 섞어 데워주거나,
아예 처음부터 섞어 만들어줘도 됩니다.

☑ 미음 소분하기

✳ 완성된 미음은 1회 먹을 분량씩 소분해요. 바로 먹을 분량을 제외하고
내열 용기나 밀폐되는 실리콘 큐브틀을 사용해 냉동 보관해요.

✳ 완전히 얼린 미음 큐브는 각각 랩핑해 지퍼백에 담아 보관해요.
얼린 큐브를 각각 랩핑해 지퍼백에 담으면 큐브틀을 다른 재료에 활용하기
편리하고 냉동실의 공간을 확보할 수 있어 더 편리해요.

☑ 미음 데우는 방법

✳ 냉장 또는 냉동 보관을 한 미음은 간단하게 꺼내 데워 먹어요. 미음은 겉은
차가워도 속은 뜨거울 수 있기 때문에 골고루 저은 후 안쪽의 미음을 떠서
손목에 떨어트렸을 때 살짝 미지근한 정도로 온도를 체크한 다음 먹여요.

냉장 미음 데우기
내열 용기에 담긴 미음을 전자레인지에 넣어 1분간 돌리고 꺼내 잘 섞은 후
30초에서 1분간 더 데워요.

냉동 미음 데우기
전자레인지에 넣고 해동 기능을 사용해 녹이거나
전날 냉장 해동한 후 냉장 미음 데우는 방법과 동일하게 데워요.

☑ 아기의 먹는 양 체크하기

✳ 초기에는 수유량이 많고 이유식 양은 적어요. 그러나 중기 이유식부터는 먹는
양이 비교적 많아지기 때문에 아기에 따라 큐브 한 개를 녹이는 것으로는
부족할 수 있어요. 이럴 때는 더 작은 분량으로 소분이 가능한 20~30㎖ 용량의
큐브를 사용해 한 끼에 2~3개의 큐브를 데워 먹여요. 작은 용량의 큐브를
사용하면 아기가 더 먹고 싶어할 때 추가로 약간씩 더 데울 수 있어 좋답니다.

쌀가루 20배죽(미음) 이유식 1~40일 추천

* 첫 이유식은 입자가 고운 쌀가루로 만들면 편해요.

* 시판 이유식용 쌀가루에 20배 분량의 물을 넣고 끓여요.

* 쌀가루는 입자가 가장 고운 초기용 가루를 선택하세요.

* 후각이나 미각이 예민해 미음을 거부하는 아기라면 마른 팬에 쌀가루를 넣은 후
  약한 불에서 5~10분 정도 저어가며 볶으면 고소한 맛이 강해져 조금 더 잘 먹어요.

* 아기가 냉장고에 보관했던 미음을 거부한다면, 쌀가루 2주치를 한 번에 볶아 냉장 보관하고
  이유식 때마다 한 끼 분량으로 새로 만들어주면 조금 더 잘 먹어요.

* **22일 정도부터는 쌀가루 16배죽을 먹여도 좋아요. 과정 ②에서 물을 800㎖(4컵)로 줄여요.**

6회분   15분   냉장 보관 3일(냉동 2주)

- 쌀가루 50g
- 미지근한 물 1ℓ(5컵)

1 마른 냄비에 쌀가루를 넣고
약한 불로 볶은 후 식힌다.
★ 쌀가루가 뜨거우면
덩어리가 져서 곱게 풀어지지
않으니 꼭 식혀 사용해요.

2 물 1ℓ를 넣고 거품기로 푼다.
★ 물은 미지근한 상태의
미온수를 사용해요.

3 냄비를 불에 올려
중간 불에서 고무주걱으로
잘 저어가며 끓인다.
★ 쌀가루는 빨리 눌어붙기
때문에 계속 저어주는 과정이
중요해요.

4 끓어오르며 생기는 거품을
걷어내고 약한 불로 줄여
5분간 저어가며 끓인다.

5 한 김 식혀 50g씩 소분한다.
★ 미음은 밀폐되는 실리콘
큐브틀을 사용해 얼려 보관하거나
완전히 얼린 미음 큐브를 각각
랩핑해 지퍼백에 담아 보관해요.

현미 20배죽(미음) 이유식 3~40일 추천

잡곡 섞는 법

* 과거에는 흰 멥쌀 외의 곡물은 12개월은 지나고 먹여야 한다고 했지만,
  요즘은 초기 이유식부터 섭취를 권하고 있어요. 이유식을 시작하고 2~3일 후부터는
  찹쌀, 현미, 잡곡(보리, 귀리 등)이나 오트밀, 밀가루 등을 소량 넣어 만들어도 좋아요.

* 초기부터 많은 양을 사용하는 게 아니라 전체 곡물량의 10~20%로 시작해
  돌쯤 돼서는 쌀과 잡곡의 비율을 1:1까지 높여도 괜찮아요. 소화력이 약하다면 20~30%가
  좋겠지요. 흑미는 다른 잡곡에 비해 색감이 강하므로 5~10%의 비율로 넣어 만드는 게 좋아요.
  잡곡은 쌀보다 입자가 더 단단하기 때문에 푸드프로세서에 갈아도 곱게 갈리지 않으니
  아예 가루로 분쇄된 시판 잡곡가루를 구매하거나 불리지 않고 지을 수 있는 발아현미,
  칼집현미 등을 사용하면 조금 더 부드럽게 잡곡밥을 지어 만드는 것도 가능해요.

* 오트밀은 '포리지용 오트밀'을 한 주먹씩 곱게 갈아 지퍼백에 담아 냉장 보관하고
  미음 지을 때 쌀과 같이 넣어요. 토핑 이유식에서 주로 사용하는 '오트브란'은 입자가
  곱기 때문에 완료기까지 사용하기 좋은 '포리지용 오트밀'을 구매, 갈아서 사용하는 것이
  다양하게 활용할 수 있어요.

🍪 6회분　⏲ 25분　🧊 냉장 보관 3일(냉동 2주)

- 쌀가루 40g
- 현미가루 10g
- 미지근한 물 1ℓ(5컵)

1 쌀가루에 현미가루를 넣고 섞는다.

2 물 1ℓ를 넣고 거품기로 푼다.
★ 물은 미지근한 상태의 미온수를 사용해요.

3 냄비를 불에 올려 중간 불에서 5분간 고무주걱으로 잘 저어가며 끓인다.
★ 쌀가루는 빨리 눌어붙기 때문에 계속 저어주는 과정이 중요해요.

4 약한 불로 줄여 15분간 저어가며 끓인다.

5 한 김 식혀 50g씩 소분한다.
★ 미음은 밀폐되는 실리콘 큐브틀을 사용해 얼려 보관하거나 완전히 얼린 미음 큐브를 각각 랩핑해 지퍼백에 담아 보관해요.

☆
알아두세요

초기 이유식에는 현미가 좋아요
시중에 판매하는 다양한 잡곡 중 초기에 사용하기 적합한 잡곡은 현미예요. 곱게 갈린 가루도 쉽게 구할 수 있답니다. 다른 잡곡들도 모두 분쇄된 가루를 판매하는데 먹는 양에 비해 구매 단위가 크니 초기에는 현미가루를 활용해 먹이다가 중, 후기에는 엄마, 아빠가 함께 먹을 수 있는 잡곡을 구매해 아기와 함께 먹어도 좋아요. 알레르기 테스트는 가능하면 초기에 끝내면 좋지만, 돌 이후까지 진행할 수 있으니 처음부터 모든 걸 갖추지 않아도 괜찮답니다.

쌀 12배죽 이유식 40 ~ 80일 추천

✳ 가정에서 사용하는 푸드프로세서나 믹서로는 쌀을 아주 곱게 갈기 어려우니
약간 식감이 있는 중기 이유식부터 이 방법으로 만들면 좋아요.

✳ 쌀을 불려 푸드프로세서에 갈아 12배 분량의 물을 넣고 끓여요.

✳ 냉동 미음을 거부하지 않는 아기라면 2배합으로 7일 이상의 분량을 한 번에 만들면 편해요.

✳ **61일 정도부터는 쌀 10배죽을 먹여도 좋아요. 과정 ③에서 물을 800㎖(4컵)로 줄여요.**

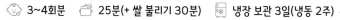

3~4회분   25분(+ 쌀 불리기 30분)   냉장 보관 3일(냉동 2주)

- 쌀 100g
- 미지근한 물 200㎖(1컵) + 1ℓ(5컵)

1 쌀을 정수물로 3~4번 이상 깨끗하게 씻은 후 맑은 물이 나오면 30분 이상 불린다.
★ 마른 쌀은 처음 닿는 물을 빠른 속도로 흡수하기 때문에 첫 물은 꼭 정수물로 헹구는 게 좋아요.

2 푸드프로세서에 체에 밭쳐 물기를 뺀 불린 쌀, 물 200㎖를 넣어 쌀이 좁쌀만한 크기가 되도록 간다.

3 냄비에 갈아놓은 쌀과 나머지 물 1ℓ를 넣고 중간 불에서 눌지 않게 저어가며 끓인다.

4 쌀이 반투명하게 퍼지면 약한 불로 줄여 15분가량 중간중간 저어가며 끓인다.

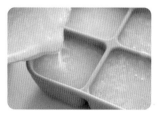

5 한 김 식혀 50g씩 소분한다.
★ 미음은 밀폐되는 실리콘 큐브틀을 사용해 얼려 보관하거나 완전히 얼린 미음 큐브를 각각 랩핑해 지퍼백에 담아 보관해요.

밥 8배죽 **이유식 80 ~ 120일 추천**

* 이미 다 익은 밥을 퍼지게 끓이기만 하면 돼서 조리시간이 짧고 만들기 편해
  이것저것 만들 게 많아지는 중기 이유식 중반부터 밥죽으로 만들면 편해요.
* 밥을 푸드프로세서로 갈아 7배 분량(밥 지을 때 들어간 물 분량 고려)의 물을 더해 끓여요.
* 밥을 지을 때 1:1 비율로 물이 들어갔기 때문에 먼저 들어간 물의 양을 빼서
  7배의 물을 넣어 만들면 돼요.
* 죽에 가까워 중, 후기 이유식에 사용하기 좋아요.

🍼 3~4회분　　🍲 25분　　🧊 냉장 보관 3일(냉동 2주)

- 밥 200g
- 미지근한 물 400㎖(2컵) + 1ℓ(5컵)

1 푸드프로세서에
밥, 물 400㎖를 넣어
입자감 있게 간다.

2 냄비에 ①과 나머지 물 1ℓ를
넣고 중간 불에서 눌지 않게
저어가며 끓인다.

3 냄비를 불에 올려 중간 불에서
보글보글 끓어오르면
약한 불로 줄여 5분간
중간중간 저어가며 끓인다.

4 쌀이 반투명하게 퍼지면
약한 불로 줄여 15분가량
중간중간 저어가며 끓인다.

☆
알아두세요

잡곡을 넣어보세요
후기 이유식부터는 가능하면
모든 죽에 잡곡을 소량이라도 섞어서
만들어보세요. 예를들어 흑미를
10% 정도 넣어 밥을 지은 후
그 밥을 사용해 죽을 끓여요.
쌀에 잡곡을 섞어 잡곡밥을 지어
먹으면 가족의 건강에도 훨씬
긍정적인 효과를 낼 수 있답니다.

5 한 김 식혀 75g씩 소분한다.
★ 미음은 밀폐되는
실리콘 큐브틀을 사용해
얼려 보관하거나 완전히 얼린
미음 큐브를 각각 랩핑해
지퍼백에 담아 보관해요.

27가지 재료로 만드는 반찬

토핑 준비하기

토핑은 재료 그대로의 맛이 중요하기 때문에
별다른 조리 없이 삶거나, 볶거나, 쪄서
아기가 잘 먹을 수 있도록 적당한 크기로 다지기만 하면 돼요.
토핑 이유식 전용 식판에 담아도 되고,
이유식 볼에 구역을 나누어 담아줘도 괜찮아요.
토핑 이유식 먹이는 법은 119쪽에서 한 번 더 확인하세요.
토핑은 이유식 기간 내내 입자를 키워가며 활용하는 것이니
단계별 추천 입자 크기를 확인하세요.

★ 아기가 먹는 양이 아주 소량이기 때문에 집에서 자주 사용하지 않는 식재료는
손질되어 판매하는 토핑 재료를 사는 것도 괜찮아요.

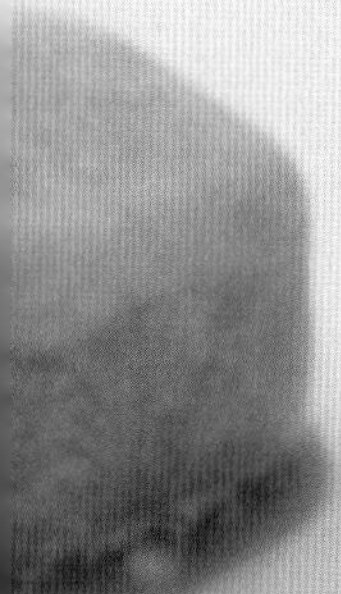

☑ 이 책에서 사용한 27가지 토핑 이유식 재료

✱ 초기부터 후기까지 다양하게 활용할 수 있는 토핑을 도표로 정리했습니다.
이 책에서 사용한 토핑 이유식 재료를 한눈에 살펴볼 수 있고, 특히 초기 이유식 식단을
구성할 때 도움이 될 겁니다.

✱ 예를 들어 아래의 표를 참고해 단백질 재료 토핑에서 메인 재료를 선택하고
나머지는 색과 질감이 다른 토핑을 하나씩 추가로 더하면 간단히 한 끼 토핑 이유식이
완성된답니다.

✱ 아기가 선호하는 토핑은 기억해 두세요. 각 토핑의 이유식 시기별 입자 크기를 참고해
그대로 토핑으로 얹어주거나, 후기부터는 반찬으로 만들어주면 쉽게 아기의 기호에
맞는 이유식을 만들 수 있답니다.

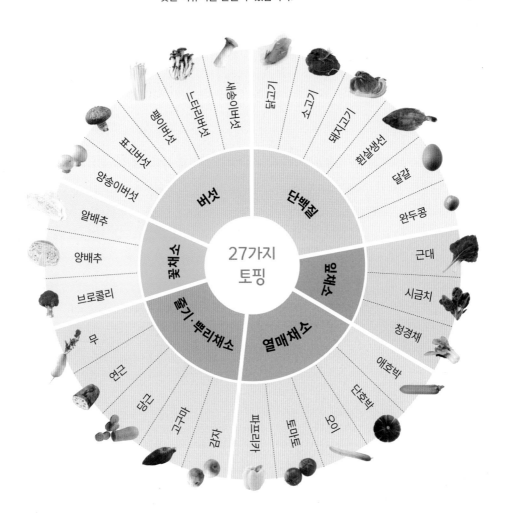

☑ 초기 이유식의 토핑 보관하기

✳ 토핑은 재료의 특성에 따라 바로 만들어 먹이거나 냉장 보관해요.

✳ 아래 소개한 바로 만들어 먹이는 토핑을 제외하고 3일 이내
소진하는 것이 가장 좋아요. 같은 재료를 3일간 반복해서 먹기 때문에
냉동 보관은 추천하지 않습니다.

✳ 단백질 토핑 중 닭고기, 소고기, 돼지고기는 익힌 후 큐브화 해
냉동 보관하게 되면 누린내와 잡내가 심해져 먹기 힘들 뿐 아니라
위생상 추천하지 않습니다. 편의를 위해 토핑 이유식을 하길 원한다면
시판 냉동 토핑을 구매해 사용해요.

바로 만들어 먹이면 좋은 토핑 재료
흰살생선, 달걀, 오이, 토마토

✳ 달걀과 생선은 조리 직후부터 맛이 변하고 살모넬라균의 번식이 활발해집니다.
오이, 토마토는 물기가 많은 채소라 손질 후 냉장 보관할 경우
수분이 많이 생겨 맛과 질감이 달라지게 됩니다. 위 네 가지 토핑을 제외하고는
냉장 보관한 후 3일 이내에 섭취해요.

☑ 초기 이유식 이후 냉동 토핑 만들기

✳ 새로운 재료를 모두 접한 초기 이유식 이후에는 요리를 하면서 남은 채소들을
큐브화 시켜 냉장 또는 냉동 보관할 수 있어요. 단, 채소들만 가능하며
단백질 토핑 중 닭고기, 소고기, 돼지고기 등의 육류는 해동과 냉동을 반복하는
것을 추천하지 않습니다. 냉동한 채소 큐브는 반찬이나 죽 이유식 등에
사용하며 2주 안에 모두 소진합니다.

냉동 토핑 만들기
토핑 재료를 선택, 원하는 입자로 만들어요. 완성된 토핑을 실리콘 큐브에
1회분(10~15g 또는 1큰술)씩 넣어 소분한 후 냉동해요.
완전히 얼린 토핑 큐브는 실리콘 큐브에서 분리, 각각 랩핑해 지퍼백에 담아
보관해요. 얼린 큐브를 이렇게 옮겨 담아 보관하면 큐브틀을 다른 재료에
활용하기 편리하고 냉동실의 공간을 확보할 수 있어 더 편리해요.

냉동 토핑 활용하기
1. 냉동 토핑은 냉장 해동한 후 냉장 토핑과 동일한 시간으로 데워 먹여요.
2. 죽이나 요리에 활용할 때는 냉동 상태 그대로 사용해요.

철분 섭취에 필수! 단백질 토핑

* 만 6개월부터는 아기에게 철분 섭취가 아주 중요해요. 활동량이 폭발적으로 늘고,
  몸집이 커지면서 수유만으로는 필요한 양의 철분, 단백질 섭취가 불가능하기 때문에
  반드시 매 끼니마다 고기를 먹여야 한답니다.

* 한 끼에 아기가 먹어야 하는 육류의 양은 초기에는 10~20g으로 시작해서
  돌쯤에는 매 끼니 40~50g의 육류를 섭취해야 해요.

* 매번 같은 고기만 먹으면 쉽게 질릴 수 있으니 알레르기 테스트를 하는 초기 이유식 시기가
  끝나면 중기부터는 다양한 종류의 육류, 생선류를 번갈아 가며 식단을 구성하는 것이 좋습니다.

* 보통은 소고기, 닭고기부터 시작해 돼지고기, 흰살생선 순으로 먹이는데, 모두 6개월부터
  섭취가 가능한 식재료이며, 생선을 제외하고 매일 먹여도 무방합니다.

* 달걀은 언제나 구할 수 있는 식재료이며 단백질이 풍부하고, 영양가가 높은
  완전식품 중 하나로 성장기 아기들에게 도움이 돼요. 단, 알레르기 가능성이 높으니
  54쪽을 미리 확인하세요.

* 완두콩은 채소지만 단백질이 풍부해요. 토핑 분류에서는 단백질 토핑으로 분류했지만, 채소의
  역할도 하니 채소 토핑으로 활용이 가능해요. 식이섬유와 단백질이 풍부하고 비타민, 철분,
  엽산, 칼슘 등 다양한 영양분을 다량 함유하고 있어 두뇌 발달과 면역력 강화에 좋아요.

닭고기 토핑 3회분 / 닭안심 50~60g

고르기

지방이 적고 살이 탄탄한 닭가슴살, 닭안심으로 시작해
돌 이후에는 닭껍질을 벗겨낸 정육까지 사용이
가능합니다. 이유식에서 가장 많이 쓰는 닭안심은
닭가슴살에 비해 손질은 번거롭지만, 식감이 좀 더
부드럽고 연해 아기가 먹기 좋아요.

재료 보관하기

닭안심 1쪽은 20~30g 정도라서
초기에는 하나씩 떼어 얼리고,
후기에는 2쪽씩 붙여 냉동 보관해요(4주).
냉동한 닭고기는 12시간 이상 냉장 해동하거나
조리하기 30분전 지퍼백에 넣어 찬물에 담가 해동해요.

만들기

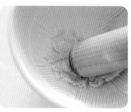

➞ 큐브 만들기

완성된 토핑을
큐브에 1회분(10~15g
또는 1큰술)씩 넣어
냉장 보관해요(3일).
먹기 전 내열 용기에 넣고
전자레인지에서 15초간
데워요.

1 닭안심에 있는 투명한
근막을 손으로 잡아당겨
벗기고 하얀색 힘줄을
칼이나 가위로 제거한다.

2 끓는 물에 손질한
닭안심을 넣고
센 불에서 10분간
푹 삶는다.

3 완전히 익으면 젓가락으로
꺼내 한 김 식혀 절구
(또는 푸드프로세서)에
넣고 곱게 으깬다.

★ 중기나 후기에는
절구로 굵게 으깨거나,
손으로 잘게 찢어 준비해요.

초기
곱게 으깬 상태

중기
0.2~0.4cm 크기

후기
0.4~0.8cm 크기

소고기 토핑 3회분 / 소고기 안심 50~60g

고르기

✳ 정육점에서 이유식용으로 바로 다져달라고 주문하면 눈앞에서 작업하는 과정을
확인할 수 있어요. 마트에서 판매하는 포장된 다짐육은 언제 가공해 포장된지
확인할 수 없다는 단점이 있어요

✳ 초기와 중기에는 부드러운 안심이나 우둔을 써요. 후기에는 채끝, 사태,
앞다릿살, 설도 등 비교적 지방이 적고 살코기가 많으며, 식감이 질긴 부위까지
골고루 사용할 수 있어요. 완료기(돌 이후)부터는 등심이나 갈비, 양지 등의 육질이
연하고 지방이 풍부하며, 육향이 강한 부위도 선택할 수 있어요.

✳ 철분 섭취를 위해 물에 담가 핏물을 빼지 않고 키친타월로 살짝 눌러 핏물을 제거해요.

재료 보관하기

✳ 철분 섭취를 위해 물에 담가 핏물을 빼지 않기 때문에 키친타월로 살짝 눌러 핏물을 제거해요.

✳ 구매 후 1~2일 이내에 사용하는 양은 냉장 보관하고,
나머지는 소분하여 냉동 보관해요(4주, 사진 1).

✳ 초기에는 20g, 후기부터는 40g~50g씩 소분하는 것이 적당해요(조리 전 무게 기준).

✳ 냉동한 소고기는 12시간 이상 냉장 해동하거나
조리하기 30분 전, 비닐봉지에 넣어 찬물에 담가 해동해요(사진 2, 3).

1　　2　　3

큐브 만들기

완성된 토핑을 큐브에 1회분
(10~15g 또는 1큰술)씩
넣어 냉장 보관해요(3일).
먹기 전 내열 용기에 넣고
전자레인지에서 15초간
데우거나 마른 팬에 넣고
중약 불에서 2~3분간
볶아요.

1 다진 소고기는
  키친타월로 살짝 눌러
  핏물을 제거한다.

2 중간 불로 달군 팬에
  기름을 두르지 않고
  소고기를 올려 중약 불에서
  5~10분간 촉촉하게 볶는다.
  ★ 바짝 구우면 식감이
  지나치게 단단해지니
  수분이 촉촉하게 배어
  나올 때까지만 볶아요.

3 절구(또는 푸드프로세서)에
  넣고 이유식 단계별 입자
  크기에 맞춰 으깬다.

초기
곱게 으깬 상태

중기
0.2~0.4cm 크기

후기
0.4~0.8cm 크기

만
6개월
이후~

돼지고기 토핑 3회분 / 돼지고기 안심 50~60g

고르기

* 지방이 적고 육질이 부드러운 안심이나 지방을 제거한 앞다릿살로 시작해, 후기에는 등심, 목살 등 풍미가 좋고 지방이 적당한 부위도 사용할 수 있어요.
* 돌 이후에는 가끔 삼겹살이나 갈비, 항정살 등 지방이 많은 부위를 선택해도 좋아요.
* 철분 섭취를 위해 물에 담가 핏물을 빼지 않기 때문에 키친타월로 살짝 눌러 핏물을 제거해요.

재료 보관하기

* 구매 후 1~2일 이내에 사용하는 양은 냉장 보관하고, 나머지는 소분하여 냉동 보관해요(4주). 초기에는 20g(조리 후 약 15g), 후기부터는 40g~50g씩 소분해요.
* 냉동한 돼지고기는 12시간 이상 냉장 해동하거나 조리하기 30분 전, 비닐봉지에 담아 찬물에 담가 해동해요.

만들기

1 돼지고기는 키친타월로 살짝 눌러 핏물을 제거한 후 한입 크기로 썬다.

2 중간 불로 달군 팬에 기름을 두르지 않고 돼지고기를 올려 약한 불에서 5~10분간 촉촉하게 볶는다.
★ 바짝 구우면 식감이 지나치게 단단해지니 수분이 촉촉하게 배어 나올 때까지만 볶아요.

3 절구(또는 푸드프로세서)에 넣고 이유식 단계별 입자 크기에 맞춰 으깬다.

→ 큐브 만들기

완성된 토핑을 큐브에 1회분 (10~15g 또는 1큰술)씩 넣어 냉장 보관해요(3일). 먹기 전 내열 용기에 넣고 전자레인지에서 15초간 데우거나 마른 팬에 넣고 중약 불에서 2~3분간 볶아요.

초기
곱게 으깬 상태

중기
0.2~0.4cm 크기

후기
0.4~0.8cm 크기

생선 토핑 1회분 / 흰살생선 10~20g

고르기

✱ 가자미, 대구, 동태, 아귀, 임연수어, 연어 등의 흰살생선으로 시작해 돌 이후에는 삼치, 고등어 등의 등푸른생선까지 줄 수 있어요.

✱ 첫 생선으로는 가자미를 추천하는데, 흰살생선 중에 가장 살점이 부드럽고 비린내가 나지 않아 아기들이 거부감 없이 접할 수 있어요. 가시가 제거된 무염 냉동 필렛도 좋아요.

✱ 무염 흰살생선은 매일 섭취해도 괜찮으나 등푸른생선은 지나친 수은 섭취를 피하고자 일주일에 1회만, 24개월 이후에는 무염으로 주 2회까지 주세요.

✱ 다랑어과의 참치는 36개월 이전에는 피하는 게 좋고, 24개월 이후에는 아기에게 주더라도 일주일에 1회, 약 30g을 넘기지 않는 게 좋아요.

재료 보관하기

✱ 이 책에서는 무염 냉동 필렛 생선을 활용했어요.

✱ 12시간 이상 냉장실에서 해동하거나 포장 그대로 찬물에 담가 해동하면 편하게 사용할 수 있어요.

만들기

1 완전히 해동한 순살 생선을 흐르는 물에 씻은 후 키친타월로 꾹 눌러 물기를 완전히 제거한다.

★ 비린내 제거를 위해 완전히 해동하고, 물기를 최대한 제거해야 깔끔하고 담백한 맛이 나요.

2 김이 오른 찜기에 손질한 생선을 넣고 면포로 덮어 뚜껑을 닫는다.

★ 면포를 사용해야 뚜껑에 맺힌 물기가 생선으로 직접 떨어지지 않아요.

3 중간 불에서 7분간 완전히 익힌 생선살을 한 김 식힌다.

★ 식은 생선은 비린내가 나기 때문에 가능하면 당일에 먹을 것만 식사 전에 바로 준비해요.

4 따뜻할 때 손으로 잘게 으깨며 혹시나 남아 있을 수 있는 가시를 완전히 제거한다.

★ 생선살은 촉촉하고 부드러워 초기부터 쌀알 크기의 입자로 먹일 수 있어요.

초기
쌀알 크기

중기
0.2~0.4cm 크기

후기
0.4~0.8cm 크기

바로 만들어
먹이면 좋은 토핑

달걀 토핑(노른자·흰자) 1회분 / 10~20g

고르기

＊ 달걀은 산란 일자를 확인하고,
표면 광택이 매끄럽고 귀에 대고 가볍게 흔들었을 때
출렁이는 소리가 나지 않는 것을 골라요.

＊ 초기 알레르기 테스트 이후에는
삶는 조리법보다는 찌거나 볶거나 굽는 등
주로 삼키기 수월한 요리를 해주는 게 좋아요.

재료 보관하기

＊ 상온 보관이 가능하나
냉장 보관하게 되면
냉장실의 가장 깊숙한 곳에
두고, 한번 냉장 보관한
달걀은 실온에 두었을 때
2시간 안에 조리해요.

만들기

1 달걀은 10분 동안
상온에 두어 냉기를
없앤다. 냄비에 달걀,
소금(1/4작은술),
식초(1/4작은술),
미온수를 달걀이 잠기도록
붓고 센 불에 올려
한쪽 방향으로 젓는다.

2 끓어오르면 중간 불로
줄여 10분 이상 삶아
속까지 완전히 익힌다.
찬물에 바로 담가
껍질을 벗기고 흰자와
노른자를 분리한다.

노른자 토핑
분리한 노른자는
이유식 단계별 입자 크기에
맞춰 강판에 갈거나 으깬다.

★ 초기에는 곱게 간
노른자에 생수 1큰술을 넣어
부드럽게 섞어 먹여요.

흰자 토핑
분리한 흰자는 이유식 단계별
입자 크기에 맞춰 으깨거나
다진다.

★ 목 막힘이 있을 수 있으니
먹일 때 주의해요.

초기
곱게 느깬 상태

중기
0.2~0.4cm 크기

후기
0.4~0.8cm 크기

초기
곱게 으깬 상태

중기
0.2~0.4cm 크기

후기
0.4~0.8cm 크기

완두콩 토핑 3회분 / 40~50g

고르기

＊ 완두콩은 모양이 동그랗고 색이 선명한 연둣빛을 띠는 게 좋아요.
표면이 고르고 윤기가 흐르며 쭈글쭈글 마르지 않고 탱탱한 걸로 고르세요.

＊ 특유의 풋풋한 냄새로 처음 접한다면 잘 먹지 않는 경우도
종종 있지만, 푹 익힌 완두콩은 식감이 부드럽고 색감이 고와
주기적으로 노출하기 좋아요. 아기에 따라 다르지만 소화하기 힘들어할 수
있기 때문에 하루 40g 미만으로 섭취하는 게 좋습니다.

재료 보관하기

＊ 낱알만 분리된 제품을
구매했다면 그대로 끓는 물에
5분간 데쳐 물기를 제거한 후
냉동 보관(2주)하고,
마른 콩이라면 그늘진 곳에
밀봉해 보관해요.

만들기

1 마른 완두콩은 깨끗하게
씻어 6시간 이상 불린다.

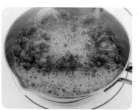

2 끓는 물에 불린 콩을 넣고
데친 후 물을 버린다.
냄비에 다시 콩, 물을 넣고
중간 불에 10분 이상
푹 삶아 부드럽게 익힌다.

3 푸드프로세서에 콩,
콩 삶은 물을 콩이
자작하게 잠기도록 넣고
곱게 갈아 체에 거른다.

★ 중기부터는 콩을
반으로 썰고, 후기
이후부터는 밥에 통으로
넣어 원형 그대로 먹여요.

➥ 큐브 만들기

완성된 토핑을
큐브에 1회분(10~15g
또는 1큰술)씩 넣어
냉장 보관해요(3일).
먹기 전 내열 용기에 넣고
전자레인지에서
10~15초간 데워요.

초기
입자 없는 상태

중기
반으로 썰기

후기
원형 그대로

성장기에 좋은 잎채소 토핑

* 시금치, 근대, 청경채, 아욱 등으로 비타민, 엽산, 식이섬유가 풍부해요.

* 성장기 아기들에게 좋지만 쓴맛, 떫은맛 때문에 쉽게 편식하는 식재료이기도 해요.
  그래서 처음 이유식 단계에서는 잎채소 중에 단맛이 강하고 식감이 부드러운
  채소(시금치 등)를 먼저 주는 것이 아기들에게 거부감을 주지 않아요.

* 잎채소는 물에 한 번 데쳐 사용하는 게 좋은데, 쓴맛을 내는 수산이 물에 녹기 때문에
  데친 물은 꼭 버려야 해요.

* 줄기는 섬유질로 인해 이에 끼거나 삼키지 못하는 경우가 있어 잘게 다지거나 잘라주세요.

* 잎채소는 잎이 마르지 않고 색이 선명하며, 뿌리나 줄기 부분이 무르지 않은 게 좋아요.

근대 토핑 3회분 / 40~50g

고르기

✳ 잎이 진한 녹색을 띠고 크기가 너무 크지 않으며 시들지 않은 걸로 골라요. 줄기가 지나치게 길지 않고 잎보다 짧은 것이 좋아요.

재료 보관하기

✳ 구매 후 바로 사용할 양을 제외하고 키친타월로 감싸 지퍼백에 넣어 냉장실 채소 칸에 보관해요.

만들기

1 근대는 흐르는 물에 세척한 후 줄기를 V자로 잘라낸다.

2 끓는 물에 넣고 1~2분간 젓가락으로 눌렀을 때 부드럽게 푹 들어갈 정도로 데친다.

3 찬물에 헹궈 물기를 꼭 짠 후 뭉친 근대를 홀홀 털고 이유식 단계별 입자 크기에 맞춰 잘게 다진다.

⟶ 큐브 만들기

완성된 토핑을 큐브에 1회분(10~15g 또는 1큰술)씩 넣어 냉장 보관해요(3일). 먹기 전 내열 용기에 넣고 전자레인지에서 10~15초간 데워요.

초기
잘게 다진 크기

중기
0.2~0.4cm 크기

후기
0.4~0.8cm 크기

시금치 토핑 3회분 / 40~50g

고르기

* 이유식에는 시금치의 부드러운 부분을
  사용하기 때문에 무침용보다는
  국거리용으로 구매하는 게 좋아요.
* 줄기가 연하고 잎의 색이 선명하며
  넓은 걸 구매해요.

재료 보관하기

* 구매 후 바로 사용할 양을 제외하고
  키친타월로 감싸 지퍼백에 넣어
  냉장실 채소 칸에 보관해요.

만들기

1 시금치는 흐르는 물에
세척한 후 밑동을
제거한다.

2 끓는 물에 줄기가 아래로
가도록 넣어 젓가락으로
눌렀을 때 부드럽게 푹
들어갈 정도로 데친다.

3 찬물에 헹궈 물기를 꼭
짠 후 뭉친 시금치를 훌훌
털고 이유식 단계별 입자
크기에 맞춰 잘게 다진다.

큐브 만들기

완성된 토핑을
큐브에 1회분(10~15g
또는 1큰술)씩 넣어
냉장 보관해요(3일).
먹기 전 내열 용기에 넣고
전자레인지에서
10~15초간 데워요.

초기
잘게 다진 크기

중기
0.2~0.4cm 크기

후기
0.4~0.8cm 크기

청경채 토핑 3회분 / 40~50g

고르기

＊ 잎의 색이 진하고 표면이 매끈하며
　속이 단단하게 차 있는 걸 구매해요.

재료 보관하기

＊ 구매 후 바로 사용할 양을 제외하고
　하나씩 키친타월로 감싸 지퍼백에 넣어
　냉장실 채소 칸에 보관해요.

만들기

1 청경채는 흐르는 물에
세척한 후 밑동을
1~2cm 제거한다.

2 끓는 물에 줄기가
아래로 가도록 넣어
젓가락으로 눌렀을 때
부드럽게 푹 들어갈
정도로 데친다.

3 찬물에 헹궈 물기를
꼭 짠 후 뭉친 청경채를
훌훌 털고 절구에 넣어
곱게 으깬다.

★ 청경채는 섬유질이
질겨 절구에 으깨주는 게
좋아요. 초기 이후에는
이유식 단계별 입자 크기에
맞춰 잘게 다져요.

⟶ 큐브 만들기

완성된 토핑을
큐브에 1회분(10~15g
또는 1큰술)씩 넣어
냉장 보관해요(3일).
먹기 전 내열 용기에 넣고
전자레인지에서
10~15초간 데워요.

초기
곱게 으깬 상태

중기
0.2~0.4cm 크기

후기
0.4~0.8cm 크기

영양이 알차게 달린 열매채소 토핑

＊ 애호박은 비타민 A와 C가 풍부하며 소화도 잘되는 채소 중 하나예요.
　초기 이유식부터 껍질과 씨, 모두 먹여도 좋아요.

＊ 단호박은 달콤하고 부드러워 아기들 간식으로도 많이 쓰여요.
　식이섬유가 풍부해 변을 보기 힘들어하는 아기들에게 변비에 도움이 되는
　다른 식재료 몇 가지와 함께 죽이나 퓌레를 만들어 먹이면 잘 먹는답니다.

＊ 오이는 호불호가 갈리는 식재료로 꼭 시도해주세요. 아기들이 초기 이유식 단계에서
　한 번이라도 맛을 본 식재료는 나중에 다시 줬을 때 크게 거부감을 못 느끼는 경우가
　많기 때문에 편식하기 좋은 채소는 초기에 여러 번 경험하게 하는 것이 좋아요.

＊ 토마토는 다량의 비타민과 리코펜 등 항산화물질이 풍부하게 들어 있어요. 익힐수록 리코펜
　흡수율이 높아지기 때문에 생으로 먹는 것보다 익혀 먹는 게 좋아요. 초기에는 토마토의
　질긴 껍질을 먹을 수 없기 때문에 끓는 물에 데쳐 껍질을 제거해 줘야 합니다.

＊ 파프리카는 아주 어렸을 때부터 접하지 않으면 커서도 잘 먹게 되지 않는 채소라서
　이유식 시기부터 아기들에게 지속해서 노출해 줄 필요가 있어요. 다양한 색만큼 가지고 있는
　영양소와 맛이 다르기 때문에 다양한 컬러의 파프리카를 먹이는 게 좋아요.

애호박 토핑 3회분 / 30~40g

고르기

✳ 무늬가 진하지 않고 표면의 색이
선명하며 윤기가 나는 것이 좋아요.
꼭지가 마르지 않고 찍힌 상처가 없고
무르지 않으며 단단한 걸 구매해요.

재료 보관하기

✳ 비닐 포장을 제거하지 않고 냉장실 채소 칸에 보관하고,
사용하고 남은 애호박은 소분해 수분이 날아가지 않게
랩으로 감싸 채소 칸에 냉장 보관해요.

만들기

1 애호박은 세척해서
1cm 두께로 썬 후
반으로 썬다.

2 김이 오른 찜기에 올려
중간 불에서 7~10분간
완전히 익을 때까지 찐다.

3 한 김 식혀
강판에 곱게 간다.

★ 초기 이후에는 이유식
단계별 입자 크기에 맞춰
잘게 다진 후 소량의
기름에 볶거나 육수에
넣어 삶아요.

➛ 큐브 만들기

완성된 토핑을
큐브에 1회분(10~15g
또는 1큰술)씩 넣어
냉장 보관해요(3일).
먹기 전 내열 용기에 넣고
전자레인지에서
10~15초간 데워요.

초기
입자 없는 상태

중기
0.2~0.4cm 크기

후기
0.4~0.8cm 크기

단호박 토핑 **3회분 / 40~50g**

고르기

＊ 표면에 상처가 없고, 색이 선명하며
  속이 꽉 찬 걸 고르는 게 좋아요.
  들었을 때 묵직하고 꼭지가 축축하게 젖어
  있는 것보다는 바짝 마른 걸 구매해요.
  한 개를 통으로 사는 것이 부담스럽다면
  껍질이 손질된 단호박을 구매해 사용해도
  괜찮아요.

재료 보관하기

＊ 통으로 된 단호박은 냉장 보관보다는
  통풍이 잘되는 서늘하고 그늘진 곳에
  보관해요. 약 7~15일까지 상온 보관이
  가능해요.

만들기

1 단호박은 세척한 후
반으로 갈라 숟가락을
사용해 씨를 뺀다.

2 내열 용기에 담아
전자레인지에 넣고
1분간 돌린 후 껍질을
벗기고 한입 크기로 썬다.

3 김이 오른 찜기에 넣고
완전히 익을 때까지
중간 불에 찐 후
포크로 곱게 으깬다.
★ 중기 이후에는 이유식
단계별 입자 크기에 맞춰
썬 후 김이 오른 찜기에
올려 완전히 익혀요.

⟶ 큐브 만들기

완성된 토핑을
큐브에 1회분(10~15g
또는 1큰술)씩 넣어
냉장 보관해요(3일).
먹기 전 내열 용기에 넣고
전자레인지에서
10~15초간 데워요.

초기
곱게 으깬 상태

중기
0.2~0.4cm 크기

후기
0.4~0.8cm 크기

바로 만들어
먹이면 좋은 토핑

오이 토핑 1회분 / 10~15g

고르기

* 색이 선명하되 꼭지와 아랫부분의 색이
확연히 차이 나는 걸 고르는 게 맛있습니다.
꼭지가 마르지 않고 꼭지의 끝에 마른 꽃이 달린
오이일수록 밭에서 수확한 지 오래되지 않은
신선한 상태예요. 표면이 매끄러운 것보다
가시가 뾰족하게 만져지는 걸 구매해요.

재료 보관하기

* 하나씩 키친타월에 감싸 지퍼백에 담아 냉장 보관해요.
이때, 꼭지가 위로 올라오도록 세워 보관하면
더 좋아요. 오이는 냉장 보관 시 수분이 많이 생기니
매일 먹일 양만 소량 구매하는 게 좋아요.
★ 오이는 천일염으로 겉을 문질러 흐르는 물에
헹궈 사용하지만 이유식 단계에서는 껍질을 벗겨
사용하므로 소금 세척까지는 필요하지 않아요.
단, 겉을 깨끗하게 씻은 후 손질해요.

만들기

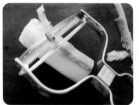

1 오이는 세척한 후
필러로 껍질을 벗긴다.
★ 오이 껍질은
곱게 갈아도 아기가
삼키기에는 뻑뻑하니
꼭 벗겨내요.

2 길이로 2등분한 후
숟가락을 사용해
씨를 제거한다.
★ 씨를 제거하면
오이 비린내를 줄일 수
있어요.

3 강판에 곱게 간다.
★ 치아가 8개 이상
났을 때(돌 전후)는
토핑으로 주기보다는
길게 스틱 모양으로
썰어주세요.

초, 중기
입자 없는 상태

후기
스틱 형태

바로 만들어
먹이면 좋은 토핑

토마토 토핑 1회분 / 10~20g

고르기

＊ 표면에 상처가 없고 꼭지 부분이
갈라지지 않은 것이 좋아요. 색이 진하고
선명할수록 영양가가 높으니 색이 가장
붉은 걸 고르되 과육이 단단하고 잡았을
때 물렁물렁하지 않은 걸 구매해요.

재료 보관하기

＊ 꼭지는 곰팡이가 피기 쉬우니 꼭지를 제거한
후에 냉장 보관해요. 토마토끼리 서로 눌려
상할 수 있기 때문에 겹쳐 올리지 않도록
하고 보관 중에 물러지는 게 있다면 선별해
먼저 먹을 수 있도록 해요.

만들기

1 토마토는 세척하고
꼭지 반대편에 사진처럼
열십(十)자로 칼집을
낸 후 끓는 물에 넣어
1분간 데친다.

2 칼집낸 부분의 껍질이
살짝 들리면
찬물에 담가 식힌다.

3 껍질을 벗기고
씨를 제거해 이유식 단계별
입자 크기에 맞춰 다진다.

★ 토마토 씨에는 산성분이
많아 신맛이 강해 후기부터
주세요. 초, 중기에는
과육만 소량 주되 입가가
붉어지거나 발진이 생길 수
있으니 주의해요.

초기
잘게 다진 크기

중기
0.2~0.4cm 크기

후기
0.4~0.8cm 크기

파프리카 토핑 3회분 / 40~50g

고르기

✳ 종류별로 다양한 색을 가지고 있는데,
색이 선명하고 깨끗할수록 신선한 파프리카예요.
채도가 낮아져 색이 흐려졌거나 만졌을 때
표면이 물렁물렁한 것, 껍질이 쪼글쪼글한 것은
고르지 않도록 주의해요.

재료 보관하기

✳ 파프리카의 수분이 날아가지 않게
하나씩 랩으로 감싸 채소 칸이나 김치냉장고에
보관하는 게 좋아요. 단, 이미 손질이 된
파프리카라면 키친타월에 감싸 밀폐 용기에 넣어
냉장 보관해요.

만들기

1 파프리카는 세척한 후
반으로 썰어 꼭지와 씨를
모두 제거한다.

2 180℃로 예열한 오븐이나
에어프라이어에서
15분간 굽거나 가스불에
올려 겉면이 타도록
구운 후 찬물에 씻는다.

3 껍질을 살살 당겨가며
제거한다.

4 이유식 단계별 입자 크기에
맞춰 다진다.

★ 치아가 8개 이상
났을 때(돌 전후)는
토핑으로 주기보다는
길게 스틱 모양으로
썰어주세요.

—➤ 큐브 만들기

완성된 토핑을
큐브에 1회분(10~15g
또는 1큰술)씩 넣어
냉장 보관해요(3일).
먹기 전 내열 용기에 넣고
전자레인지에서
10~15초간 데워요.

초기
잘게 다진 크기

중기
0.2~0.4cm 크기

후기
스틱 형태

땅의 영양이 가득한 줄기·뿌리채소 토핑

* 감자, 고구마, 당근, 무는 가격이 저렴하고 쉽게 구할 수 있으며 식탁에 빠져서는 안 되는
  식재료예요. 아기 식단을 구성할 때도 빠지지 않고 사용해요.

* 감자와 고구마는 탄수화물이 많아 쌀태기가 왔을 때 밥 대용으로 가끔 먹이곤 하는데,
  식감이 부드럽고 달큰해 아기들이 잘 먹어요. 대부분 호불호 없이 잘 먹는데,
  간혹 구황작물 특유의 목 막히는 느낌 때문에 3~4살까지 잘 먹지 않는 아이들도 있어요.

* 당근은 식감이 단단하고 특유의 향이 짙기 때문에 아기들이 편식을 많이 하는 식재료이기도
  해요. 베타카로틴이 풍부한 당근은 비타민 C가 풍부한 과일과 함께 섭취했을 때
  영양학적으로 좋기 때문에 아기들이 좋아하는 사과와 함께 조리해 이유식 시기의 아기들에게
  당근에 대한 긍정적인 이미지를 심어줄 수 있도록 해주세요.

* 연근은 혈액 생성에 필요한 철분이 다량 함유되어 있어 성장기 아기들이 꼭 먹어야 하는
  식재료예요. 특히 돌 전후 빈혈이 있거나 코피를 자주 흘리는 아기들은 지혈 작용이 있는 연근을
  자주 먹을 수 있도록 식단을 구성하는 게 좋아요.

* 무는 육류와 함께 먹을 때 소화를 도와줘요. 과식이나 소화불량으로 힘들어할 때
  푹 익혀 곱게 간 무에 조청을 약간 섞어 퓌레처럼 먹여도 좋아요.

감자 토핑 **3회분 / 40~50g**

고르기

✳ 표면에 상처가 적고 껍질이 탱탱하며 단단한
   것이 좋아요. 수확한 지 오래된 감자는
   말랑한 상태로 바뀌고 껍질이 쭈글쭈글해져요.
   싹이 나거나 녹색을 띠는 건 독성이 있을 수
   있으니 꼭 피해야 해요.

재료 보관하기

✳ 구매 후 햇빛이 들지 않는 그늘지고 서늘한 곳에
   보관해요. 밀봉해 보관하면 수분이 생겨 썩기 쉬우니
   종이상자에 담고 종이(신문지 등)를 덮어 햇빛을
   차단하는 것이 좋아요. 사과가 있다면 한두 개 같이
   넣어두면 더 싱싱하게 보관할 수 있어요.

만들기

1 감자는 껍질을 제거하고
  한입 크기로 썬 후
  흐르는 물에 헹궈
  전분기를 제거한다.

2 냄비에 감자, 잠길 만큼의
  물을 넣고 감자가 완전히
  익을 때까지 중간 불에서
  10~15분간 삶는다.

3 익은 감자는 체에 밭쳐
  물기를 빼고 포크로
  곱게 으깬다.

  ★ 후기 이후에는
  한입에 넣기 좋은 크기로
  썰어 익힌 후
  으깨지 않고 먹여요.

⟶ 큐브 만들기

완성된 토핑을
큐브에 1회분(10~15g
또는 1큰술)씩 넣어
냉장 보관해요(3일).
먹기 전 내열 용기에 넣고
전자레인지에서
10~15초간 데워요.

초기
곱게 으깬 상태

중기
0.2~0.4cm 크기

후기
0.4~0.8cm 크기

고구마 토핑 3회분 / 40~50g

✳ 겉에 상처와 흠집이 없을수록 좋아요.
감자와는 달리 딱딱하고 건조한 것보다는
표면의 촉감이 산뜻하고 탄력있는 게
좋은데, 같은 크기 중에서도 무게가 더
무거운 것을 골라 구매해요.

✳ 구매 후 햇빛이 들지 않는 그늘지고
서늘한 곳에 보관해요. 밀봉해 보관하면
수분이 생겨 썩기 쉬우니 종이상자에
담아 종이(신문지 등)를 덮어 햇빛을
차단하는 것이 좋아요.

━━⟋ 큐브 만들기

완성된 토핑을
큐브에 1회분(10~15g
또는 1큰술)씩 넣어
냉장 보관해요(3일).
먹기 전 내열 용기에 넣고
전자레인지에서
10~15초간 데워요.

1 고구마는 세척한 후
170℃로 예열한 오븐이나
에어프라이어에서
50~60분간 굽는다.
★ 저온에 오래 구울수록
단맛이 많이 올라와요.

2 구운 고구마는
한 김 식혀 껍질을 벗기고
포크로 곱게 으깬다.
★ 고구마는 목이 막힐 수
있는 식재료이기 때문에
초, 중기에는 곱게 으깨
조금씩 먹이고, 이가 난
후에는 1cm 정도 크기로
작게 썰어줘요.

초기
곱게 으깬 상태

중기
0.2~0.4cm 크기

후기
0.4~0.8cm 크기

당근 토핑 3회분 / 40~50g

고르기

* 표면이 매끈하고 상처가 없는 걸 고르는데
주황색이 선명할수록 영양소가 풍부해요.
꼭지쪽 심지가 작고 단단하게 여문 것이 식감이
부드럽고 맛이 있어요. 심지 부분에 검은 띠가
생기면 수확한 지 오래된 것이니 피하는 게 좋아요.

재료 보관하기

* 흙당근은 세척하지 않고 한 개씩 종이(신문지 등)
에 싸서 지퍼백에 넣은 후 세워서 냉장 보관하면
가장 신선하게 보관이 돼요. 세척 당근을 구매했을
때는 흐르는 물에 깨끗하게 씻어 물기를 제거한 후
키친타월에 감싸 밀폐 용기에 담아 냉장 보관해요.

만들기

1 당근은 세척해서
필러로 껍질을 벗긴 후
필요한 양만큼 깍뚝 썬다.

2 김이 오른 찜기에
당근을 넣고 센 불에서
10분간 푹 으깨질 정도로
완전히 익힌다.

3 찐 당근은 절구에 넣어
으깨거나 이유식 단계별
입자 크기에 맞춰 다진다.
★ 초기에는 삶거나 쪄서,
중기 한 그릇 이유식에서는
소량의 기름으로 볶는
조리법으로 비타민 흡수를
도와요.

➡ 큐브 만들기

완성된 토핑을
큐브에 1회분(10~15g
또는 1큰술)씩 넣어
냉장 보관해요(3일).
먹기 전 내열 용기에 넣고
전자레인지에서
10~15초간 데워요.

초기
곱게 으깬 상태

중기
0.2~0.4cm 크기

후기
0.4~0.8cm 크기

연근 토핑 3회분 / 40~50g

✱ 표면이 매끄럽고 광택이 나며 상처나
흠집이 없는 것을 골라요. 같은 크기의
연근이라도 들었을 때 더 무게감이 있고,
마디의 구멍이 없거나 적을수록 속이
단단하게 차 있는 연근이에요.
자른 연근의 경우 연근 단면에 얼룩덜룩한
검은색이 묻은 것을 피하고 색이 고른
흰색을 선택해 구매하는 것이 좋아요.

✱ 상온 보관부터 냉장, 냉동 보관까지
모두 가능한 식재료예요. 금방 먹을
분량은 종이(신문지 등)에 감싸
그늘지고 서늘한 곳에 보관하고,
7일 이상 보관할 시에는 냉장 보관해요.
이때, 연근을 손질해 식초 탄 물(1작은술)에
담가 냉장 보관하면 신선한 상태를
더 오랫동안 유지할 수 있어요.

1 연근은 세척해서
필러로 껍질을 벗긴 후
찜기에 담을 수 있는
크기로 썬다.

2 김이 오른 찜기에
연근을 넣고
중간 불에서 30분간 쪄
완전히 익힌다.

3 한 김 식힌 연근을 강판
(또는 푸드프로세서)에
갈거나 이유식 단계별
입자 크기에 맞춰 다진다.

★ 연근은 잘랐을 때
점성이 강하기 때문에
소량씩 먹여요. 치아가
나기 전까지는 갈아야만
먹을 수 있어요.

⟶ 큐브 만들기

완성된 토핑을
큐브에 1회분(10~15g
또는 1큰술)씩 넣어
냉장 보관해요(3일).
먹기 전 내열 용기에 넣고
전자레인지에서
10~15초간 데워요.

초기
입자 없는 상태

중기
0.2~0.4cm 크기

후기
0.4~0.8cm 크기

무 토핑 3회분 / 40~50g

고르기

✴ 표면의 상처가 없고 매끈하며 윗부분 색이
녹색으로 짙을수록 당도가 높아요.
같은 크기의 무도 무거울수록 속이 단단하고
가벼운 무는 바람이 들었을 확률이 높으니
피하는 게 좋아요.

재료 보관하기

✴ 통째로 보관할 때는 흙이 묻어 있는 상태로
종이(신문지 등)에 감싸 그늘지고 서늘하며 통풍이
잘되는 곳에 보관해요. 손질된 무를 구매하거나
사용하고 남은 무는 지퍼백에 담아 냉장 보관하되,
재사용 시 갈변된 부분을 썰어낸 후 사용해요.

만들기

1 무는 세척해서 갈기 편한
스틱 형태로 썬다.

★ 단맛이 강한
윗부분(초록 부분)을
사용하는 게 좋아요.

2 끓는 물에 넣고 센 불에서
10~15분간 투명해질
때까지 익힌다.

3 한 김 식힌 무를 강판
(또는 푸드프로세서)에
넣고 갈거나 이유식
단계별 입자 크기에 맞춰
다진다.

⟶ **큐브 만들기**

완성된 토핑을
큐브에 1회분(10~15g
또는 1큰술)씩 넣어
냉장 보관해요(3일).
먹기 전 내열 용기에 넣고
전자레인지에서
10~15초간 데워요.

초기
입자 없는 상태

중기
0.2~0.4cm 크기

후기
0.4~0.8cm 크기

항산화물질이 많은 꽃채소 토핑

＊ 대표적인 꽃채소로는 브로콜리와 양배추, 알배추가 있어요. 식이섬유가 풍부하고 부드러우면서
　 달콤한 맛을 가지고 있지만, 특유의 향으로 인해 호불호가 많이 갈리기도 합니다.

＊ 한번 구매하면 의외로 많은 양에 손이 잘 가지 않는 식재료이지만 몸에 좋은 성분이
　 많기 때문에 아기들에게 빼놓지 않고 먹이면 좋은 재료이기도 해요.
　 손질이 번거로우니 사자마자 당일에 깨끗하게 씻어 소분하여 보관하는 게 좋아요.

＊ 꽃채소류는 크기가 작고 속이 꽉 차게 들어 있는 걸 고르고, 색이 선명하면서
　 겉이 시들거나 갈변되지 않은 게 좋습니다.

브로콜리 토핑 3회분 / 40~50g

고르기

✳ 브로콜리는 전체적으로 무르지 않고 단단하며
봉오리에 시든 부분 없이 초록색이 선명한 것이
좋아요. 밑동의 단면이 마르지 않고 송이의 꽃이
열려 있지 않은 것이 영양가가 더 풍부하므로
꽃이 피기 전의 브로콜리를 골라요.

재료 보관하기

✳ 구매한 후 바로 손질해 소분하는 것이 좋아요.
베이킹소다(1/2작은술)를 넣은 물에 송이가 아래로 가도록
담가 30분간 두어 송이에 있는 불순물을 제거하고
흐르는 물에 가볍게 흔들어 깨끗하게 씻어 소분해요.
소분한 브로콜리는 물기를 제거해 냉장 보관하거나
지퍼백에 넣어 냉동 보관해 사용해도 좋아요.

만들기

1 브로콜리는
베이킹소다(1/2작은술)를
넣은 물에 송이가 잠기도록
담가 세척한다.

2 흐르는 물에 헹궈
사이사이 낀 이물질을
씻고 작은 송이가
되도록 썬다.

3 김이 오른 찜기에
브로콜리를 넣어
3분 30초에서 4분간 찐다.
★ 푹 익힌 브로콜리는
아주 어린 아기들도
쉽게 먹을 수 있어 크기를
조금 키워도 좋아요.

4 한 김 식혀 이유식 단계별
입자 크기에 맞춰 다진다.

➥ 큐브 만들기

완성된 토핑을
큐브에 1회분(10~15g
또는 1큰술)씩 넣어
냉장 보관해요(3일).
먹기 전 내열 용기에 넣고
전자레인지에서
10~15초간 데워요.

초기
곱게 다진 크기

중기
0.2~0.4cm 크기

후기
0.4~0.8cm 크기

양배추 토핑 3회분 / 40~50g

* 겉잎이 연한 녹색인 것, 묵직하고
  단단할수록 속이 꽉 차 있어요. 한 통을
  구매하면 양이 많기 때문에 토핑만 만들
  거라면 절단 양배추를 사는 것도 좋아요.
  절단 양배추는 단면이 보이기 때문에
  속에 잎이 촘촘히 나 있는지 확인할 수
  있고, 갈변이나 물러진 부분을 쉽게
  확인할 수 있어요. 속잎이 노란색으로
  변한 것은 좋지 않으니 하얀색을 골라요.

* 절단 양배추를 구매했을 때는 그대로
  냉장 보관하다가 사용하기 직전
  랩을 벗겨요. 양배추는 공기와 만나면
  갈변이 되고 잎이 마르기 때문에
  사용하고 남은 양배추도 비닐에 감싸
  마르지 않게 보관하거나 진공 포장해
  공기가 닿지 않도록 하는 게 좋아요.

1 양배추는 낱장으로
떼어내 흐르는 물에
깨끗하게 씻는다.

2 김 오른 찜기에
양배추를 넣어
10분 이상 찐다.

3 한 김 식혀 이유식
단계별 입자 크기에
맞춰 다진다.

⟶ 큐브 만들기

완성된 토핑을
큐브에 1회분(10~15g
또는 1큰술)씩 넣어
냉장 보관해요(3일).
먹기 전 내열 용기에 넣고
전자레인지에서
10~15초간 데워요.

초기
곱게 다진 크기

중기
0.2~0.4cm 크기

후기
0.4~0.8cm 크기

알배추 토핑 <small>3회분 / 40~50g</small>

고르기

* 전체적인 모양이 둥글고 무게가 무거우며 속이
  알차게 차 있는 것이 좋아요. 배추잎이 깨끗하고
  끝부분이 시들지 않은 것, 속이 노란 것이
  단맛이 강해요. 힘 없이 눌리거나 감싸진 잎 사이로
  갈색이 보이면 속이 시들었을 수도 있으니 잘 확인한
  후 구매해요.

재료 보관하기

* 겉부터 한 장씩 떼서 사용하고 남은 알배추는
  신문지에 감싸 냉장 보관해요. 이미 밑동을 잘라
  손질한 배추는 키친타월로 물기를 제거하고
  밀폐 용기에 담아 눌리지 않게 냉장 보관해요.

만들기

1 알배추는 낱장으로
떼어내 흐르는 물에
깨끗하게 씻는다.

2 줄기를 V자로 잘라낸다.
질긴 심지는 제거하고
잎 부분만 썬다.

3 김 오른 찜기에
알배추를 넣어
10분 이상 찐다.

4 한 김 식혀 이유식 단계별
입자 크기에 맞춰 다진다.

⟶ 큐브 만들기

완성된 토핑을
큐브에 1회분(10~15g
또는 1큰술)씩 넣어
냉장 보관해요(3일).
먹기 전 내열 용기에 넣고
전자레인지에서
10~15초간 데워요.

초기
곱게 다진 크기

중기
0.2~0.4cm 크기

후기
0.4~0.8cm 크기

다양한 식감과 부드러운 맛 버섯 토핑

✶ 버섯은 종류가 다양하고 각각 다른 식감과 풍미를 가지고 있어요.
계절과 상관없이 구하기 쉽고, 단백질이 풍부하며 식이섬유가 많아 반찬으로 주기 좋아요.

✶ 버섯을 구매할 때는 기둥의 색이 갈변되거나 물렁물렁하지 않고, 포장지 안에 김이 서려 있지
않은 걸로 고르고, 갓이 안쪽으로 예쁘게 말려 있고 색이 선명하며 단단한 것이 좋아요.

✶ 물에 약한 채소로 오랜 시간 물에 담가 세척하면 쉽게 물러지니 흐르는 물에 가볍게 씻거나
젖은 키친타월로 갓 부분만 닦아 사용해요.

양송이버섯 토핑 **3회분 / 40~50g**

고르기

＊ 둥글고 통통한 것을 골라요. 밑동이 굵은 것도
상태가 좋은 버섯인데, 갓 아래를 보았을 때
검게 변색된 부분이 크다면 신선도가 떨어지는
것이니 구매할 때 꼭 뒤집어서 밑동과 갓 사이를
확인해요.

재료 보관하기

＊ 장기간 보관이 어렵기 때문에 구매 후
밀폐 용기에 담아 냉장 보관(3~5일)하거나
키친타월로 겉에 묻은 먼지를 닦아내고
만들기 과정 ①을 진행한 후에 냉동
보관해요(2주).

만들기

1 밑동은 제거하고
버섯 갓의 아래쪽에서
위쪽으로 껍질을
한겹 벗긴다.

2 이유식 단계별
입자 크기에 맞춰
다진다.

3 팬에 기름을 두르지 않고
버섯을 넣어 약한 불에서
5~7분간 자체에서
수분이 나와 촉촉하게
익을 때까지 볶는다.

⤳ 큐브 만들기

완성된 토핑을
큐브에 1회분(10~15g
또는 1큰술)씩 넣어
냉장 보관해요(3일).
먹기 전 내열 용기에 넣고
전자레인지에서
10~15초간 데워요.

초기
곱게 다진 크기

중기
0.2~0.4cm 크기

후기
0.4~0.8cm 크기

표고버섯 토핑 3회분 / 40~50g

고르기

* 모양이 둥글고 갓이 동그랗게
오므라들어 있으며 색이 선명한 것이
좋아요. 밑동이 마른 것은 오래된
것이니 통통하고 짧은 것이 좋고,
밑동 끝이 쪼그라들어 있는 것보다
수분감이 많은 것을 구매해요.

재료 보관하기

* 장기간 보관이 어렵기 때문에 구매 후
일주일 안에 소진하는 것이 좋아요.
가볍게 겉면에 묻은 먼지만 털어내
키친타월을 깐 밀폐 용기에 넣어
냉장 보관(7일)하거나 만들기 과정
①을 진행한 후에 냉동 보관해요(30일).

만들기

1 밑동은 제거하고
키친타월로 겉을 닦는다.

2 이유식 단계별
입자 크기에 맞춰
다진다.

3 팬에 기름을 두르지 않고
버섯을 넣어 약한 불에서
5~7분간 자체에서
수분이 나와 촉촉하게
익을 때까지 볶는다.

➣ 큐브 만들기

완성된 토핑을
큐브에 1회분(10~15g
또는 1큰술)씩 넣어
냉장 보관해요(3일).
먹기 전 내열 용기에 넣고
전자레인지에서
10~15초간 데워요.

초기
곱게 다진 크기

중기
0.2~0.4cm 크기

후기
0.4~0.8cm 크기

팽이버섯 토핑 **3회분 / 40~50g**

고르기

✻ 갓이 크지 않고 동그랗게 오므라져 있는 것이 좋으며
줄기가 통통하고 가지런하게 포장된 것을 선택해요.
밑동이 심하게 갈변되거나 물러진 것, 혹은 반대로
마른 것은 신선도가 떨어지므로 피하는 게 좋아요.

재료 보관하기

✻ 구매한 포장지 그대로 냉장고에 세워서
보관해요. 남은 버섯은 키친타월에 감싸
밀폐 용기에 넣어 냉장 보관해요(7일).

만들기

1 밑동은 제거하고
가닥가닥 뗀 후 흐르는
물에 가볍게 세척한다.
마른 키친타월로 물기를
닦는다.

2 이유식 단계별
입자 크기에 맞춰
다진다.

3 팬에 기름을 두르지 않고
버섯을 넣어 약한 불에서
5~7분간 자체에서
수분이 나와 촉촉하게
익을 때까지 볶는다.

⟶ 큐브 만들기

완성된 토핑을
큐브에 1회분(10~15g
또는 1큰술)씩 넣어
냉장 보관해요(3일).
먹기 전 내열 용기에 넣고
전자레인지에서
10~15초간 데워요.

초기
곱게 다진 크기

중기
0.2~0.4cm 크기

후기
0.4~0.8cm 크기

느타리버섯 토핑 3회분 / 40~50g

고르기

✳ 몸통이 통통하고 덩어리가 잘게
쪼개지거나 갈라진 것보다는 하나로 붙어
있는 것이 싱싱해요. 전체적으로 물러진
부분이 없어야 하고 연갈색으로 멍든
부분이 생기기 시작하면 오래된 버섯이니
색이 일정하게 고르고 마르지 않은 것을
구매해요.

재료 보관하기

✳ 물에 닿는 순간 쉽게 물러지기 때문에
구매 후 바로 사용하지 않는다면
구매한 그대로 냉장 보관해요(7일).
사용하고 남은 버섯은 키친타월에 감싸
밀폐 용기에 넣어 냉장 보관해요(7일).

만들기

➥ 큐브 만들기

완성된 토핑을
큐브에 1회분(10~15g
또는 1큰술)씩 넣어
냉장 보관해요(3일).
먹기 전 내열 용기에 넣고
전자레인지에서
10~15초간 데워요.

1 밑동은 제거하고
가닥가닥 떼어낸다.
젖은 키친타월로 겉만
가볍게 닦거나, 흐르는
물에 가볍게 세척한다.

2 손으로 잘게 찢은 후
이유식 단계별 입자
크기에 맞춰 다진다.

3 팬에 기름을 두르지 않고
버섯을 넣어 약한 불에서
5~7분간 자체에서
수분이 나와 촉촉하게
익을 때까지 볶는다.

초기
곱게 다진 크기

중기
0.2~0.4cm 크기

후기
0.4~0.8cm 크기

새송이버섯 토핑 3회분 / 40~50g

고르기

* 새송이버섯은 표면이 고르고 광택이 있으며
  흠집이 나거나 갈변되지 않은 것을 골라야 합니다.
  밑동 부분이 단단하고 깨끗한 흰색이어야 하며
  무르거나 갈색으로 변해 있으면 오래된 것이므로
  피해요.

재료 보관하기

* 냉장 보관 시에는 세척하지 말고 하나씩 신문지에
  감싸 냉장 보관(7일)하고, 냉동으로 보관할 경우에는
  세척한 뒤 밑동을 제거하고 적당한 크기로 썰어
  지퍼백에 담아 냉동 보관해요(30일).

만들기

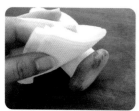

1 밑동은 지저분한 부분만
살짝 제거하고 젖은
키친타월로 겉만 가볍게
닦는다.

2 이유식 단계별
입자 크기에 맞춰
다진다.

3 팬에 기름을 두르지 않고
버섯을 넣어 약한 불에서
5~7분간 자체에서
수분이 나와 촉촉하게
익을 때까지 볶는다.

➞ 큐브 만들기

완성된 토핑을
큐브에 1회분(10~15g
또는 1큰술)씩 넣어
냉장 보관해요(3일).
먹기 전 내열 용기에 넣고
전자레인지에서
10~15초간 데워요.

초기
곱게 다진 크기

중기
0.2~0.4cm 크기

후기
0.4~0.8cm 크기

토핑 이유식 먹이기

☑ '토핑 이유식' 이렇게 담아요

✳ 토핑 이유식은 준비하는 엄마의 마음대로 담아낼 수 있어요. 미음이나 죽 위에 토핑을 얹을 수도 있지만 아기가 재료에 민감하게 반응하거나 토핑 재료가 섞이는 것을 싫어한다면 작은 볼이나 그릇에 반찬처럼 따로 담아내도 좋아요.

1. 그릇에 월령에 맞는 미음 또는 죽을 선택해 담는다.
2. 원하는 토핑을 선택한다.
3. 미음이나 죽에 토핑을 얹거나, 섞지 않고 따로 먹을 수 있도록 담는다.

> 미음과 토핑의
> 1회 분량은 26쪽 도표를
> 참고하세요.

☑ '토핑 이유식' 이런 순서로 먹여요

✳ 각각 따로 담아도 되고, 미음 위에 섞이지 않게 토핑을 올려 담아도 괜찮아요. 다만 먹일 때 순서는 아래를 참고해 먹여보세요.

✳ 토핑 이유식이라고 꼭 끝까지 토핑으로 먹여야 하는 원칙이 있는 것은 아니에요. 어른들도 밥 먹을 때 다양한 방법으로 밥 한 공기를 비우듯이, 아기들도 한 가지 식재료를 여러 방식으로 먹었을 때 느낄 수 있는 맛의 차이를 알려주세요.

✳ 처음에는 그 식재료가 가지는 고유의 맛을 느낄 수 있도록 먹이다가 미음 위에 반찬처럼 토핑을 조금씩 올려주시거나 나중에 국에 밥 말아 먹듯 다 섞어 먹여도 상관없습니다.

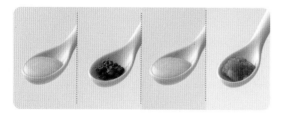

1단계
미음 한 입, 고기 토핑 한 입,
미음 한 입, 채소 토핑 한 입씩
먹여요.

2단계
미음 위에 토핑을
반찬처럼 조금씩
올려 먹여요.

3단계
미음과 토핑을 섞어주고,
마지막으로는 모든 재료를
섞어 먹여요.

중기 이유식,
엄마주도로
토핑 이유식과
한 그릇 이유식
병행하기

☑ 중기 이유식 / 만 8~9개월(약 240일 이후)

초기 이유식을 마치고, 엄마도 아기도 이유식에 서서히 익숙해지는
시기인 만 8~9개월. 여전히 아기는 너무도 작고 아직 수유가
전체 식사의 주를 차지하지만, 그래도 이유식을 천천히 받아들이며
친해지는 시기랍니다. 이때는 하루 1회였던 이유식이 하루 2회로
늘어나는데 하루 한 끼는 초기 이유식과 동일한 엄마주도 토핑 이유식을,
다른 한 끼는 조금 간편해진 한 그릇 이유식을 만들어주세요.
중기 후반부에는 입자감을 조금 더 키워 아기의 씹는 능력을 길러주는
게 좋은데, 164쪽부터 만 9개월부터 먹기 좋은 메뉴를 선보였으니
참고하세요. 하루 두 끼 준비가 조금 버거운 초보 엄마들을 위해 쉽고
간단하게 만들면서도 아기가 맛있게 먹을 수 있는 다양한 레시피를
알려드릴게요.

방식	1회 엄마주도 토핑 이유식 + 1회 한 그릇 이유식
	★ 토핑 이유식은 80~117쪽의 중기 입자 사이즈를 참고해 준비하세요.
	★ 한 그릇 이유식은 이번 챕터에 다채롭게 소개했으니 활용하세요.

횟수와 분량	1일 2회 / 회당 60~110g

수유	모유나 분유 1일 4회
	1회 180~210ml / 총 800ml

☑ 하루 두 끼,
먹는 즐거움이 생기는 중기 이유식

'엄마주도 토핑 이유식'과 다양한 '한 그릇 이유식'을 병행하세요

＊ 엄마주도로 진행하되, 먹고 삼키는 방법에 조금 더 익숙해지도록 신경 써주세요.

＊ 하루 1회에서 2회로 자연스럽게 이유식 횟수를 늘리세요.

＊ 주식은 아직까지 모유나 분유지만, 서서히 이유식의 양과 횟수를
늘리고 수유 횟수를 점차 줄여요.

＊ 초기와 마찬가지로 하루 한 끼는 토핑 이유식을 준비하되
입자를 키우고, 다른 한 끼는 다양한 맛과 식감을 알려줄 수
있도록 한 그릇 이유식(죽, 수프, 스튜 등)을 만들어 먹여요.

> 토핑 이유식은
> 80~117쪽의
> 중기 입자 사이즈를
> 참고해 준비하세요.

＊ 이제 아기들은 특정 식재료에 대해 호불호를 나타내기도 하고,
좋아하는 음식의 경우 빠른 시간에 많은 양을 먹기도 해요.

＊ 8개월 전후부터는 활동량이 폭발적으로 늘어나기 때문에
영양도 신경 써야 해요. 최소 권장량은 지켜 준비해 주되
먹는 양에 지나치게 스트레스 받지 말아요.

＊ 후기부터 아이주도식을 시도하려면 중기에는
주 1~2회 촉감놀이하듯 식재료를 가지고 노는
시간을 만들어주면 좋아요. 이때 식재료는
반드시 알레르기 테스트가 끝난 것이어야 하고,
식사 외 시간에 진행하세요.

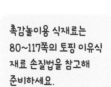

＊ 방법은 식재료를 손질해 익힌 후 아기가 잡기 좋게 썰어
식판에 올려서 주면 돼요. 아기 손가락만한 오이 스틱이나
데친 브로콜리의 작은 송이 등이면 됩니다.
아기가 만지작거리면서 빨기도 하고 물기도 하면서
자유롭게 놀게 해주세요. 아기가 덩어리를 삼킬 수도
있으니 엄마가 계속 지켜봐야 해요.

> 촉감놀이용 식재료는
> 80~117쪽의 토핑 이유식
> 재료 손질법을 참고해
> 준비하세요.

입자 키우며, 재료와 조리법도 다채롭게 하면 좋아요

✳ 초기에 식재료 알레르기 테스트를 마쳤다면, 중기부터는
여러 재료를 섞어 주어도 괜찮아요. 이미 알레르기 테스트를 통과한
식재료를 사용하기에 부담 없이 요리할 수 있어요.

✳ 익히는 것이 전부였던 초기와 다르게, 다양한 조합을 통해
진짜 요리하는 느낌으로 이유식을 준비하는 시기예요. 소량이지만
기름에 볶고, 끓이고, 조리는 등 조리 방법도 조금씩 다양해지죠.

✳ 미음 위에 토핑을 올려주었던 초기 토핑 이유식과는 다르게,
중기 토핑 이유식은 밥과 반찬(입자가 커진 토핑)으로 구성해 한식
개념으로 접근하기 시작해요.

✳ 토핑 이유식의 입자가 커지고 되직해지면서 아기가 먹는 음식의 총량이
약간 줄어든 것처럼 보일 수 있어요. 하지만 입자와 묽기 등에 익숙해진다면
다시금 아기가 자라는 속도에 맞춰 먹는 양이 늘어나요.

토핑 이유식과 함께 한 그릇 이유식을 먹이는 이유

✳ 아직 이유식이 손에 익지 않은 초보 엄마의 입장에선
두 끼를 챙기는 건 어려운 일이죠. 이제 막 한 끼에 100g 남짓 먹는
아기에게도 갑자기 늘어난 식사 횟수는 부담이 될 수 있어요.

✳ 처음부터 두 끼를 정석으로 준비하고, 두 끼 모두 골고루 잘 먹는 건
드물기에 조금씩 양을 늘리고, 횟수가 늘어난 것에 적응하는 기간이
필요해요.

✳ 그래서 한 끼는 토핑 이유식으로 이어가되, 다른 한 끼는
엄마는 쉽고 간단하게 만들 수 있고, 아기는 가볍게 먹을 수 있는
한 그릇 위주의 레시피가 편하답니다.

＊ 초기 이유식을 만들며 어느 정도 익숙해진 죽을 시작으로
수프, 퓌레 등 다양한 한 그릇 이유식을 통해 조금씩 아기가
먹을 수 있는 음식의 저변을 넓혀갈 수 있다는 장점도 있어요.

하루 한 끼에서 '두 끼'로 이유식 횟수 늘리는 방법

＊ 개월 수 상으로 중기가 됐다고 무조건 2회로 바로 늘리지 말고
아기가 먹는 양이 1회에 100g이 넘어간다면 그때부터 횟수를 늘려
70g씩 2번 주세요.

＊ 아침에 70g, 오후에 70g 주다가 점점 양이 늘어
오전, 오후 모두 100g이 넘으면 그때 하루 세 끼를 먹여요.

중기 이유식에서 놓치지 말아야 할 영양소는 '철분'이에요

＊ 2~3주 이상 먹는 게 부족하면 철분 결핍이나 변비, 체중 감소가
생길 수 있어요. 실제로 이 시기에 갑자기 체중이 줄거나 예민해지고,
잠을 깊이 못 드는 증상으로 병원에 갔다가 철분 결핍 진단으로
영양제 처방을 받는 경우가 종종 있답니다.

＊ 철분이 부족하면 식욕이 떨어지기 때문에 이유식의 양도 함께
줄어드는 경우가 많아요. 가능하면 철분이 풍부한 식재료 위주의
식단을 구성하면 좋아요.

＊ 음식에 참기름을 약간 두르거나 미역이나 김 등의 해조류를
식단에 추가해 주세요. 노른자도 철분이 아주 풍부한 음식이니
달걀샐러드나 스크램블을 만들어주는 것도 좋아요.
무쇠로 된 냄비를 사용해 밥을 짓거나 죽을 끓여도 좋아요.

중기 이유식을 만들고 먹이는 요령

✻ 중기 토핑 이유식은 곡물 1가지, 육류 1가지, 채소 2가지 정도로
구성해요. 토핑의 색감을 화려하게 구성하는 것도 좋아요.
아기의 흥미를 끌어내면 식사 시간이 더 즐거워져요.

✻ 중기에도 토핑 이유식만 먹이면 아기는 맛과 식감의 경험이 한정적이라
편식으로 이어질 수도 있어요. 그래서 다른 한 끼는 이 책에 소개된
다채로운 한 그릇 이유식을 경험하게 해주세요.

✻ 다양한 음식의 맛을 보고 먹는 즐거움을 가지는 것이 무엇보다
중요한 시기이기 때문에 즐거운 시작과 웃으며 끝내는 식사인 게 좋겠죠.
먹지 않는다고 화를 내거나 억지로 의자에 앉혀두면 아기가
먹는데 흥미를 잃을 수 있기 때문에 의자에 앉혀놓기만 해도 울거나
벗어나려 버둥거린다면 발이 땅에 닿아 안정감이 들 수 있게 낮은 의자를
준비하거나 엄마 무릎에 앉혀 먹여도 괜찮아요.

✻ 차츰차츰 앉아서 먹는 것에 익숙해지면 그때 의자에 앉아서 먹는 걸
천천히 연습해요. 단, 장소는 일정하게 식탁 근처에서 먹여요.
노는 장소와 밥 먹는 장소는 확실히 구별하는 것이 좋아요.

중기 이유식을 먹이는 시간

✻ 한 끼만 먹는 초기와는 다르게 하루 두 끼를 먹기 때문에
밥 먹는 시간도 아주 중요해요. 오후에는 푹 자고 일어나 기분이 좋을 때
이유식을 먹이는 게 좋아요.

✻ 수유 스케줄에 따라 달라지겠지만, 아래 두 타임을 추천해요.
① 첫 번째 수유와 오전 낮잠 사이 시간인 오전 9시경
② 두 번째 수유와 오후 낮잠 이후인 오후 4시경

☑ 중기 이유식 식단,
이렇게 구성하세요!

✱ 중기에는 이유식 횟수가 두 번으로 늘어나는 만큼 엄마가 좀 더 바빠지기
시작합니다. 최대한 일을 덜기 위해, 오전에 먹는 한 끼는 한 그릇 이유식으로
준비하고 오후에 먹는 이유식은 토핑 이유식으로 준비합니다. 이때 토핑은 대부분의
식재료에 대한 알레르기 테스트가 끝난 만큼 가짓수를 늘려줍니다.

✱ 여기서 중요한 것! 중기 때도 처음 먹는 식재료가 있을 수 있는데, 아기가 컸다고
방심하지 말고 하루에 한 가지, 2~3일 동안 먹이고 지켜본다는 원칙은 꼭 지켜주세요.

✱ 죽을 미리 준비해 놓는다면 한결 준비가 편해지기 때문에 3회분을 한 번에 만들어
냉장 보관했다가 데워 먹이면 됩니다. 만들 때 아예 순서를 정해 잡곡을 돌아가며
넣어 만들면 매일 신경 쓰지 않아도 되니 좀 더 이유식 준비가 편해지기도 합니다.

✱ 중기부터는 초기와 다르게 같은 식재료를 며칠 동안 먹어야 할 필요가 없습니다.
매일 다른 단백질원과 채소를 줘도 되는데, 너무 다양하게 먹이려고 하다 보면
불필요한 식재료 낭비가 생기니 일주일 동안 장 본 재료들 안에서 여러 조합으로
식단을 구성하는 게 좋습니다.

✱ 다양한 단백질 재료를 먹이는 것이 좋기 때문에 식단을 구성할 때 제일 먼저
오늘 오전과 오후에 어떤 단백질 재료(소고기, 닭고기, 돼지고기, 흰살생선, 달걀,
치즈 등)를 먹일지 정합니다. 쉽게 식단을 짜기 위해 오후에 먹는 토핑 이유식의
단백질은 초기 때와 마찬가지로 종류별로 순서를 정해 돌아가며 먹여도 좋습니다.

✱ 생선의 경우 일주일에 1~2회만 먹이는데, 보통 한 가지 흰살생선에 알레르기 반응이
없다면 다른 흰살생선에도 없는 경우가 많기 때문에 초기 때 먹여서 괜찮았던 생선은
식단에 쓰여진 것에 구애받지 말고 여러 가지로 바꿔가며 먹여도 좋습니다.

✱ 오후에 먹는 토핑 이유식의 채소 토핑은 채소군(82쪽)이 겹치지 않게 각각의
그룹에서 두 가지를 골라 토핑을 준비하는 것이 좋습니다. 이때 오전에 먹인
이유식에 들어간 채소와 다른 것을 고르는 것이 가장 좋습니다.

* 일부 메뉴는 영양 균형과 남는 재료 최소화를 위해 레시피에서 일부 재료를 대체했어요. **안내된 레시피 페이지를 확인했을 때 메뉴명이 다르다면, 대체 재료를 확인해 만드세요.**

* 토핑 이유식의 쌀죽은 10배죽으로 시작해 무른밥 (물의 양은 쌀의 3~4배)으로 입자를 조금씩 키워주세요.

* 쌀죽에 오트밀, 밀가루, 보리, 현미, 흑미 등을 섞을 때는 74쪽 가이드를 참고해 20% 내의 비율로 섞으세요.

* 토핑 만들기는 80~117쪽을 참고해 중기 입자 크기로 만들어주세요.

* '알레르기나 과민반응 주의'에 표기된 것은 아기가 처음 먹는 재료나 주의 깊게 반응을 살펴야 하는 재료입니다. 빨간색은 특히 알레르기가 많이 일어나는 재료니 이유식을 먹인 후 더 신경 써서 살펴주세요.

* 파란색은 생선, 초록색은 달걀이 들어간 식단입니다. 주 1~2회로 구성했는데 알레르기가 있다면, 다른 단백질 재료를 활용해 만들어주세요.

> "제 식단은 일주일에 1~2회 장을 봐서 그 주에 대부분 소진하는 식단이라 일주일 동안 겹치는 채소를 자주 먹게 되지만, 늘 다른 조합으로 구성하기 때문에 우리 아기가 다양한 영양소 섭취가 가능하고 매 끼니마다 새로운 식감과 맛의 조합을 경험할 수 있답니다. 재료가 한정되어 오히려 엄마도 이유식 준비가 훨씬 수월하고 가성비도 높지요. 일부 메뉴는 장보기를 고려해 책 속 메뉴의 재료만 바꾼 것이니, 참고 레시피를 활용해 만드세요."

1주차 🍚 10배죽으로 입자를 키워요!

횟수		1일	2일	3일	4일	5일	6일	7일
오전	한 그릇 이유식	동태 무죽 (168쪽)	소고기 채소죽 (브로콜리, 감자 활용/136쪽)	땅콩버터 바나나 오트밀죽 (144쪽)	닭고기 채소죽 (양파, 당근 활용/132쪽)	당근 치즈 오트밀죽 (142쪽)	닭고기 채소죽 (마늘, 감자 활용/132쪽)	소고기 버섯죽 (136쪽)
오후	토핑 이유식	10배죽 + 밀가루 달걀흰자 토핑 감자 토핑 양배추 토핑	10배죽 달걀흰자 토핑 당근 토핑 팽이버섯 토핑	10배죽 대구살 토핑 감자 토핑 무 토핑	10배죽 돼지고기 토핑 브로콜리 토핑 감자 토핑	10배죽 + 오트밀 소고기 토핑 브로콜리 토핑 팽이버섯 토핑	10배죽 + 오트밀 돼지고기 토핑 당근 토핑 팽이버섯 토핑	10배죽 + 오트밀 닭고기 토핑 양파 토핑 오이 토핑
알레르기나 과민반응 주의			팽이버섯	땅콩버터		치즈		오이

주재료 장보기 ❶주차
단백질류 다진 소고기, 다진 돼지고기, 닭고기, 동태살, 대구살, 가자미살, 아귀살, 새우살, 달걀, 아기용 치즈
채소류 양파, 오이, 감자, 당근, 브로콜리, 팽이버섯 **가공류** 땅콩버터

* **장보기에는 주재료 위주로 적었으니, 각 레시피와 집에 남아있는 재료를 다시 한 번 확인 후 장을 보세요.**
* 집에 많이 갖고 있는 쌀, 오트밀, 밀가루 등과 잡곡 재료는 표기하지 않았습니다.
* 당근, 감자, 무, 양파 등의 단단한 재료나 가공 식품은 보관 기간이 길고 양이 많아 처음 구매하는 시점만 적었습니다.
* 육류의 경우에는 한 번에 소량 구매가 힘드니 3~4주 분량을 구매한 후 냉동 보관해도 됩니다.
* 무염 냉동생선(이유식용)의 경우에는 배송비 절약을 위해 두 달에 한 번 구매할 것을 추천합니다.

2주차

횟수		8일	9일	10일	11일	12일	13일	14일
오전	한 그릇 이유식	달걀 시금치죽 (136쪽)	소고기 감자수프 (172쪽)	고구마수프 (150쪽) 닭고기 토핑	소고기 브로콜리수프 (172쪽)	닭고기 채소죽 (마늘, 시금치 활용/132쪽)	소고기 버섯죽 (136쪽)	당근 치즈 오트밀죽 (142쪽)
오후	토핑 이유식	10배죽 돼지고기 토핑 오이 토핑 당근 토핑	10배죽 + 찰수수 동태살 토핑 오이 토핑 표고버섯 토핑	10배죽 + 찰수수 돼지고기 토핑 시금치 토핑 완두콩 토핑	10배죽 + 밀가루 닭고기 토핑 표고버섯 토핑 고구마 토핑	10배죽 + 밀가루 대구살 토핑 완두콩 토핑 감자 토핑	10배죽 + 밀가루 아기 치즈 브로콜리 토핑 고구마 토핑	10배죽 + 찰수수 달걀 토핑 오이 토핑 당근 토핑
알레르기나 과민반응 주의				완두콩		마늘		

주재료 장보기 ② 주차
채소류 마늘, 표고버섯, 고구마, 시금치, 완두콩

3주차

8배죽으로 입자를 키워요!

횟수		15일	16일	17일	18일	19일	20일	21일
오전	한 그릇 이유식	소고기 채소죽 (양배추, 애호박 활용/136쪽)	애호박수프 (148쪽) 가자미살 토핑	닭고기 채소죽 (고구마, 근대 활용/132쪽)	닭고기 채소죽 (당근, 애호박 활용/132쪽)	소고기 채소죽 (느타리버섯, 애호박 활용/136쪽)	찹쌀백숙 (166쪽)	달걀 양배추죽 (134쪽)
오후	토핑 이유식	10배죽 아기 치즈 근대 토핑 당근 토핑	10배죽 소고기 토핑 느타리버섯 토핑 양파 토핑	10배죽 + 오트밀 달걀 토핑 당근 토핑 시금치 토핑	10배죽 + 오트밀 돼지고기 토핑 양배추 토핑 느타리버섯 토핑	10배죽 + 오트밀 닭고기 토핑 완두콩 토핑 당근 토핑	10배죽 + 현미 가자미 토핑 고구마 토핑 애호박 토핑	8배죽 + 현미 소고기 토핑 당근 토핑 느타리버섯 토핑
알레르기나 과민반응 주의							대추	

주재료 장보기 ❸ 주차
채소류 근대, 당근, 양배추, 애호박, 느타리버섯
과일류 바나나, 대추

횟수		22일	23일	24일	25일	26일	27일	28일
오전	한 그릇 이유식	가지 치즈수프 (152쪽)	소고기 채소죽 (애호박, 대추 활용/136쪽)	닭고기 채소죽 (당근, 브로콜리 활용/132쪽)	동태 채소죽 (168쪽)	소고기 미역죽 (138쪽)	8배죽 양파수프(156쪽) 돼지고기 토핑	소고기 가지 오트밀죽 (140쪽)
오후	토핑 이유식	8배죽 + 현미 닭고기 토핑 애호박 토핑 파프리카 토핑	8배죽 + 밀가루 대구살 토핑 당근 토핑 브로콜리 토핑	8배죽 + 밀가루 달걀 토핑 가지 토핑 파프리카 토핑	8배죽 닭고기 토핑 사과 토핑 표고버섯 토핑	8배죽 돼지고기 토핑 사과 토핑 당근 토핑	8배죽 + 밀가루 소고기 토핑 파프리카 토핑 양배추 토핑	8배죽 닭고기 토핑 표고버섯 토핑 무 토핑
알레르기나 과민반응 주의					사과			

주재료 장보기 ④ 주차

단백질류 다진 소고기, 다진 돼지고기, 닭고기
채소류 무, 양파, 가지, 표고버섯, 브로콜리, 파프리카, 미역
과일류 사과

횟수		29일	30일	31일	32일	33일	34일	35일
오전	한 그릇 이유식	마늘 양송이수프 (158쪽) 소고기 토핑	가자미 미역죽 (138쪽)	땅콩버터 배 오트밀죽 (144쪽)	소고기 채소죽(양배추, 양송이버섯 활용/164쪽)	연근 단호박수프 (150쪽)	소고기 채소죽 (감자, 브로콜리 활용/164쪽)	찹쌀백숙 (166쪽)
오후	토핑 이유식	8배죽 + 오트밀 닭고기 토핑 대추 토핑 감자 토핑	8배죽 + 오트밀 돼지고기 토핑 양송이버섯 토핑 무 토핑	8배죽 + 오트밀 닭고기 토핑 연근 토핑 대추 토핑	8배죽 + 보리 동태살 토핑 애호박 토핑 무 토핑	8배죽 + 보리 소고기 토핑 배 토핑 당근 토핑	8배죽 + 보리 닭고기 토핑 양배추 토핑 애호박 토핑	8배죽 + 밀가루 돼지고기 토핑 감자 토핑 양송이버섯 토핑
알레르기나 과민반응 주의				배				

주재료 장보기 ⑤ 주차

채소류 감자, 연근, 양배추, 애호박, 양송이버섯
과일류 배, 바나나

🍚 6배죽으로 입자를 키워요!

횟수		36일	37일	38일	39일	40일	41일	42일
오전	한 그릇 이유식	6배죽 가지 콘크림수프 (154쪽) 소고기 토핑	닭고기 채소죽 (새송이버섯, 당근 활용/ 132쪽)	소고기 감자스튜 (172쪽)	닭고기 채소죽 (애호박, 당근 활용/132쪽)	옥수수 단호박수프 (150쪽)	가자미 감자수프 (162쪽)	6배죽 채소오믈렛 (176쪽) 아기 치즈
오후	토핑 이유식	6배죽 + 밀가루 달걀 토핑 단호박 토핑 양배추 토핑	6배죽 가자미살 토핑 무 토핑 새송이버섯 토핑	6배죽 닭고기 토핑 가지 토핑 연근 토핑	6배죽 돼지고기 토핑 양배추 토핑 단호박 토핑	6배죽 + 밀가루 소고기 토핑 연근 토핑 새송이버섯 토핑	6배죽 + 오트밀 소고기 토핑 양배추 토핑 단호박 토핑	6배죽 + 오트밀 닭고기 토핑 무 토핑 옥수수 토핑
알레르기나 과민반응 주의		옥수수						

주재료 장보기 ❻ 주차
채소류 무, 새송이버섯, 단호박, 당근, 양파, 가지
가공류 무첨가 통조림 옥수수(31쪽)

횟수		43일	44일	45일	46일	47일	48일	49일
오전	한 그릇 이유식	닭고기 채소죽 (무, 브로콜리 활용/134쪽)	소고기 애호박스튜 (172쪽)	팽이버섯 달걀수프 (170쪽)	닭고기 채소죽 (당근, 팽이버섯 활용/132쪽)	돼지고기 팽이버섯죽 (132쪽)	6배죽 애호박수프 (148쪽) 소고기 토핑	감자 치즈 오트밀죽 (142쪽)
오후	토핑 이유식	6배죽 + 오트밀 돼지고기 토핑 땅콩버터 토핑 팽이버섯 토핑	6배죽 + 차조 동태살 토핑 토마토 토핑 감자 토핑	6배죽 + 차조 돼지고기 토핑 당근 토핑 브로콜리 토핑	6배죽 + 차조 소고기 토핑 토마토 토핑 완두콩 토핑	6배죽 + 밀가루 닭고기 토핑 애호박 토핑 감자 토핑	6배죽 + 밀가루 대구살 토핑 당근 토핑 완두콩 토핑	6배죽 + 밀가루 달걀 토핑 팽이버섯 토핑 토마토 토핑
알레르기나 과민반응 주의								

주재료 장보기 ❼ 주차
단백질류 다진 소고기, 다진 돼지고기, 닭고기, 달걀, 아기용 치즈
채소류 감자, 토마토, 팽이버섯, 브로콜리, 애호박

8주차		횟수	50일	51일	52일	53일	54일	55일	56일

이제 무른밥을 주세요!

		50일	51일	52일	53일	54일	55일	56일
오전	한 그릇 이유식	블루베리 치즈 오트밀죽 (142쪽)	소고기 당근스튜 (172쪽)	아귀살 브로콜리 감자죽 (168쪽)	청경채 달걀수프 (170쪽)	소고기 가지 오트밀죽 (140쪽)	찹쌀백숙 (166쪽)	무른밥 토마토 달걀볶음 (174쪽) 청경채 토핑
오후	토핑 이유식	6배죽 소고기 토핑 토마토 토핑 감자 토핑	무른밥 돼지고기 토핑 브로콜리 토핑 당근 토핑	무른밥 닭고기 토핑 표고버섯 토핑 시금치 토핑	무른밥 + 오트밀 돼지고기 토핑 감자 토핑 당근 토핑	무른밥 + 오트밀 아기 치즈 가지 토핑 감자 토핑	무른밥 + 오트밀 아귀살 토핑 시금치 토핑 당근 토핑	무른밥 + 흑미 소고기 토핑 감자 토핑 표고버섯 토핑
알레르기나 과민반응 주의								

주재료 장보기 8 주차

채소류 가지, 시금치, 청경채, 표고버섯, 당근, 마늘
과일류 블루베리

9주차		횟수	57일	58일	59일	60일
오전	한 그릇 이유식	소고기 감자 오트밀죽 (140쪽)	달걀 청경채죽 (136쪽)	가자미 무죽 (애호박 활용/168쪽)	소고기 채소죽 (애호박, 청경채 활용/164쪽)
오후	토핑 이유식	무른밥 + 흑미 닭고기 토핑 가지 토핑 애호박 토핑	무른밥 + 흑미 돼지고기 토핑 무 토핑 토마토 토핑	무른밥 + 밀가루 달걀 토핑 토마토 토핑 시금치 토핑	무른밥 + 밀가루 아기 치즈 무 토핑 감자 토핑
알레르기나 과민반응 주의					

주재료 장보기 9 주차

채소류 감자, 무, 애호박, 토마토

☆
알아두세요

**채소를 볶는 기름은 발화점이 높은
현미유나 아보카도유를 사용해요**

참기름, 들기름은 발화점이 낮아
고온 조리가 필요한 요리에는
적합하지 않아요. 참기름은
산패되기 쉬우니 먹기 바로 직전
한두 방울 넣고 섞어요. 향이 강해
소량만 첨가해도 풍미가 완전히
달라질 수 있어요.

닭고기 채소죽 (쌀로 만드는 10배죽)

따로 육수를 내지 않고 채소를 넣어 푹 끓여 만드는 죽이에요. 기름기가 적은 닭고기는
고소하고 부드러워 곱게 갈지 않아도 잇몸에 쉽게 부스러지기 때문에 먹기도 한결 수월해요.
닭고기 자체의 맛이 누린내가 적고 워낙 담백하기 때문에 대부분의 채소와 잘 어울리는데,
두어 가지 채소만 넣어도 깔끔한 죽 한 그릇 금방 만들 수 있어요.

재료   🐣 2~3회분   🍲 45분(+ 쌀 불리기 30분)   🧊 냉장 보관 3일(냉동 2주)

- 쌀 50g
- 닭안심 60g(약 2~3쪽)
- 당근 20g
- 브로콜리 10g
- 마늘 2개
- 물 500㎖(2와 1/2컵)

★ 채소는 동량으로 다양하게 대체 가능해요.

① 쌀은 씻어 30분간 불린 후
   체에 밭쳐 물기를 뺀다.

② 당근, 브로콜리는 한입 크기로 썬다.

③ 닭안심은 근막과 힘줄을 제거하고 깍둑썬다.
   끓는 물에 5분간 데친 후 헹군다.

1 냄비에 쌀을 제외한
  모든 재료를 넣고
  중간 불로 끓인다.

2 끓어오르면 불린 쌀을 넣고
  중약 불에서 15분간 쌀알이
  반투명하게 퍼질 때까지 끓인다.

3 쌀이 퍼지면 약한 불로 줄여
  20분간 저어가며 끓인다.

  ★ 쌀을 볶지 않기 때문에
  오래 익히는 게 좋아요.
  밥으로 끓일 경우 70~80g의
  밥을 사용해 10분간 끓여요.

4 한 김 식힌 후 아기가 먹기 좋은
  입자로 간다.

중기   후기   완료기

☆
알아두세요

**닭고기는 한 번 데친 후
깨끗하게 세척해 사용해요**

닭고기를 이유식에 사용하기 전
혹시 묻어 있을지도 모르는
살모넬라균을 없애고,
불필요하게 남아 있는 지방질과
불순물을 제거하기 위해
팔팔 끓는 물에 한 번 데친 후,
흐르는 찬물에 세척해 주세요.

달걀 시금치죽 (쌀로 만드는 10배죽)

시금치는 철분과 식이섬유가 풍부해 이유식을 시작하면서 곧잘 변비가 오는 아기들에게
아주 좋은 식재료랍니다. 여기에 달걀을 더해 자칫 부족할 수 있는 단백질도 채우고 시금치 속
엽산 성분이 철분 흡수를 도와주기 때문에 빈혈 예방에도 좋답니다.

 재료　　 2~3회분　　45분(+ 쌀 불리기 30분)　　냉장 보관 3일(냉동 2주)

- 쌀 50g
- 시금치 30g(또는 양배추, 청경채)
- 당근 10g
- 양파 10g
- 현미유 1작은술
- 달걀 1개
- 채수물 500㎖(채수 120㎖ + 물 380㎖)(29쪽)

① 쌀은 씻어 30분간 불린 후
   체에 밭쳐 물기를 뺀다.

② 시금치는 끓는 물에 2~3분간 데친 후
   찬물에 헹궈 꼭 짜서 곱게 다진다.
   ★ 시금치는 수산이 있어 데쳐 사용해요.
   시금치 데친 물은 사용하지 말고 버려요.

③ 당근, 양파는 곱게 다진다.

④ 달걀은 곱게 푼다.

1 달군 냄비에 현미유를
  두르고 당근, 양파를 넣어
  5~7분간 볶은 후 시금치를
  넣는다.

2 불린 쌀, 채수물을 넣고
  중간 불에서 끓인다.

3 끓어오르면 약한 불에서
  10분간 쌀이 퍼질 때까지
  끓인다.
  ★ 아기가 먹기 좋은 입자로
  갈아도 좋아요.

4 달걀물을 넣고 가볍게 섞어
  잔열에 익힌다.
  ★ 참기름을 둘러도 좋아요.
  참기름이 달걀의 비린내를
  없애주는 역할을 해요.

알아두세요

달걀은 마지막 단계에서 넣어요
달걀을 이용한 수프나 죽을 끓일
때는 제일 마지막 단계에 달걀물을
넣어요. 달걀은 고온에서 오래
끓일수록 흰자가 질겨지기 때문에
마지막에 풀어 넣어 저온에 부드럽게
익혀주세요. 다만 돌 이전이라면
덜 익은 반숙은 위험할 수 있으니
완전히 다 익혀야 해요.

중기   후기 이후

엄마주도 토핑 + 한 그릇 이유식

소고기 버섯죽 (쌀로 만드는 8배죽)

소고기와 같이 먹으면 좋은 식재료 중 하나가 바로 버섯이에요. 그중 양송이버섯은 비타민 D가 풍부해
뼈 성장에 도움이 되지요. 양송이 대신 표고나 새송이 등의 버섯도 좋아요. 소고기와 버섯, 무를 넣어
만들기 때문에 굳이 육수를 넣지 않아도 은은한 감칠맛이 돌아 아기들이 아주 잘 먹는답니다.

| 재료 | 🍼 2회분 | 🍲 45분(+ 쌀 불리기 30분) | ❄️ 냉장 보관 3일(냉동 2주) |

- 쌀 50g
- 다진 소고기 50g(또는 다진 돼지고기)
- 양송이버섯 40g(또는 표고버섯, 새송이버섯, 팽이버섯)
- 무 20g(또는 감자, 양배추, 마늘)
- 현미유 1작은술(또는 아보카도유)
- 물 400㎖(2컵)

★ 버섯이 없다면, 다양한 채소를 동량으로 대체해도 돼요.
★ 10배죽으로 더 묽게 만들고 싶다면 물을 1/2컵 추가하세요.

❶ 쌀은 씻어 30분간 불린 후
　체에 밭쳐 물기를 뺀다.

❷ 소고기는 키친타월로 감싸
　핏물을 제거한다.

❸ 양송이버섯은 밑동을 제거하고
　껍질을 벗긴 후 무와 함께 곱게 다진다.

1　달군 냄비에 현미유를 두르고
　양송이버섯, 무를 넣은 후
　중약 불에서 10분간 무가
　반투명해질 때까지 볶는다.

2　소고기를 넣고 중간 불에서
　5분간 볶는다.

3　불린 쌀을 넣고 중간 불에서
　10분간 갈색빛이 돌 때까지
　볶는다.

4　물 400㎖를 넣고 중간 불에서
　끓어오르면 약한 불로 줄여
　15분간 끓인다.

　★ 한 김 식혀 아기가 먹기 좋은
　입자로 갈아도 좋아요.

알아두세요

**표고버섯을 사용할 때는
양을 반으로 줄여주세요**

표고버섯은 다른 버섯에 비해
특유의 향이 아주 강한 버섯이라
호불호가 갈릴 수 있어요. 그럴 때는
표고버섯의 양을 반으로 줄이는 대신
이유식용으로 나온 버섯육수팩을
사용하면 감칠맛을 살릴 수 있어요.

중기　　　　후기　　　　완료기

가자미 미역죽 (쌀로 만든 8배죽)

흰살생선 중 비린내가 적은 편인 가자미는 식감이 보드랍고 잘 으깨지기 때문에 이유식으로도 적합한 생선 중 하나예요. 다양한 부재료와도 잘 어울려 단골 이유식 재료로 꼽히기도 해요.
비타민이 풍부해 감기를 앓고 난 후나 접종 열로 고생한 아기에게 만들어주기 좋은 메뉴랍니다.

재료 | 1회분 | 45분(+ 쌀 불리기 30분) | 冷 냉장 보관 2일

- 쌀 30g
- 냉동 순살 가자미살 30g(또는 다진 소고기)
- 표고버섯 10g
- 마른 미역 2g
- 들기름 1/2작은술
- 물 240㎖(1과 1/5컵)

준비하기

1. 쌀은 씻어 30분간 불린 후 체에 밭쳐 물기를 뺀다.

2. 미역은 손으로 잘게 부순다. 체에 올려 흐르는 물에 씻은 후 쌀뜨물에 15분간 불린다.
   ★ 쌀뜨물에 불리면 미역의 비린내를 잡을 수 있어요.

3. 가자미는 12시간 이상 냉장실에서 해동하거나 포장 그대로 찬물에 담가 해동한다. 흐르는 물에 씻은 후 키친타월로 감싸 물기를 제거한다.

4. 표고버섯은 곱게 다진다.

만들기

1. 냄비에 다진 표고버섯을 넣고 약한 불에서 3~5분간 수분이 나올 때까지 볶는다.

2. 불린 미역, 들기름을 넣고 중약 불에서 10분간 타닥타닥 소리가 날 때까지 볶는다.

3. 쌀을 넣고 중간 불에서 10분간 투명하게 익을 때까지 볶는다.

4. 가자미, 물 240㎖를 넣고 중간 불에서 끓어오르면 약한 불로 줄여 15분간 끓인다.

5. 한 김 식힌 후 핸드믹서나 푸드프로세서로 아기가 먹기 좋은 입자로 간다.

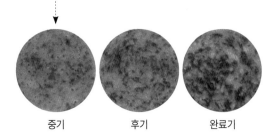

중기　　　후기　　　완료기

알아두세요

제철 생선을 사용해도 좋아요
가자미처럼 비린내가 적고 부드러운 생선 중에 죽으로 끓일 수 있는 건, 봄에는 장문 볼락, 여름에는 민어, 가을에는 가자미, 겨울에는 아귀가 있어요. 이왕이면 제철에 맞는 생선으로 구매해 조리해 주는 게 가장 맛도 좋고 영양가도 풍부해요.

소고기 가지 오트밀죽

보통 포리지(오트밀죽)는 오트밀을 우유에 불린 것을 말하는 데, 물이나 육수에 끓여 만들기도 해요.
먹기 편하고 소화가 잘 되어 어린 아기에게 주거나 환자식으로 주곤 하죠. 들어가는 재료도
각양각색인데, 꼭 과일이나 채소가 아니라도 상관없어요. 영양이 풍부하게 다진 소고기를 넣거나
닭고기 등 여러 식재료를 이용해 늘 다르게 만들어줄 수 있답니다.

재료 1회분 20분 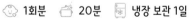 냉장 보관 1일

- 다진 소고기 40g
- 가지 50g(또는 감자)
- 오트밀 20g
- 물 150㎖(3/4컵)
- 아기용 치즈 1장
- 올리브유 1작은술

가지는 작게 다진다.

1 달군 팬에 올리브유를
두른 후 가지를 넣고
중약 불에서 10~15분간
숨이 죽을 때까지 볶는다.

2 소고기를 넣고
중약 불에서 5분간 볶는다.

3 소고기의 겉면이 익으면
오트밀을 넣고 가볍게
섞는다.

4 물 150㎖를 넣고 중간 불에서
끓어오르면 약한 불로 줄여
5분간 끓인다.

알아두세요

**육류를 넣어 만드는 오트밀죽은
불에 직접적으로 가열해요**
간혹 전자레인지만을 이용해
조리하는 경우가 있는데,
육류의 경우 전자레인지만으로는
완전하게 익지 않기 때문에 자칫
잘못하면 배탈이 나거나 심하면
식중독, 혹은 햄버거병(용혈성 요독
증후군) 등에 걸릴 수 있습니다.

5 그릇에 담고 치즈를 올려 녹인다.
★ 오트밀죽은 입자가 커도
식감이 부드러워요.
시간이 지나면 더 풀어지는
식재료라 갈아버리면 나중에
너무 꾸덕해질 수 있어요.

당근 치즈 오트밀죽

서양에서 아기들 아침 식사로 즐겨 먹는 포리지(오트밀죽)는 오트밀에 두유나 우유 등을 넣고
푹 퍼지도록 끓여서 만들어요. 부재료에 따라 맛이 천차만별로 바뀌는데, 보통은 바나나, 블루베리 등의
과일을 사용해요. 이 메뉴는 전자레인지를 이용해 당근 먼저 익혀 끓이기 때문에 조리하는 시간도
불과 5분밖에 되지 않는 퀵 메뉴랍니다.

재료   1회분   10분   ❄ 냉장 보관 1일

• 당근 30g(또는 브로콜리, 감자, 블루베리)
• 물 2큰술
• 오트밀 20g
• 아기용 치즈 1/2장
• 분유물 120㎖(3/5컵, 또는 우유)

★ 당근 대신 블루베리로 만들 때는 전자레인지에
익히지 않아도 돼요.

당근은 깍둑썬다.

1 내열 용기에 당근, 물을
넣고 전자레인지에서
2분간 익힌다.

2 냄비에 당근을 넣고
매셔나 포크로 곱게 으깬다.

3 오트밀, 분유물을 넣고
중간 불에서 끓어오르면
약한 불로 줄여 2~3분간
저어가며 끓인다.
★ 오트밀죽은 입자가 커도
식감이 부드러워요.
시간이 지나면 더 풀어지는
식재료라 오래 끓이면
식혔을 때 지나치게 꾸덕해질
수 있어요.

4 그릇에 담고 치즈를 올려
녹인다.

☆
알아두세요

**익는 데 오래 걸리는 채소는
전자레인지를 이용해요**

당근처럼 부드럽게 익는 데 오래
걸리는 채소는 전자레인지를 이용해
푹 익힌 뒤 사용하는 게 조리 시간을
줄일 수 있어요. 다만 전자레인지에
익혔다 해도 아기가 먹을 거라 반드시
불에 한 번 완전히 가열해 주세요.
시간이 충분하다면 현미유를 두른
팬에 채 썬 당근을 넣어 푹 익을
때까지 볶아 만들면 훨씬 맛과 영양이
좋습니다.

땅콩버터 바나나 오트밀죽

금방 불어 조리시간이 짧은 오트밀은 아침에 만들어 먹이기 좋답니다. 오트밀죽은 아기들이
수저 연습하기 딱 좋은 질감을 가지고 있어서 중기에는 엄마가 먹여주다가 후기에 아이주도식으로
활용해도 좋은 메뉴지요. 수프나 죽처럼 주르룩 떨어지지 않고 잘 붙어 있기 때문에
아기가 입으로 가져가 넣는 연습에도 좋아요.

재료   1회분   15분   냉장 보관 1일

- 바나나 1개(또는 배, 사과, 고구마)
- 오트밀 20g
- 땅콩버터 1작은술(또는 아기용 치즈)
- 분유물 약 140㎖(약 2/3컵, 또는 우유)

바나나는 포크로 곱게 으깬다.

1 냄비에 으깬 바나나,
  오트밀, 분유물을 넣고
  약한 불에서 끓인다.

2 끓어오르면 땅콩버터를 넣고
  섞은 후 불을 끄고 그대로 식힌다.
  ★ 오트밀죽은 입자가 커도
  식감이 부드러워요.
  오래 끓이면 식감이 꾸덕해질 수
  있으니 그럴 때는 분유물을
  조금 더 넣어주세요.

3 그릇에 담는다.
  ★ 시나몬파우더나
  토핑용 바나나를 올리면
  더욱 보기 좋아요.

☆
알아두세요

**땅콩버터는 일찍 먹일수록 알레르기가
발생하지 않을 가능성이 높아요**
중기 이유식 때 꼭 먹여봐야 할
식재료 중의 하나인데,
견과류의 경우 알레르기 반응이
있다면 굉장히 심하게 올 수도
있어요. 처음 먹이는 날은 미리
손목이나 팔 안쪽에 땅콩버터를
소량 바른 뒤 30분가량 경과한 후에
반응이 없는 걸 확인하고 아기에게
주세요(52쪽 참고).

단호박 배퓌레

콜록콜록, 감기와 미세먼지에 힘들어하는 아기들에게 먹이기 좋은 퓌레입니다. 배숙을 모티브로 돌 전 아기가 먹을 수 있게 꿀 대신 단호박과 생강청을 넣어 단맛을 냈어요. 감기나 기침에 좋은 연근과 대추를 추가로 넣었는데 질감이 걸쭉해 수저로 떠서 간식으로 먹이기 좋아요.

재료　　 1~2회분　 90분　 냉장 보관 3일(냉동 2주)

- 배 250g(1/2개)
- 미니 단호박 100g(1/4개, 또는 고구마)
- 연근 3조각(생략 가능, 또는 찹쌀 1큰술)
- 대추 3개
- 생강청 1작은술(또는 조청, 배도라지고)

★ 단호박, 연근 전량을 고구마 또는 당근으로 대체해 고구마수프, 당근수프로 만들 수 있어요.

146

1　내열 용기에 모든 재료를
　　담고 랩을 씌운다.
　　★ 생강청 대신 생강이나
　　시나몬파우더 약간을 넣어도
　　좋아요.

2　김 오른 찜기에 ①을 넣고
　　중간 불에서 1시간 동안 찐다.

① 대추는 미온수에 불려 씻은 후
　　돌려 깎아 씨를 제거하고 채 썬다.

② 연근은 끓는 물에 3분간 데친다.

③ 배는 깍둑썬다.

④ 단호박은 씨를 제거한 후
　　전자레인지에 1분간 익혀
　　껍질을 벗기고 깍둑썬다.

3　푸드프로세서에 넣고
　　곱게 간다.

4　체에 한 번 걸러 그릇에 담는다.

☆
알아두세요　　**2~3배합으로 넉넉히 만들어 놓으면 든든해요**
책에서는 1~2회 먹을 분량만 만들었는데, 이렇게 시간이 오래 걸리는 음식은 만들 때 2~3배합으로
넉넉하게 만들어 소분해 냉장 혹은 냉동 보관했다가 필요할 때 데워 먹으면 좋아요.

만 8개월 이후~

엄마주도 토핑 + 한그릇 이유식

애호박수프

애호박을 가득 넣어 연둣빛이 곱고, 다른 크림수프에 비해 맛이 깔끔해 산뜻하게 먹을 수 있어요.
단맛이 강한 채소는 아니라 가볍게 먹기 좋은 반면 좀 가벼운 느낌이라 단일 메뉴보다는
소고기 토핑과 함께 먹이거나 후기에는 미트볼, 아기용 치즈 등을 곁들여 주면 아주 좋아요.
분유물 대신 우유나 생크림을 넣어 만들면 더 고소하고 맛이 좋아진답니다.

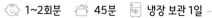

재료　　🍼 1~2회분　　🍲 45분　　❄️ 냉장 보관 1일

- 애호박 90g(또는 주키니, 당근)
- 양파 30g
- 올리브유 1/2작은술
- 채수 40㎖(1/5컵, 29쪽)
- 분유물 40㎖(1/5컵, 또는 우유)

148

양파, 애호박은
사방 1cm 크기로 깍둑썬다.

1 달군 냄비에 올리브유를
두른 후 양파를 넣어
중약 불에서 10분간 양파가
반쯤 투명하게 익을 때까지
볶는다.

2 애호박을 넣고 중약 불에서
15분간 속이 투명해질 때까지
볶는다.

3 채수를 넣고 중간 불에서
끓인다.

4 끓어오르면 불을 끄고
한 김 식힌다. 핸드블렌더로
곱게 간 후 분유물을 넣어
중약 불에서 10분간 끓인다.

☆
알아두세요

채소수프 끓이기는 생각보다 쉬워요
모든 채소는 여기 소개한 레시피와 동일한 방식으로 수프를 끓일 수 있어요.
당근이나 감자, 고구마 등을 이용해 평소에 익숙한 수프를 끓이거나
아스파라거스나 대파 등을 사용해 색다른 채소수프를 끓일 수도 있답니다.

연근 단호박수프

달콤한 호박에 채소 중 짠맛이 있는 연근을 넣어 한 그릇으로도 단맛, 짠맛, 감칠맛 모두 느낄 수 있는
수프예요. 연근은 점성이 많아 수프로 만들었을 때 걸쭉해지고 텁텁하지 않으면서 깔끔한 맛을
낼 수 있어요. 연근은 특히나 코 점막이 약해 코피가 자주 나는 아기들이 먹으면 좋은데, 식감이 단단해
돌 전 아기가 먹기는 쉽지 않으니 수프로 만들어주면 좋답니다.

재료   1회분   30분   냉장 보관 3일

- 손질한 단호박 60g(또는 고구마, 당근, 가지)
- 연근 40g(또는 감자, 옥수수)
- 현미유 1/2작은술(또는 아보카도유)
- 분유물 100㎖(1/2컵, 또는 우유)

★ 당근, 고구마, 단호박, 감자 등 재료 한 가지만으로
수프를 끓여도 좋아요. 이때 재료의 총량은 100g에
맞추세요.

① 단호박은 씨를 제거한 후
전자레인지에서 1분간 익혀
껍질을 벗기고 채 썬다.

② 연근은 0.5cm 두께로 썬다.

1 끓는 물에 연근을 넣고
센 불에서 3분간 데친다.

2 냄비를 달군 후 현미유를
두르고 단호박을 넣어
약한 불에서 15분간 볶는다.

3 푸드프로세서에 단호박,
연근, 분유물을 넣고
곱게 간다.

4 냄비에 ③을 넣고
약한 불에서 5분간 뭉근히
저어가며 끓인다.

☆
알아두세요

채소수프는 단백질 토핑을 곁들여요
채소를 사용해 만드는 수프는
철분과 단백질이 부족할 수 있으니
간식으로 아기용 치즈를 주거나
단백질 토핑을 곁들이면 좋아요.

영아주도 토핑 + 한 그릇 이유식

가지 치즈수프

가지로 끓인 크림수프는 맛이 산뜻하고 부드러워 꾸덕한 크림소스의 과한 맛을 좋아하지 않는 아기들도
잘 먹는 음식이에요. 가지는 껍질에 영양분이 풍부한 채소긴 하지만 껍질의 질긴 식감 탓에 입자가 크면
삼키기 어려워 돌 전 아기들은 껍질을 벗겨 속살만 먹거나 곱게 다져서 먹여요. 가지는 어떤 재료를
곁들이냐에 따라 맛이 천차만별로 바뀌는 팔색조 같은 식재료라서 다양한 요리에 활용할 수 있답니다.

재료   😊 1~2회분   🍳 45분   🧊 냉장 보관 3일 ·········

- 가지 100g(또는 당근)
- 양파 50g
- 마늘 1개(또는 다진 마늘 1작은술)
- 무염버터 3g
- 밀가루 1작은술
- 분유물 120㎖(3/5컵, 또는 우유)
- 아기용 치즈 1/2장

★ 가지 대신 당근으로 만들 때는 잘게 썰어
양파, 마늘과 함께 볶는 것부터 시작하세요.

① 200°C로 예열한 오븐(또는
에어프라이어)에 가지를 넣어
15분간 구워 한 김 식혀 껍질을 벗긴다.
★ 오븐이 없을 때 조리법은
만들기의 과정 ①을 참고해요.

② 양파는 채 썰고 마늘은 곱게 다진다.

1 구운 가지는 결대로 찢어
밀가루를 골고루 묻힌다.
★ 오븐 대신 필러로 껍질을
제거한 후 깍둑썰어
마른 팬에 완전히 익을 때까지
약한 불로 볶다가 밀가루를
넣어 만들어도 좋아요.

2 달군 냄비에 버터를 녹인 후
양파, 마늘을 넣고
중간 불에서 10분간 볶는다.

3 ①의 가지를 넣고
중간 불에서 5분간 밀가루가
가지에 엉겨붙는 상태가
될 때까지 볶는다.

4 분유물을 붓는다.
핸드블렌더로 곱게 간 후
중약 불에서 저어가며 끓인다.

5 끓어오르면 불을 끄고
치즈를 넣어 녹인다.

☆
알아두세요

가지를 오븐에 구워 만들면 좋은 이유
가지를 다른 채소처럼 속살만 잘라
버터 녹인 팬에서 볶을 경우,
버터가 좀 많이 들어갈 수 있어요.
가지는 스펀지 조직이라 기름을 아주
많이 머금기 때문이지요.

가지 콘크림수프

가지는 껍질을 벗겨내면 맛과 향이 강하지 않기 때문에 아기들이 크게 구분하기 힘든 채소 중에
하나예요. 특히 수프로 만들었을 때 고소한 크림 냄새에 가려져 더 알아채기 어렵지요.
향이 진한 옥수수 덕분에 가지의 존재는 모른 채 잘 먹을 거예요.

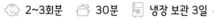 재료   😊 2~3회분   🍲 30분   ❄ 냉장 보관 3일

- 가지 1개(또는 당근, 고구마)
- 양파 50g
- 무첨가 통조림 옥수수 4큰술
- 아기용 베샤멜소스 50g(421쪽)
- 분유물 120㎖(3/5컵, 또는 우유)
- 무염버터 15g

① 가지는 필러로 껍질을 벗긴다.

② 가지, 양파는 채 썬다.

1 달군 팬에 버터를 녹이고
가지, 양파를 넣은 후
중간 불에서 10분간 양파가
투명해질 때까지 볶는다.

2 통조림 옥수수를 넣고
중약 불에서 5분간 볶는다.

3 불을 끄고 베샤멜소스,
분유물을 넣고 섞은 후
핸드블렌더로 곱게 간다.

4 약한 불에서 저어가며
5~10분간 되직한 농도가
될 때까지 끓인다.
★ 아기용 치즈를 곁들여
단백질과 철분을 보충해도
좋아요.

알아두세요

베샤멜소스 대신 양파볶음 활용하는 법

421쪽에 소개한 아기용 베샤멜소스를 이용해 만들었기 때문에 진하고 걸쭉한 수프를
쉽게 만들 수 있어요. 베샤멜소스가 없다면 양파를 충분히 물러지게 볶은 후 밀가루 2작은술을 넣고
다시 볶아 베샤멜소스 대신 활용해요.

사과 양파수프

양파와 치즈가 듬뿍 들어간 프렌치 어니언 수프를 아기용으로 치즈를 줄이고 사과를 넣어
퓌레처럼 만들었어요. 양파를 사과와 함께 볶으면 수분이 많아져 타지 않고 오래 볶을 수 있어요.
아기용 치즈를 녹여 잘 섞어주면 치즈가 주욱 늘어나며 단맛과 고소한 맛이 한입에 느껴져요.
사과를 조금 늘려도 되고, 물 대신 분유물이나 우유를 써도 돼요.

재료 　 2회분 　 45분 　❄ 냉장 보관 3일

- 양파 100g
- 사과 80g(손질 전 100g, 또는 양배추)
- 무염버터 5g
- 밀가루 1작은술
- 물 180㎖(약 1컵, 또는 분유물, 우유)
- 아기용 치즈 1장

★ 사과 없이 양파의 분량을 늘려 양파수프를
만들어도 좋아요.

사과, 양파는 얇게 채 썬다.

1 달군 냄비에 버터를 넣어
녹인 후 사과, 양파를 넣어
중약 불에서 20분간 볶는다.

2 연갈색으로 익고 반쯤 숨이
죽으면 밀가루를 넣어
중약 불에서 5분간 볶는다.

3 불을 끄고 물 180㎖를
넣어 골고루 푼 후
중간 불에서 끓인다.
★ 돌이 지난 후 우유로
만들면 부드러운 맛에
아기가 더 잘 먹어요.

4 끓어오르면 약한 불에서
5분간 끓인 후
푸드프로세서에 곱게 간다.

☆
알아두세요

사과와 양파의 궁합은 최고!
이 두 가지 식재료는 생각보다
잘 어울려요. 두 재료 모두 퀘르세틴
성분이 풍부하며 항산화 물질을
다량 함유하고 있어 심혈관 질환에
특히 도움이 됩니다. 완전히 익혀도
영양소가 파괴되지 않기 때문에
저온에서 오래 볶아 단맛을 충분히
끌어올리면 아기가 먹기에도 좋아요.

5 그릇에 담고 치즈를 넣어
전자레인지에서 30초간 돌려
치즈를 녹인다.

만
8개월
이후~

마늘 양송이수프

양송이버섯은 단백질이 풍부하고 식이섬유와 비타민이 많은 식재료예요. 다량의 무기질을 가지고 있어 소화를 도와주는 효과도 있답니다. 양송이버섯은 영양이 풍부하기 때문에 아주 극초기 이유식부터 먹이기 시작하는데, 미끈거리는 식감과 비릿하게 올라오는 버섯 향에 의외로 거부하는 아기가 많아요. 그럴 때는 크림수프에 넣어 특유의 향을 가려주면 아주 잘 먹는답니다.

재료 1회분 45분 냉장 보관 3일

- 양송이버섯 90g(또는 당근)
- 양파 50g
- 마늘 2개(또는 브로콜리)
- 무염버터 5g
- 밀가루 1작은술
- 분유물 120㎖(3/5컵, 또는 우유)

① 양파는 채 썰고, 마늘은 편 썬다.

② 양송이버섯은 밑동을 제거하고 껍질을 벗겨 썬다.

1 달군 냄비에 버터를 넣어 녹인 후 마늘을 넣어 향이 올라올 때까지 약한 불에서 3~5분간 볶는다.

★ 마늘은 불이 조금만 세도 금방 타버리니 타지 않게 계속 볶아요.

2 양파를 넣고 중약 불에서 10분간 투명하게 익을 때까지 볶다가, 양송이버섯을 넣고 5~10분간 숨이 죽을 때까지 볶는다.

3 밀가루를 넣고 중약 불에서 5분간 볶는다.

4 분유물을 넣어 중약 불에서 끓인다. 끓어오르면 한 김 식힌다.

★ 분유물 대신 우유 120㎖에 아기용 치즈 1장을 넣어 만들어도 좋아요.

☆
알아두세요

양송이버섯의 껍질을 벗겨서 만들어요
수프를 끓일 때는 꼭 양송이버섯의 껍질을 벗겨서 만들어주세요. 더 뽀얗고 고운 색감과 부드러운 질감으로 끓일 수 있어요.

5 푸드프로세서에 넣고 아기가 먹기 좋은 입자로 간 후 냄비에 넣고 약한 불에서 살짝 데운다.

채소수프

스페인에서 여름에 즐겨 먹는 애피타이저인 가스파초를 보고 아기용으로 만든 수프예요.
오리지널 가스파초와 달리 아기가 잘 먹을 수 있게 마늘이나 셀러리 등을 빼고 만들었으니 너무 차갑지
않게 미지근한 온도로 맞춰서 주세요. 찬 음식도 곧잘 먹는다면 셔벗처럼 시원하게 해서 줘도 괜찮아요.

재료   🍼 1회분   🍲 20분   ❄️ 냉장 보관 1일

- 미니 파프리카 1개
- 사과 40g(또는 배)
- 오이 40g(또는 참외)
- 방울토마토 5개
- 올리브유 1/2작은술

160

① 200℃로 예열한 오븐(또는
   에어프라이어)에 파프리카를 넣어
   15분간 굽고 한 김 식힌 후
   껍질을 벗기고 씨를 뺀다.

② 사과, 오이는 한입 크기로 썬다.

③ 방울토마토는 열십(十)자로 칼집 내
   끓는 물에 데치고 찬물에 헹궈
   껍질을 벗긴다. 손으로 눌러 씨를 뺀다.
   ★ 방울토마토의 씨를 제거해야
   진한 맛이 나고 농도가 잡혀요.

1 푸드프로세서에
  올리브유를 제외한 모든
  재료를 모두 넣고 곱게 간다.

2 먹기 직전 올리브유를 넣고
  섞는다.
  ★ 돌이 지난 아기는 약간의
  레몬즙, 조청, 메이플 시럽을
  넣어줘도 좋아요.

☆
알아두세요

돌 이후에는 생파프리카를 사용해도 좋아요
돌 이후부터는 파프리카를 구울 필요 없이 생파프리카를 갈아 사용해도 돼요. 여름에는 수박이나 참외를
갈아 넣어도 별미입니다. 수분이 많은 채소를 넣어 만들기 때문에 땀을 많이 흘리는 여름에 주로 먹어요.

가자미 감자수프

조개를 넣고 끓이는 클램차우더에 조개 대신 가자미를 넣어 만든 수프예요.
흰살생선 중 비린내가 적은 가자미는 활용도가 좋은데, 특히 버터나 크림과 잘 어울리는 풍미를
가졌어요. 부들부들 연한 살코기는 거슬림 없이 먹기 좋고 감자와도 잘 어울린답니다.

| 재료 | 1회분 | 🍲 45분 | 🧊 냉장 보관 2일 |

- 냉동 순살 가자미살 50g(또는 대구살, 게살)
- 감자 60g
- 양파 20g
- 당근 25g
- 마늘 1개(또는 다진 마늘 1작은술)
- 무염버터 5g
- 밀가루 1작은술
- 물 100㎖(1/2컵)
- 분유물 60㎖(약 1/3~1/4컵, 또는 우유)

1 가자미는 12시간 이상 냉장실에서
  해동하거나 포장 그대로 찬물에 담가
  해동한다. 흐르는 물에 씻은 후
  키친타월로 감싸 물기를 제거한다.

2 감자, 당근은 깍둑썬다.
  마늘은 곱게, 양파는 굵게 다진다.

1 달군 냄비에 버터를 넣고
  중간 불에서 녹인 후
  가자미를 넣어 7~10분간
  노릇하게 구워 덜어둔다.

2 ①의 냄비에 그대로 마늘을
  넣고 약한 불에서 3~5분간
  마늘 향이 날 때까지 볶는다.

3 감자, 당근, 양파를 넣어
  중간 불에서 10~15분간
  감자가 익을 때까지 볶는다.
  가자미, 밀가루를 넣고
  골고루 볶는다.

4 밀가루가 갈색으로 익으면
  물 100㎖를 넣어 풀고
  중간 불에서 10~15분간
  감자가 으스러질 정도로 끓인다.

알아두세요

가자미는 완전히 구워 수프를 끓여요
처음 가자미를 구울 때 완전히
구워야 합니다. 수프를 끓일 때
생물 생선을 육수에 그대로 넣으면
생선에서 나는 비린내가 국물에
밸 수 있기 때문이에요. 귀찮더라도
반드시 완전히 구워서 넣으세요.

5 분유물을 넣고 섞은 후 약한 불에서
  끓어오르면 가자미를 포크로
  잘게 으깨고 그릇에 담는다.
  ★ 분유물 대신 우유 60㎖에 아기용
  치즈 1장을 넣어 만들어도 좋아요.

163

소고기 채소죽 (밥으로 만드는 4배죽)

소고기에 다양한 채소를 넣어 끓이는 소고기 채소죽은 중기 이유식을 시작하는 기본 죽이에요.
들어가는 재료에 따라 맛도 달라지기 때문에 자투리 채소를 활용해 매일 색다르게 끓일 수 있어요.
중기부터는 채수나 육수 등 밑국물을 사용할 수 있는데, 그러면 다른 간을 하지 않아도
아주 구수하고 깊은 맛을 낼 수 있어요. 처음 시판 밑국물을 사용한다면 물과 1:1 비율로 섞어요.

| 재료 | 🐷 2회분 | 🍲 30분 | ❄️ 냉장 보관 3일(냉동 2주) |

- 밥 100g
- 다진 소고기 50g(또는 아귀살, 가자미살)
- 애호박 30g
- 당근 20g
- 채수 120㎖(3/5컵, 29쪽)
- 물 180㎖(약 1컵)
- 현미유 약간(또는 아보카도유)

★ 채소는 동량으로 다양하게 대체 가능해요.

애호박, 당근은 곱게 다진다.

1 달군 팬에 현미유를 두르고
애호박, 당근을 넣어
중간 불에서 10분간 당근이
완전히 익을 때까지 볶는다.

2 소고기를 넣고
중간 불에서 5분간 볶는다.

3 밥, 채수를 넣고
푸드프로세서나 핸드믹서로
아기가 먹기 좋은 입자가
되게 간다.

4 냄비에 ③, 물 180㎖를 넣고
중약 불에서 농도가
걸쭉해질 정도로 끓인다.

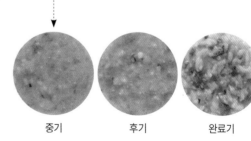

중기   후기   완료기

165

엄마주도 토핑 + 한 그릇 이유식

찹쌀백숙 (쌀로 만든 4배죽)

돌 이전에 보양식으로 간단히 만들기 좋은 몸보신 음식이에요. 찹쌀을 넣어 소화가 편하고
대추에서 느껴지는 은은한 단맛에 아기들이 마치 아기새처럼 입을 벌려 꿀떡꿀떡 잘 받아먹는
음식이기도 하지요. 간절기 찬바람에 감기로 앓고 있을 때 주기 좋아요.

재료	🍼 2회분	⏲ 45분(+ 쌀 불리기 30분)	🧊 냉장 보관 3일(냉동 2주)

- 찹쌀 100g
- 닭안심 50g(약 2쪽)
- 마늘 4~5개
- 대추 2개
- 채수 400㎖(2컵, 29쪽)

★ 중기 초기에 먹일 때는 물을 조금 더 추가해
아기가 먹기 좋은 농도와 입자로 만드세요.

① 찹쌀은 씻어 30분간 불린 후
　체에 밭쳐 물기를 뺀다.

② 닭안심은 근막과 힘줄을 제거한다.

③ 대추는 돌려 깎아 씨를 제거한다.

 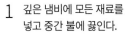

1 깊은 냄비에 모든 재료를
　넣고 중간 불에 끓인다.

2 끓어오르면 약한 불로 줄여
　20분간 찹쌀이 완전히
　익을 때까지 끓인다.

3 찹쌀이 완전히 퍼지면
　한 김 식혀 푸드프로세서나
　핸드믹서로 아기가 먹기 좋은
　입자가 되게 간다.

☆
알아두세요

**마늘은 푹 익히면 고소한 맛만 남아
초기 이유식부터 사용할 수 있어요**
덜 익은 마늘은 배앓이할 수 있으니
충분히 익혀야 하고, 한 번에
너무 많은 양을 섭취하지 않아야
돼요. 처음에는 한 톨 정도 먹여보고,
문제가 없다면 조금씩 양을
늘려주세요. 아기가 방귀를 뀌었는데
마늘 냄새가 강하게 난다면 너무
많이 먹은 거니 양을 줄이세요.

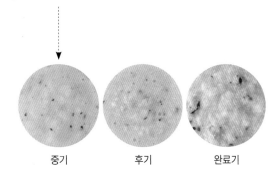

중기　　　후기　　　완료기

영아주도 토핑 + 한 그릇 이유식

동태 무죽 (밥으로 만든 4배죽)

소고기나 닭고기를 넣어 만드는 죽보다 훨씬 고소한 어죽이에요. 특유의 짭조름한 맛이
감칠맛을 내고 동태와 잘 어울리는 무, 표고버섯을 넣어 시원하면서 깔끔한 맛을 내요.
생선 살을 넣어 끓이는 죽은 식으면 비린내가 나고 맛이 없기 때문에 한 끼 먹을 분량만
간편하게 밥으로 만들어 그때그때 먹이는 게 좋아요.

[재료] 1회분 30분 🧊 냉장 보관 2일

- 밥 60g
- 냉동 순살 동태살 40g(또는 대구살, 아귀살, 가자미살)
- 무 30g(또는 감자)
- 표고버섯 2g(브로콜리, 애호박)
- 현미유 1작은술(또는 아보카도유)
- 물 180㎖(약 1컵)

★ 무나 버섯은 다양한 채소와 버섯으로 동량 대체 가능해요.
★ 중기 초기에 먹일 때는 물을 조금 더 추가해 아기가
먹기 좋은 농도와 입자로 만드세요.

① 무, 표고버섯은 곱게 다진다.

② 동태살은 12시간 이상 냉장실에서 해동하거나 포장 그대로 찬물에 담가 해동한다. 흐르는 물에 씻은 후 키친타월로 감싸 물기를 제거한다.

1 달군 냄비에 현미유를 두른 후 무, 표고버섯을 넣고 중약 불에서 5~10분간 볶는다.

2 무가 반쯤 투명하게 익으면 냄비의 중간에 공간을 만들어 동태살을 넣어 앞뒤로 뒤집어 가며 굽는다.

3 동태살이 익어 하얗게 변하면 주걱을 사용해 으깬 후 밥, 물 180㎖를 넣어 중간 불에서 끓인다.

4 끓어오르면 약한 불로 줄여 5분간 끓인 후 한 김 식힌다. 푸드프로세서나 핸드믹서로 아기가 먹기 좋은 입자가 되게 간다.

중기

후기

완료기

알아두세요

부드러운 어죽은 아기들이더 좋아해요

갓 끓인 어죽은 비린내가 나지 않고 고소한 맛이 좋아요. 육류로 끓이는 죽에 비해 식감이 월등히 보드라워 아기들이 더 잘 먹지요. 동태살 외에도 다양한 흰살생선과 갖은 채소로 다양한 어죽을 끓여보세요.

팽이버섯 달걀수프

호로록, 호로록, 정말 목 넘김이 부드러운 달걀수프예요. 팽이버섯을 사용해서 먹을 때 입에 걸리는 거 없이 바로 삼킬 수 있을 정도로 식감이 부드러워요. 밥을 조금 넣어 죽으로 끓여도 참 맛있어요.
조리 방법이 쉽고, 시간이 오래 걸리지 않아 바쁠 때 만들어주기 좋은 음식이에요.

재료 　　🐾 1회분　　🍳 30분　　❄️ 냉장 보관 1일

- 달걀 1개
- 팽이버섯 10g(또는 청경채)
- 당근 약간
- 브로콜리 약간
- 채수 100㎖(1/2컵, 29쪽)
- 전분물 1/2작은술

① 볼에 달걀을 풀어 체에 거른다.

② 팽이버섯은 곱게 다진다.

③ 작은 볼에 전분가루와 물을 1:1 비율로
섞어 전분물을 만든다.

1 냄비에 채수, 당근을 넣고
중간 불에서 10분간
당근이 익을 때까지 끓인다.

2 브로콜리, 다진 팽이버섯을
넣어 중간 불에서 10분간
끓인다.

3 끓어오르면 전분물을 넣고
가볍게 저은 후 달걀물을 붓고
가볍게 젓는다. 불을 끈 후
잔열에 익힌다.

★ 돌이 지나 먹는 것에 익숙해진
아기에게는 소면이나 쌀국수를
데쳐 넣어줘도 좋아요.

☆ 알아두세요

음식의 색감은 다양하게 구성해 입맛을 자극해요

맛과 영양도 중요하지만, 눈으로 보이는 시각적 요소도 중요해요. 같은 음식이라도 다양한 색감의 채소를
사용한다면 더욱 식욕을 자극할 수 있답니다. 당근, 브로콜리 역시 맛에는 크게 영향을 미치지 않을 만큼
소량이 들어가지만, 훨씬 더 먹음직스럽게 보이죠. 아기도 더 긍정적으로 음식을 받아들인답니다.

소고기 감자스튜

포슬포슬한 감자를 넣고 끓여 한 그릇만 먹어도 속이 아주 든든한 아기용 스튜예요.
밀가루를 넣지 않고 감자가 가진 전분기만으로 걸쭉하게 만드는 거라 묵직한 맛 없이
깔끔하고 고소해요.

재료   😊 1회분   🍲 30분   🧊 냉장 보관 3일 ----------------------------------

- 다진 소고기 50g
- 감자 60g(또는 브로콜리, 당근, 애호박)
- 무염버터 3g
- 분유물 120㎖(3/5컵, 또는 우유)
- 아기용 치즈 1/2장

★ 감자 대신 다른 채소를 넣을 경우에는 잘게 다지세요.
★ 중기 초기에 먹이는 수프로 만들 때는 푸드프로세서나
핸드믹서로 곱게 갈면 돼요. 이때 분유물의 양은 조금 늘려요.

① 감자는 1cm 크기로 깍둑썬다.

② 소고기는 키친타월로 감싸
핏물을 제거한다.

1 달군 냄비에 버터를 녹인 후
감자를 넣고 중약 불에서
10~15분간 감자가 완전히
익도록 볶는다.
★ 삶은 감자를 사용해
만들어도 좋아요.

2 불을 끄고 포크로 으깬다.

3 소고기를 넣고 중약 불에서
5분간 촉촉하게
익을 정도로 볶는다.
★ 소고기는 오래 볶으면
수분이 없어져 식감이
겉돌게 되니 갈색으로 변할
때까지만 익히세요.

4 분유물을 넣어 중약 불로 줄여
끓인다.

응용하세요

완료기 이유식에는 이렇게 해요
완료기에 들어 입자감 있는 음식을
먹을 수 있게 되면 감자를 완전히
으깨지 말고 살짝 덩어리지게
만들어보세요. 음식을 씹는 데서
포만감을 느끼는 아기라면 건더기가
많은 스튜를 훨씬 좋아할 거예요.
빵을 찍어 먹게 해도 좋아요.
크루통을 얹어내거나 담백한 바게트와
함께 먹어도 맛있고, 오트밀을 넣어
오트밀죽처럼 끓여도 좋아요.

5 끓어오르면 치즈를 넣어 녹이고,
걸쭉한 농도가 나오도록 끓인다.

토마토 달걀볶음

토마토와 달걀은 서로 부족한 맛과 영양을 보완해 주는 궁합이 좋은 재료 조합으로 알려져 있어요.
단백질과 철분이 풍부한 달걀에 토마토의 비타민과 섬유소가 합쳐져 밥이나 빵과 함께 먹을 때
완벽한 한 끼의 영양소를 채울 수 있지요. 자칫 비린내가 날 수 있는 달걀 요리에 산뜻한 맛의 토마토가
합쳐지면서 개운하고 감칠맛도 배가된답니다.

| 재료 | 1회분 | 10분 | ❄ 당일 섭취 |

• 달걀 1개
• 방울토마토 4~5알
• 현미유 약간(또는 아보카도유)

★ 달걀 대신 철분이 풍부한 시금치와 토마토를
함께 볶아도 좋아요.

① 달걀은 곱게 푼다.

② 방울토마토는 반으로 썬 후
손으로 가볍게 눌러 씨를 뺀다.
★ 토마토는 수분이 많아
씨를 제거하지 않고 볶으면
흥건해지니 손으로 눌러 짜내고
볶는 게 좋아요.

1 씨를 뺀 방울토마토는
작게 깍둑썬다.

2 현미유를 둘러 달군 팬에
달걀물을 넣고
약한 불에 스크램블한다.

3 달걀이 완전히 익기 전에
①을 넣고 볶는다.

☆
응용하세요

후기, 완료기에는 볶음밥으로 활용해요
후기에는 진밥, 완료기에는
일반밥을 더해 토마토 달걀볶음밥을
만들어주세요. 바쁜 아침, 아기를 위한
간단한 영양 만점 한 그릇 이유식으로
특히 활용하기 좋답니다.

엄마주도 토핑 + 한 그릇 이유식

채소 오믈렛

덩어리 있는 음식을 먹을 수는 있지만 아직 너무 단단한 건 못 먹는 중기 후반부터 아기가 먹기에
좋아요. 고기를 거북해하는 아기들에게 주거나 한 끼에서 두 끼로 식사 횟수가 늘어날 때 먹이면
속에 부담도 없고 영양도 모두 챙길 수 있어요. 예쁘게 모양 잡기가 어렵다면 반으로 접어 만들거나
달걀말이처럼 돌돌 말아서 주세요.

재료   👶 1회분   🍲 20분   ❄ 냉장 보관 3일

- 달걀 1개
- 아기용 치즈 1/2장
- 애호박 10g
- 양송이버섯 10g(1/2개)
- 당근 약간
- 올리브유 1/2작은술
- 무염버터 3g

① 애호박, 양송이버섯, 당근은 모두 곱게 다진 후
　올리브유에 버무려 5분간 둔다.

② 달걀은 살짝 기포가 올라올 정도로 풀고,
　치즈를 찢어 넣고 섞는다.

1　달군 팬에 기름을 두르지
　않고 다진 채소를 넣어
　약한 불에서 10분간 완전히
　익힌 후 덜어둔다.

2　①의 팬에 그대로 버터를 녹이고
　달걀물을 부어 약한 불에서
　스크램블하듯 원을 그린다.

3　아랫면이 익으면 덜어둔
　볶은 채소를 넣고 1/3을
　접고 나머지 1/3은 반대로
　접어가며 모양을 만든다.

4　가볍게 뒤집어 완전히 익힌다.
　★ ①의 팬에 그대로 달걀물을
　부어 익혀도 좋아요. 편리한
　방법으로 만들어보세요.

☆
응용하세요　**완료기 이유식때는 오므라이스로 만들어요**
　채소를 볶을 때 밥도 넣어 볶아 달걀에 감싸면 그대로 오므라이스가 돼요.
　이 책에 소개한 이유식은 여러 가지 응용을 통해 돌 이후 완료기까지 잘 활용할 수 있어요.

후기 이유식의 초반,

아이주도 이유식
천천히 연습하기

☑ 후기 1차 이유식 / 만 10개월(약 300일 이후)

하루 3끼에 간식까지 포함해 아기에게 차려줘야 하는 음식의 횟수가
중기에 비해 많이 늘어나는 시기예요. 수유로 섭취하는 영양분은
점차 줄어들고 이유식이 늘어나기 시작하죠. 그렇다고 아기가
드라마틱하게 먹는 양이 증가하거나 갑자기 맛있게 밥을 먹지는 않아요.
아기는 여전히 작고 끊임없이 성장하고 있으니 그에 맞춰 식단을 짜야
해요. 아이주도 이유식을 조금씩 연습하는 시기인만큼 엄마주도와
아이주도 이유식을 병행해 이유식을 준비하세요. 뭐든지 갑작스레
변화하는 환경은 아기에게 스트레스로 다가갈 수 있어요. 급격하게
진행시키지 말고 점진적으로 스스로 먹을 수 있게 하나씩 변화를 주세요.

방식	**1회 엄마주도 토핑 이유식 + 1회 한 그릇 이유식 + 1회 아이주도 이유식**

★ 토핑 이유식은 80~117쪽의 후기 입자 사이즈를 참고해 준비하세요.
　토핑은 그대로 주거나 반찬처럼 만들어 식판에 담아줘요.
　426~473쪽, 498~505쪽의 반찬과 국도 활용하세요.
★ 한 그릇 이유식은 중기 챕터와 이번 챕터를 활용해 준비하세요.
★ 아이주도 이유식은 이번 챕터를 활용해 준비하세요.
★ 간식은 하루 1~2회 정도 474~495쪽을 참고해 준비하세요.

횟수와 분량	**1일 3회 / 회당 80~140g**
수유	**모유나 분유 1일 3회** **1회 210~240㎖ / 총 700㎖**

☑ 엄마주도와 아이주도 이유식을 함께
후기 이유식(1차)

후기부터 천천히 '아이주도' 이유식을 시도해요

✳ 하루 2회에서 3회로 자연스럽게 이유식 횟수를 늘리세요.

✳ 이때 이유식은 중기에 비해 입자를 조금씩 키워 재료를 곱게 갈지 않아도
   아기가 음식을 잇몸으로 씹어 삼킬 수 있도록 연습하게 해주세요.

✳ 그간 해왔던 엄마주도와 아이주도가 합쳐진 과도기 기간으로,
   한 끼 정도 아이주도식을 시도하기에 적절한 시기예요.
   단, 절대 서두르지 말고 차근차근 시도하세요.

✳ 후기 이유식 1차 시기에는 한 끼는 토핑 이유식
   (밥과 반찬으로 나눠 담는 방식), 다른 한 끼는 먹기 편한
   한 그릇 이유식(유동식이나 간단식)으로 준비하고,
   나머지 한 끼를 아이주도식(되직해서 덜 흘리거나,
   아기가 손으로 직접 집어 먹을 수 있는 것)으로 준비해요.

> 토핑 이유식은 80~117쪽의
> 후기 입자 사이즈를 참고해
> 준비하세요.

이때부터 '아이주도식'을 시작하면 좋은 점

✳ 중, 후기부터는 뭐든 입에 넣고 보는 구강기 시기예요.
   그래서 중기에 설명한 것처럼, 중기에는 식사 외 시간에
   식재료를 가지고 주 1~2회 정도 촉감놀이를 하게 해요.

✳ 후기가 되면 먹는 것에도 어느 정도 익숙해지기 때문에
   하루 1끼 아이주도 이유식을 시도하기 딱 좋은 시기예요.

✳ 만 9개월부터는 치아가 3개에서 많게는 6개까지 나기 때문에
   음식을 베어 물거나 뜯어먹는 게 가능해져요.
   앞니로 음식을 뜯고 잇몸으로 씹어 삼킬 수 있는
   시기이기 때문에 유동식이 아닌 음식도 충분히 섭취가
   가능해 진짜 아이주도식을 시작할 수 있어요.

✳ 아이주도 이유식은 아기가 스스로 먹을 수 있게 먹기 좋은 형태와
    크기로 음식을 만들어 아기에게 주는 방식을 말해요.

✳ 아기는 크기가 다른 음식을 손으로 집어 소근육 발달을 촉진하고,
    부드럽거나 딱딱한 음식을 각기 다른 힘으로 잡아보며 느낄 수 있어요.

✳ 아이주도식을 하게 되면 스틱이나 볼, 머핀 등의 음식만
    준비하는 경우가 많은데, 굳이 먹기 편하게 형태를 한정 지어
    만들 필요는 없어요. 스스로 먹기 어려운 음식도
    반복적인 학습을 통해 결국 혼자 먹는 방법을 터득한답니다.

하루 두 끼에서 '세 끼'로 이유식 횟수 늘리는 방법

✳ 중기 편에서 설명했듯이 한 끼 먹는 양이 모두 100g이 넘는다면
    그때가 하루 세 끼 먹이기 시작해도 좋은 시점이에요.

✳ 하루 세 끼를 먹이기 시작하자마자 그 세 끼를 모두 잘 먹는 건
    불가능에 가까워요. 초기에서 중기로 넘어갈 때보다,
    중기에서 후기로 넘어가는 과정이 더 길고 지루하답니다.
    엄마는 이제부터 길게 보고 마음을 비울 필요가 있어요.

✳ 많아진 식사량에 속이 부대낄 아기를 위해 한 끼는 소화가 편하고
    먹기 쉬운 음식 위주로 준비해 주세요. 초반에는 한 끼 정도
    식사와 간식의 중간 느낌으로 가볍게 준비하는 것도 좋아요.

우리 아기, 영양도 신경 써야 해요

＊ 각 끼니마다 다양한 단백질군을 골고루 섭취하는 게 필요해요. 예를 들어,
아침은 달걀, 점심은 소고기, 저녁은 생선처럼 겹치지 않게 주는 것이 좋아요.

＊ 매 끼니 여러 음식을 해줄 필요는 없어요. 그것보다 필요한 영양소를
모두 섭취할 수 있도록 식단을 짜는 것이 중요해요. 반찬 수가 많지 않아도
기본적으로 먹어야 되는 영양분은 꼭 챙겨주세요. 고기 반찬에 양파나 당근 등의
기본 채소를 함께 사용해 영양, 맛, 색감을 더 풍부하게 만들어주면
메인요리 하나만 주더라도 충분해요. 특히 채소는 빼먹지 말고 꼭 챙겨주세요.

＊ 초기와 중기에서는 이유식과 간식의 구분이 없었지만, 후기부터는 하루에 1~2회
정도 식간에 간식을 챙겨주어도 좋아요. 간식은 이유식에서 부족했던 영양소를
고려해 단백질이 부족했는지, 채소가 부족했는지 등을 체크해서 메뉴를 정하세요.
이유식을 잘 먹지 않고 간식만 먹으려고 하면 간식은 주지 않는 게 좋아요.

이가 나기 시작할 때 신경써야 하는 것들

＊ 이른 아기들은 만 6개월부터 이가 나기 시작하는데, 늦게 나는 아기들은 이때
앞니가 나오기도 해요. 잇몸을 뚫고 올라오는 치아로 인한 통증으로 먹는 양이
쉽사리 늘지 않기도 해요. 이가 빨리 나온 아기들도 옆니와 송곳니로 인한
통증 때문에 먹는 걸 거부하고 치발기나 장난감만 물고 있으려고 하기도 해요.

＊ 폭발적 성장기라서 잘 먹는 것이 중요한 시기인 만큼 치아나 그 밖의 다른 이유로
잘 먹지 않으려고 하면, 색색의 컬러풀한 식단을 차려
아기의 관심을 끌거나, 스스로 먹을 수 있게
아이주도식을 더 자주 준비하는 것도 좋아요.
음식을 가지고 탐색하며 손으로 만졌다가 입에도
넣었다가 하며 식사에 흥미를 느낄 수 있게 해주세요.

이유식을 거부하거나
잘 먹지 않는 아기들을
위한 가이드는
40쪽을 참고하세요.

식사 시간은 새로운 것을
탐색하고 배우는 시간이랍니다!
치우는 건 힘들지만
아기가 성장할 때까지 조금만
기다려주세요!

아이주도 이유식을 할 때
자주 볼 수 있는
귀여운 모습이에요.

☑ 후기부터 아이주도 이유식, 자연스럽게 시작하는 요령

보통은 더 이상 엄마주도식으로 이유식 진행이 어려울 때 아이주도식으로
넘어가는데, 그렇지 않더라도 후기에 들어서면 스스로 먹을 수 있도록
아이주도식을 병행하면 좋습니다. 단, 주의할 점들이 있으니 미리 숙지하세요.

'아이주도식' 이해하기

* 앞서 설명한 것처럼 아이주도식은 아기가 스스로 먹을 수 있게
  먹기 좋은 형태와 크기로 음식을 만들어 아기에게 주는 방식이에요.
* 아기는 스스로 음식을 탐색해 냄새를 맡고 손으로 만지면 촉감을 느껴요.
  음식을 입에 넣기까지 긴 과정이지만 구강기가 시작되는 중, 후기부터는
  일단은 뭐든 입에 넣고 보는 시기라서 수월하게 시작할 수 있어요.
* 아이주도식을 하게 되면 처음으로 손가락을 이용해 음식을 휘젓고,
  여기저기 묻히며 놀이하듯 먹으며 아기가 즐거워하는 걸 볼 수 있어요.
* 소근육 활동이 많은 식사 방법이라 발달에도 효과적인데, 기기, 앉기,
  서기를 통해 충분히 발달할 수 있는 대근육에 비해 일반적인 생활에서
  소근육 발달이 촉진되기는 힘들기 때문에 번거롭더라도 아이주도식을
  적극 진행하는 것이 좋아요.
* 아기가 돌 이후부터 어린이집에 가야 한다면 그 전부터 스스로 먹는 법을
  익힐 수 있게 도와주세요. 가정 보육을 오래 하더라도 언젠가는 기관에
  가야하므로 스스로 할 수 있는 일은 하나씩 알려주는 게 중요해요.

'아이주도식' 시작하기 전 알아둘 것들

* 아이주도식을 시작했을 때는 마음을 가다듬고 반드시!
  아기가 다 먹을 때까지 앞에서 지켜보고 있어야 해요.
  아기가 밥을 먹을 때, 언제, 어디서 무슨 일이 생길 지는 아무도 몰라요.

✽ 아이주도식을 시작하게 되면 그 전보다 삼킬 때 사레가 들리거나
　목에 걸려 토해내는 경우가 빈번해져요. 입에서 음식을 물고 돌리다가
　다시 뱉어내는 과정도 거치게 되는데, 이는 아기가 음식을 먹고
　삼키는 방법을 배우는 당연한 과정 중의 하나이니 <u>엄마의 개입을
　최소화하고, 아기가 스스로 즐길 수 있도록 지켜봐 주세요.</u>

✽ 본인이 삼킬 수 있는 양보다 많은 음식을 한입에 넣게 되면
　캑캑거리거나, 게우거나, 사레가 들릴 수 있어요.

✽ 가볍게 캑캑거리는 정도는 스스로 컨트롤 할 수 있게 잠시 시간을 두고
　진정될 때까지 놔두세요. 아기는 경험을 통해 자신이 한입에 먹을 수 있는
　음식의 크기를 배워 나간답니다.

✽ 사레가 들리거나 너무 많은 양의 음식을 먹어 문제가 될 것 같다면 물을 주거나,
　등을 두드리거나, 검지손가락을 넣어 일정량을 빼내는 등의 도움이 필요해요.

✽ 만약의 상황을 대비해 '등 밀치기법'과 '하임리히법'도 숙지해 두세요.

☆ **알아두세요 등 밀치기법과 하임리히법**

음식물이나 이물질로 인해 기도가 폐쇄됐을 때 흉부에 강한 압력을 주어 토하게 하는 방법으로
1세 미만의 영아의 경우 등 밀치기법(영아 하임리히법)을 통해 이물을 뱉어낼 수 있어요. 몸을 안아
압박하는 하임리히법은 만 1세 이상의 아기에게 사용 가능해요. 자세한 방법은 <행정안전부>의
영상을 참고하세요. 등 밀치기법이나 하임리히법으로는 젤리나 떡같이 들러 붙는 음식은
쉽게 뱉어낼 수 없기 때문에 만 18개월 이전에는 주지 않는것이 좋으며, 국수나 파스타 등의 면 종류
역시 스스로 끊어 먹을 수 있을 때까지 잘게 자르거나 푸실리 등 쇼트 파스타를 주는 것이 좋아요.

 등 밀치기법　　　 하임리히법

아이주도식이 편식으로 이어지지 않게 해주세요

* 아이주도식을 한다고 아기가 편식 없이 즐겁게, 골고루 먹을 거라는
  기대는 고이 접고 시작해요. 우스갯소리로 엄마들 사이에선
  아기가 주도적으로 먹기 싫은 건 빼고 먹는거 아니냐고 하기도 해요.
* 본인이 스스로 먹도록 하는 것이기 때문에 아기가 먹지 않더라도
  부드럽게 두어 번 권하고 그래도 먹지 않는다면 다른 방법으로 조리해
  계속 노출해 줘야 해요.
* <u>최소 스무 번 이상은 아기 식단에 먹지 않는 식재료를 올려주고, 그럼에도</u>
  <u>불구하고 먹지 않는다면 한두 개 정도는 과감히 포기해도 괜찮아요. 요즘엔</u>
  <u>다양한 식재료가 많으니 굳이 먹지 않는 걸 억지로 먹일 필요는 없어요.</u>
* 다만, 그렇게 먹지 않는 식재료가 점점 늘어난다면 그때는 엄마의 개입이
  필요합니다. 엄마의 개입이란 억지로 먹이는 게 아니에요. 밥을 먹으며
  식재료에 관한 이야기를 들려주고, 같이 만지며 촉감을 느끼게 하고
  향을 맡게 하는 등 비선호 재료와 친해지기 위한 과정을 함께 해주세요.
* 편식하는 재료를 하나씩 줄여나가다 보면 어느새 아기는 대부분의 음식을
  골고루 먹게 될 거예요. 물론 그렇다고 모든 걸 다 먹지는 않아요.
  우리 어른도 안 먹는 거 한두 개쯤은 있으니까 말이죠.

아이주도식은 이렇게 시작하세요

중기 이유식
122쪽에 방법을
소개했어요.

* 처음에는 아주 막막하지만 어렵게 생각하지 않아도 돼요.
  아이주도식을 시작하기에 앞서, 중기 이유식편에 소개했듯이
  중기에 주 1~2회 정도 아기가 식재료를 가지고 놀게 하세요.
* 이유식으로 아이주도식을 준비할 때는 숟가락으로 떠서 먹는 고형식과
  손으로 집어 먹는 핑거푸드의 두 가지 형태를 번갈아 가면서 준비해요.

* 숟가락으로 떠서 먹는 고형식은 최대한 되직하게 만들고
  처음에는 엄마가 숟가락으로 떠서 아기 앞에 놓아주면
  아기가 숟가락을 잡아서 먹도록 해주세요.
* 핑거푸드는 아기가 손으로 집어 먹도록 주면 돼요.
* 아이주도 이유식을 처음 시작할 때는 식재료의 특징에 따라
  먹기 좋은 크기로 손질하고, 아기가 먹는 것을 관찰하며
  조금씩 입자를 키우세요.

* 입자가 커지면서 스스로 베어 먹거나 나눠 먹을 수 있게
  중간중간 개입해 알려주세요.
* 앞서 설명했듯이 아기는 얼마만큼의 음식을 한입에 넣을 수
  있는지 모르기 때문에 지나치게 많은 양으로 인해 구토를 하거나
  숨이 막힐 수 있어 지속적인 관찰과 교육이 필요해요.
  <u>아이주도식이라고 해서 뭐든지 아기의 재량으로 두는 게 아니라</u>
  <u>초반에는 스스로 잘 먹을 수 있게끔 알려주는 단계가 필요합니다.</u>

각 재료마다 먹을 수 있는 입자 크기가 다양해요

* 시기에 따라 입자가 커지기도 하지만, 종류에 따라 크기가 달라져야 해요.
* 생선은 비교적 큰 덩어리도 잘 먹지만,
  소고기는 조금만 커도 못 삼키는 경우가 종종 있어요.
* 부드러운 호박이나 감자는 큰 덩어리도 쉽게 베어 물지만,
  시금치나 나물 종류의 잎채소는 씹다 보면 질겨지기 때문에
  마지막에 뱉어내는 경우가 많아요.
* 블루베리는 1/2등분, 방울토마토는 1/4등분, 당근, 감자는 스틱 형태로, 브로콜리는
  콩알 크기만큼 등 식재료마다 식감과 질감이 달라 다양하게 준비해야 해요.

☑ 후기 이유식 식단, 이렇게 구성하세요!

✳ 후기부터는 하루 세 끼를 먹기 때문에 장 볼 것도 많아지고 준비해야 할 것도 많아집니다. 처음부터 세 끼 모두 완벽하게 차려 먹일 수는 없기 때문에 아기도, 그리고 엄마도 적응하는 시간이 필요해요.

✳ 아침은 중기 때와 마찬가지로 간단하게 조리할 수 있는 한 그릇 이유식을 먹이고, 점심은 토핑 이유식의 연장선상으로 식판식을 준비합니다.

✳ 저녁은 처음부터 식판식을 준비하게 되면 먹는 아기도, 만드는 엄마도 부담스러울 수 있으니 조금 든든한 한 그릇 이유식을 준비하되 차수를 넘어가며 점점 식판식의 비중이 늘어나도록 식단을 구성하는 것이 좋습니다.

✳ 죽이나 퓌레는 만들 때 2~3회 분량을 만들어 냉동 보관했다가 일주일에 한 번씩 먹을 수 있게 빈칸 채우기를 하다 보면 후기 식단은 생각보다 금방 완성됩니다.

✳ 매 끼니 다른 단백질을 먹이는 것이 좋기 때문에 식단을 짤 때 가장 먼저 어떤 단백질을 먹일 지를 정하고 나면 그 다음에 메뉴를 결정하는게 한결 쉬워집니다.

✳ 후기부터는 대량으로 만들어 냉동해 두었다가 데워 먹이면 되는 메뉴가 많기 때문에 식단을 짤 때 빙고를 채우듯 제일 먼저 쟁여템들이 골고루 분포되도록 구성하고, 중간중간 일주일에 1~2회씩 먹여야 하는 생선을 끼워넣도록 해요.

✳ 달걀 알레르기가 없는 경우에 달걀 역시 일주일에 1~2회가량 골고루 먹을 수 있도록 간격을 두어 채우고 나면, 나머지는 어떤 채소를 먹일지만 결정하면 됩니다.

✳ 후기부터는 반찬 중 하나는 아기 김치나 아기 피클 등 저장식 반찬을 활용할 수 있기 때문에 식단 구성을 좀 더 편하게 할 수 있습니다.

✳ 아이주도식 연습을 위해 하루에 한 끼는 아기가 스스로 먹을 수 있게 핑거푸드처럼 준비하거나, 엄마가 스푼에 떠서 놓아주면 가져가서 먹을 수 있게 해주세요.

✳ 가능하면 하루 한 번은 아이주도식을 진행하면 좋은데, 이 또한 엄마의 재량에 맞춰 첫 주에는 일주일에 2일, 두 끼만 아이주도식을 진행하고, 점차 횟수를 늘려가며 익숙해지는 시간을 갖는 것도 좋습니다.

후기 이유식 **60**일 식단(후기 1차 + 2차)

* 일부 메뉴는 영양 균형과 남는 재료 최소화를 위해
  레시피에서 일부 재료를 대체했어요.
  안내된 레시피 페이지를 확인했을 때 메뉴명이
  다르다면, 대체 재료를 확인해 만드세요.

* 무른밥(물의 양은 쌀의 2배)에서 시작해
  진밥(물의 양은 쌀의 1.2~1.5배 정도)으로
  입자를 조금씩 키워주세요.

* 밥에 현미나 기장, 보리, 귀리 등의 잡곡을 섞을 때는
  30% 내의 비율로 섞으세요.

* 토핑 만들기는 80~117쪽을 참고해 후기 입자 크기로
  만드세요.

* 초기, 중기편에 소개된 메뉴들도 모두 활용했으니,
  입자 크기를 키워 만들어주면 됩니다.

* 파란색은 생선이 들어간 식단입니다.
  주 1~2회로 구성했는데 알레르기가 있다면,
  다른 단백질 재료를 활용해 만들어주세요.

* 아이주도식을 연습하고 적응하는 시기입니다.
  아이주도식에 적합한 메뉴를 노란 박스로 표기
  했으니, 매일 한 번씩 시도해도 좋고, 일주일에 2~3회씩
  횟수를 늘려 돌 전에는 하루 3회를 모두
  아이주도식으로 먹일 수 있도록 시도해 보세요.

저자의 한 끗 다른 식단 포인트

"후기가 되면서 음식 가짓수는
많아졌지만, 일주일 동안 장 본 것들
내에서 다양하게 먹을 수 있도록 식단을
구성했습니다. 같은 식재료도 어떻게
조리하느냐에 따라 전혀 다른 맛과 식감을
낼 수 있기 때문에 메뉴가 다양하다고
겁먹지 마세요. 같은 식재료가 반복되기
때문에 오히려 미리 손질만 해놓는다면
준비하는 데 시간을 많이 절약할 수
있습니다. 한 주 한 주 지나며 저녁의 식판식
비중이 늘어나기 때문에 엄마도 음식을
만드는 데 수월하게 적응할 수 있고, 아기도
갑자기 늘어난 끼니 수에 부담을 느끼지
않고 점차 먹는 양을 늘려갈 수 있습니다."

[장보기 가이드]

* **장보기에는 주재료 위주로 적었으니, 각 레시피와**
  집에 남아있는 재료를 다시 한번 확인 후 장을 보세요.

* 집에 많이 갖고 있는 쌀, 오트밀, 밀가루 등과
  잡곡 재료는 표기하지 않았습니다.

* 당근, 감자, 무, 양파 등의 단단한 재료나
  가공 식품은 보관 기간이 길고 양이 많아
  처음 구매하는 시점만 적었습니다.

* 육류의 경우에는 한번에 소량 구매가 힘드니
  2주 분량을 구매한 후 냉동 보관해도 됩니다.

* 무염 냉동생선(이유식용)의 경우에는 배송비 절약을
  위해 두 달에 한번 구매할 것을 추천합니다.

1주차

😊 후기 1차의 시작!

횟수	1일	2일	3일	4일
아침 간단한 한 그릇 이유식	당근 치즈 오트밀죽(142쪽)	브로콜리 양송이수프(158쪽)	돼지고기 가지솥밥(216쪽)	크리미 치킨리소토(208쪽)
점심 토핑 활용 식판 이유식	무른 현미밥 돼지고기완자(234쪽) 무조림(448쪽) 가지 토핑	무른밥 닭고기 토핑 애호박 토핑 감자 양파조림(448쪽)	무른 현미밥 미트볼(232쪽) 양송이버섯볶음(456쪽) 양배추 토핑	달걀 채소 밥볼 (당근, 애호박 활용/220쪽) 브로콜리 토핑
저녁 든든한 한 그릇 이유식	소고기 채소죽 (양배추, 애호박 활용/164쪽)	가자미 바나나덮밥(212쪽)	닭고기 채소죽 (당근, 애호박 활용/134쪽)	소고기 채소죽 (양배추, 가지 활용/164쪽)

2주차

횟수	8일	9일	10일	11일
아침 간단한 한 그릇 이유식	소고기 채소죽 (미역, 팽이버섯 활용/164쪽)	닭고기 밥볼 (당근, 양송이버섯 활용/222쪽)	달걀 채소 밥볼 (브로콜리, 팽이버섯 활용/220쪽)	크리미 치킨리소토 (단호박 활용/208쪽)
점심 토핑 활용 식판 이유식	무른밥 돼지고기 토핑 브로콜리 토핑 양배추무침(435쪽)	무른 기장밥 돼지고기완자(234쪽) 시금치나물(504쪽) 단호박 토핑	무른 기장밥 소고기 감자스튜(172쪽) 애호박조림(445쪽) 토마토 토핑	무른 기장밥 돼지고기 토핑 당근 해쉬브라운(244쪽) 애호박 토핑
저녁 한 그릇 이유식 + 토핑이나 반찬	시금치 가자미리소토 (210쪽)	무른밥 소고기 토핑 감자 양파조림(448쪽)	닭고기 채소죽 (대추, 시금치 활용/132쪽)	무른밥 미트볼(232쪽) 아기 피클(464쪽)

3주차

횟수	15일	16일	17일	18일
아침 간단한 한 그릇 이유식	치즈 바나나 오트밀죽(144쪽)	소고기 채소죽 (무, 청경채 활용/164쪽)	미트볼 크림 오트밀죽(200쪽)	바나나 시금치 오믈렛(196쪽)
점심 토핑 활용 식판 이유식	무른 보리밥 돼지고기완자(234쪽) 감자샐러드(451쪽) 표고버섯 토핑	무른 보리밥 밥풀 떡갈비(236쪽) 애호박조림(445쪽) 당근 토핑	무른밥 생선 스틱 스테이크(246쪽) 청경채무침(436쪽) 표고버섯 토핑	무른 보리밥 닭고기완자(234쪽) 당근수프(150쪽)
저녁 든든한 한 그릇 또는 식판 이유식	무른밥 달걀찜(431쪽) 당근 양파조림(448쪽) 청경채 토핑	닭고기 밥볼 (감자, 표고버섯 활용/222쪽)	무른 보리밥 소고기 토핑 애호박조림(445쪽) 감자채볶음(450쪽)	소고기 애호박솥밥(214쪽)

	5일	6일	7일
	가자미 밥볼(224쪽)	소고기 가지 오트밀죽(140쪽)	바나나 달걀 오트밀찜(198쪽)
	무른 현미밥 돼지고기 토핑 감자 토핑 양배추무침(435쪽)	무른 현미밥 밥풀떡갈비(236쪽) 브로콜리 들깨무침(438쪽) 당근 토핑	무른밥 닭고기 토핑 양송이 토핑 애호박 양파볶음(442쪽)
	소고기 애호박솥밥(214쪽)	무른밥 청경채 치킨수프(204쪽)	닭고기 채소죽 (브로콜리, 가지 활용/132쪽)

주재료 장보기 ① 주차

단백질류 다진 소고기, 다진 돼지고기, 닭안심
가자미살, 아귀살, 동태살, 대구살, 새우살,
네모북어, 달걀, 아기용 치즈

채소류 양파, 마늘, 당근, 감자, 가지, 애호박,
양배추, 브로콜리, 양송이버섯

과일류 바나나

	12일	13일	14일
	찹쌀백숙(166쪽)	소고기 밥볼 (시금치, 양파 활용/222쪽)	단호박 배퓌레(146쪽)
	무른 기장밥 소고기완자(234쪽) 감자 단호박수프(150쪽) 시금치 토핑	무른 보리밥 닭고기완자(234쪽) 브로콜리무침(438쪽) 연근 토핑	무른 기장밥 소고기 토핑 토마토 토핑 감자 양파조림(448쪽)
	돼지고기 버섯죽 (양배추, 팽이버섯 활용/132쪽)	무른밥 팽이버섯 달걀수프(170쪽) 당근 토핑	가자미 미역죽(138쪽)

주재료 장보기 ② 주차

채소류 연근, 단호박, 시금치, 토마토, 팽이버섯

해조류 미역

곡류 기장

과일류 배, 대추

	19일	20일	21일
	두부 밥볼 (양파, 애호박 활용/220쪽)	당근 치즈 오트밀죽(142쪽)	소고기 감자솥밥(214쪽)
	무른 흑미밥 청경채 치킨수프(204쪽) 감자 토핑	무른밥 돼지고기완자(234쪽) 애호박채전(446쪽) 무 토핑	무른 흑미밥 굴림만두(230쪽) 감자 양파조림(448쪽) 애호박 토핑
	무른밥 소고기완자(234쪽) 표고버섯볶음(456쪽) 애호박 토핑	무른밥 닭고기 토핑 감자 토핑 당근나물(504쪽)	바나나 채소 생선찜(288쪽)

주재료 장보기 ③ 주차

단백질류 다진 소고기, 다진 돼지고기,
닭안심, 달걀, 두부, 아기용 치즈

채소류 무, 양파, 마늘, 당근, 감자, 애호박,
청경채, 표고버섯

곡류 보리, 흑미

과일 바나나, 귤

4주차

이제 진밥을 주세요!

횟수	22일	23일	24일	25일
아침 간단한 한 그릇 이유식	동태 무죽(168쪽)	라구소스 밥전 & 브로콜리 밥전(226쪽)	밥머핀(240쪽)	미트볼 크림 오트밀죽(200쪽)
점심 토핑 활용 식판 이유식	무른밥 치킨 미트볼(232쪽) 가지 초무침(453쪽) 브로콜리 줄기볶음(440쪽)	무른 흑미밥 돼지고기 토핑 토마토샐러드(459쪽) 애호박조림(445쪽)	소고기 밥볼 (당근, 시금치 활용/222쪽) 가지 치즈수프(152쪽)	진밥 무수분 토마토 닭찜(206쪽) 시금치나물(504쪽) 아기 김치(462쪽)
저녁 든든한 한 그릇 또는 식판 이유식	무른밥 소고기완자(234쪽) 시금치나물(504쪽) 채소수프(160쪽)	소고기 가지솥밥(216쪽)	무른밥 닭고기 토핑 느타리버섯나물(504쪽) 아기 김치(462쪽)	흑미 진밥 채소 오믈렛(176쪽) 브로콜리 들깨무침(438쪽)

5주차

후기 2차(248쪽)의 시작!

횟수	29일	30일	31일	32일
아침 간단한 한 그릇 이유식	크리미 치킨리소토 (브로콜리 활용/208쪽)	고기머핀(242쪽) 고구마수프(150쪽)	소고기 버섯죽(136쪽)	북어 배추솥밥(218쪽)
점심 토핑 활용 식판 이유식	진밥 생선 스틱 스테이크(246쪽) 파프리카채볶음(450쪽) 고구마 토핑	귀리 진밥 닭봉 감자조림(292쪽) 파프리카 감자채볶음 (450쪽)	진밥 밥풀 함박스테이크(238쪽) + 돈가스소스(422쪽) 브로콜리 토핑 아기 피클(464쪽)	귀리 진밥 갈비볼(274쪽) 팽이버섯볶음(456쪽) 브로콜리 초무침(439쪽)
저녁 든든한 한 그릇 또는 식판 이유식	진밥 밥풀 떡갈비(236쪽) 알배추 토핑 느타리버섯 토핑	진밥 미트볼(232쪽) 브로콜리 달걀전(441쪽) 오이 토핑	귀리 진밥 닭고기 토핑 무국(467쪽) 당근 양파조림(448쪽) 아기 김치(462쪽)	감자 피자만두(270쪽) 아기 피클(464쪽)

6주차

횟수	36일	37일	38일	39일
아침 간단한 한 그릇 이유식	밥머핀(240쪽)	시금치 가자미리소토(210쪽)	소고기 채소죽 (애호박, 새송이버섯 활용/164쪽)	닭고기 밥볼 (브로콜리, 파프리카 활용/222쪽)
점심 토핑 활용 식판 이유식	진밥 아기 소시지(282쪽) 북어 배추국(472쪽) 브로콜리 들깨무침(438쪽)	현미 진밥 돼지고기완자(234쪽) 파프리카 토핑 아기 김치(462쪽)	감자 피자만두(270쪽) 채소수프(160쪽) 브로콜리 초무침(439쪽)	현미 진밥 밥풀 떡갈비(236쪽) 애호박무침(435쪽) 아기 김치(462쪽)
저녁 든든한 한 그릇 또는 식판 이유식	진밥 돼지고기 토핑 새송이버섯볶음(456쪽) 감자 양념조림(449쪽)	진밥 닭고기 토핑 고구마 브로콜리조림(445쪽) 아기 피클(464쪽)	현미 진밥 닭고기완자(234쪽) 당근조림(448쪽) 아기 피클(464쪽)	진밥 돼지고기 토핑 알배추 토핑 새송이버섯나물(504쪽)

26일	27일	28일
시금치 가자미리소토(210쪽)	진밥 가지 치킨수프(204쪽)	땅콩버터 사과 오트밀죽(144쪽)
흑미 진밥 돼지고기완자(234쪽) 가지 옥수수전(455쪽) 아기 김치(462쪽)	흑미 진밥 밥풀 떡갈비(236쪽) 토마토샐러드(459쪽) 시금치나물(504쪽)	진밥 토마토 달걀볶음(174쪽) 브로콜리 초무침(439쪽) 아기 김치(462쪽)
소고기 밥볼 (브로콜리, 파프리카 활용/222쪽)	진밥 굴림만두(230쪽) 느타리버섯나물(504쪽)	흑미 진밥 닭고기 토핑 파프리카 토핑 옥수수 가지수프(150쪽)

33일	34일	35일
진밥 팽이버섯 달걀수프(170쪽)	소고기 밥볼 (당근, 팽이버섯, 김 활용/ 222쪽 참고)	오버나이트 오트밀(252쪽) 고구마 토핑
진밥 소고기 토핑 알배추무침(435쪽) 아기 김치(462쪽)	진밥 두부 치킨너겟(276쪽) 감자샐러드(451쪽) 브로콜리 토핑	진밥 미트볼(232쪽) 브로콜리 초무침(439쪽) 팽이버섯 토핑
귀리 진밥 갈비볼(274쪽) 감자 양념조림(449쪽) 무나물(504쪽)	진밥 동그랑땡(272쪽) 고구마채볶음(450쪽) 아기 김치(462쪽)	귀리 진밥 등갈비찜(294쪽) 채소 오븐구이(458쪽)

40일	41일	42일
채소 팬케이크(256쪽)	닭고기 채소죽 (새송이버섯, 파프리카 활용/132쪽)	브레드볼(264쪽)
현미 진밥 동그랑땡(272쪽) 아기 곰탕(시판) 시금치나물(504쪽)	진밥 굴림만두(230쪽) 애호박조림(445쪽) 아기 김치(462쪽)	현미 진밥 소고기 무국(470쪽) 감자 브로콜리조림(448쪽) 달걀말이(432쪽)
소고기 애호박솥밥(214쪽)	현미 진밥 가자미 감자조림(376쪽) 브로콜리무침(438쪽)	진밥 갈비볼(274쪽) 애호박채전(446쪽) 아기 피클(464쪽)

횟수	43일	44일	45일	46일
아침 간단한 한 그릇 이유식	찹쌀백숙(166쪽)	고기머핀(242쪽) 토마토 토핑	소고기 밥볼 (당근, 양송이버섯 활용/222쪽)	닭 국밥(260쪽)
점심 토핑 활용 식판 이유식	진밥 가지 보트피자(266쪽) 아기 피클(464쪽)	진밥 소보로 돼지 불고기(501쪽) 가지볶음(454쪽) 아기 김치(462쪽)	기장 진밥 두부 치킨너겟(276쪽) 애호박조림(445쪽) 아기 김치(462쪽)	기장 진밥 연두부 달걀국(468쪽) 감자 당근조림(448쪽) 아기 김치(462쪽)
저녁 든든한 한 그릇 또는 식판 이유식	귀리 진밥 돼지고기완자(234쪽) 소고기 무국(470쪽) 감자채전(446쪽) 아기 김치(462쪽)	기장 진밥 치킨 어묵볼(280쪽) 무국(467쪽) 애호박 양파볶음(442쪽)	진밥 미트볼(232쪽) 가지 초무침(453쪽) 브로콜리 줄기볶음(440쪽)	소고기 양배추솥밥 (214쪽)

횟수	50일	51일	52일	53일
아침 간단한 한 그릇 이유식	달걀 채소 밥볼 (표고버섯, 곤드레나물 활용/220쪽)	토마토 해물솥밥(262쪽)	미트볼 크림파스타(200쪽)	곤드레 새우리소토(210쪽)
점심 토핑 활용 식판 이유식	진밥 두부 치킨너겟(276쪽) 고구마 보트피자(266쪽) 아기 피클(464쪽)	보리 진밥 동그랑땡(272쪽) 비름나물무침(436쪽) 아기 김치(462쪽)	보리밥 밥풀 떡갈비(236쪽) 소고기 미역국(498쪽) 무조미 김	진밥 돼지고기 양파조림(448쪽) 고구마 옥수수전(455쪽) 아기 피클(464쪽)
저녁 든든한 한 그릇 또는 식판 이유식	진밥 등갈비찜(294쪽) 양송이버섯 토핑 아기 김치(462쪽)	진밥 닭고기완자(234쪽) 애호박국(467쪽) 가지무침(452쪽)	돼지고기 표고버섯솥밥(216쪽) 아기 김치(462쪽)	보리 진밥 갈비볼(274쪽) 브로콜리무침(438쪽) 아기 김치(462쪽)

횟수	57일	58일	59일	60일
아침 간단한 한 그릇 이유식	닭고기 밥볼 (비름나물, 당근 활용/222쪽)	토마토 달걀볶음밥(174쪽)	돼지고기 가지솥밥(216쪽)	해물 파운드케이크(290쪽)
점심 토핑 활용 식판 이유식	찰수수밥 요거트 가자미튀김(284쪽) 감자 토핑 토마토샐러드(459쪽)	진밥 소고기 표고버섯조림(448쪽) 브로콜리무침(438쪽) 아기 김치(462쪽)	진밥 감자라자냐(268쪽) 오이 초무침(439쪽)	흑미 진밥 돼지고기 토핑 아기 곰탕(시판) 가지볶음(454쪽) 아기 김치(462쪽)
저녁 든든한 한 그릇 또는 식판 이유식	찰수수 진밥 소고기구이 감자국(467쪽) 당근나물(504쪽) 아기 김치(462쪽)	흑미 진밥 닭고기완자(234쪽) 가지무침(452쪽) 당근 토핑 아기 김치(462쪽)	흑미 진밥 미트볼(232쪽) 토마토샐러드(459쪽) 아기 김치(462쪽)	진밥 닭고기 당근 우유조림(445쪽) 감자샐러드(451쪽) 아기 피클(464쪽)

47일	48일	49일
오버나이트 오트밀(252쪽)	동그랑땡 밥전 & 애호박 밥전(228쪽)	진밥 라구 달걀찜(254쪽)
기장 진밥 미트볼(232쪽) 양배추 양파볶음(442쪽) 아기 피클(464쪽)	모닝빵 소고기구이 감자 토핑 가지 치즈수프(152쪽) 아기 피클(464쪽)	기장 진밥 밥풀 함박스테이크(238쪽) 마늘 양송이수프(158쪽) 당근 토핑 아기 피클(464쪽)
진밥 소보루 불고기(501쪽) 양송이버섯볶음(456쪽) 가지 옥수수전(455쪽)	기장 진밥 닭봉 감자조림(292쪽) 양배추무침(435쪽) 아기 김치(462쪽)	진밥 아귀탕수(286쪽) 감자채볶음(450쪽) 아기 김치(462쪽)

주재료 장보기 **7** 주차

단백질류 다진 소고기, 다진 돼지고기, 닭안심, 삼계탕용 닭, 닭봉, 달걀, 연두부, 아기용 치즈

채소류 무, 마늘, 가지, 당근, 양파, 감자, 양배추, 양송이버섯

가공류 무첨가 옥조림 옥수수(31쪽)

54일	55일	56일
채소 달걀밥찜(202쪽)	블루베리 치즈 오트밀죽 (142쪽)	닭고기 채소죽 (표고버섯, 곤드레나물 활용/134쪽)
보리 진밥 소보루 불고기(501쪽) 곤드레나물볶음(437쪽) 아기 김치(462쪽)	라구소스(416쪽) 뿌린 진밥 감자샐러드(451쪽) 토마토샐러드(459쪽)	보리 진밥 아기 소시지(282쪽) 맑은 동태탕(473쪽) 고구마 토핑 아기 김치(462쪽)
모닝빵 감자 피자만두(270쪽) 아기 피클(464쪽)	소고기 김 밥볼(222쪽) 소고기 미역국(498쪽) 아기 김치(462쪽)	진밥 두부조림(445쪽) 브로콜리 들깨무침(438쪽) 아기 김치(462쪽)

주재료 장보기 **8** 주차

단백질류 등갈비, 두부

채소류 애호박, 고구마, 토마토, 브로콜리, 비름나물, 표고버섯

과일류 블루베리

가공류 동결건조 곤드레(30쪽), 모닝빵

주재료 장보기 **9** 주차

단백질류 다진 소고기, 다진 돼지고기, 닭안심

채소류 당근, 오이, 가지, 양파, 감자

☆
알아두세요

외출 시에는 엄마주도로 이유식해요
외출할 때는 아기가 어느 정도 성장한 이후가
아니라면 아이주도식은 거의 불가능해요.
가능하면 한 그릇으로 엄마가 먹이기 편한 음식을
준비하세요. 간혹 전자레인지 사용이 불가능한
곳이 있을 수 있으니, 집에서 보온이 가능한 죽통에
담아가면 아기에게 먹이기 훨씬 수월해요.

바나나 시금치 오믈렛

달걀과 바나나는 잘 어울리는 식재료 조합이에요. 달콤한 바나나를 더하면 싫어하는 채소도 맛있게
먹는답니다. 시금치가 듬뿍 들어가는 오믈렛은 특히나 영양가 있는 음식이라 아기에게 주기 좋은데요,
평소에 초록 채소를 싫어하는 아기라면 바나나를 넣어 시금치 특유의 풋내를 잡아주세요.

★ 아이주도식 연습하기 처음에는 숟가락으로 떠서 아기 앞에 놓아주고, 아기가 그 숟가락을 들고 먹게 해주세요.
숟가락질에 익숙해진 후에는 오믈렛이 담긴 내열 용기를 아기에게 주고 숟가락으로 떠먹을 수 있게 하세요.

 재료   🍼 1회분   🍲 25분   ❄️ 냉장 보관 1일

- 달걀 1개
- 분유물 2큰술(또는 우유)
- 바나나 1/2개
- 방울토마토 1개
- 시금치 20g
- 아기용 치즈 1장
- 무염버터 약간

① 시금치는 끓는 물에 넣어 1분간 데친다.
   찬물에 헹궈 꼭 짠 후 곱게 다진다.
   ★ 시금치는 수산이 있어 데쳐 사용해요.
   시금치 데친 물은 사용하지 말고 버려요.

② 방울토마토, 바나나는
   0.5cm 크기로 작게 깍둑썬다.

1 볼에 달걀, 분유물을 넣고
  잘 푼다.

2 바나나, 방울토마토, 시금치를
  넣는다.

3 치즈를 손으로 찢어 넣고
  섞는다.

4 내열 용기에 버터를 얇게
  바르고 2/3 지점까지 채운다.

5 160℃로 예열한 오븐
  (또는 에어프라이어)에서
  15~20분간 굽는다.
  ★ 간편하게 전자레인지에 넣고
  1분 → 1분 → 30초씩
  끊어 돌려 익혀도 좋아요.
  단 식감은 조금 달라진답니다.

알아두세요

아기 발달에 도움이 되는 식재료
단백질이 풍부한 달걀, 철분이
가득한 시금치, 칼륨과 비타민이
많은 바나나의 조합은 오믈렛 말고도
바나나 요거트 팬케이크(477쪽),
블루베리 클라푸티(494쪽) 등 다양한
요리에도 활용해 주세요. 아기 성장
발달에 매우 좋답니다.

바나나 달걀 오트밀찜

만들기도 간편하면서 영양도 풍부해 아침에 주기 좋고 보글보글 끓어 넘치는 치즈는 시각적으로도 자극이 돼요. 여기에 바나나와 치즈가 내는 달콤하고 고소한 향이 아기들을 설레게 하는 메뉴랍니다.

★ 아이주도식 연습하기 오트밀이 들어가 수저 끝에 묵직하게 묻어나기 때문에 처음에는 엄마가 수저에 알맞은 양을 떠서 앞에 놓아주면 아기가 입으로 가져가 먹는 연습을 하고 나중에는 스스로 할 수 있게 알려주세요.

재료　　 1회분　　 10분　　냉장 보관 1일

- 바나나 1개
- 브로콜리 10g
- 오트밀 24g
- 분유물 6큰술(또는 우유)
- 달걀 1개
- 아기용 치즈 1장

① 브로콜리는 끓는 물에 3분간 데친 후
　 작게 썬다.

② 바나나는 0.5cm 두께로 썬다.

1 내열 용기에 분유물,
　 오트밀을 넣고 섞는다.

2 바나나, 브로콜리를 올린다.

3 달걀을 올리고 치즈를 손으로
　 잘게 찢어 올린다.

4 이쑤시개로 노른자를
　 2~3회 찌른다.

5 뚜껑을 덮지 않고 그대로
　 전자레인지에 넣고
　 1분씩 2회 → 30초씩
　 2회씩 돌려 익힌다.

　 ★ 전자레인지를 사용한 요리는
　 속이 아주 뜨거운 경우가
　 많으니 꼭 식혀주세요.

응용하세요

아기용 토마토소스 더하기
일반적인 에그인헬처럼
아기용 토마토소스(418쪽) 1큰술을
과정 ①에서 더해도 됩니다.

24개월 이후에는 보다 진한 치즈를!
아기용 치즈 대신 모차렐라 치즈를
소량 활용해 보다 진한 풍미를 내도
좋습니다. 이때, 생모차렐라 위주의
저염 제품을 사용해요.

만 10개월 이후~

아이주도 이유식과 식사

미트볼 크림 오트밀죽

오트밀죽은 간단히 먹기 좋지만, 자칫 단백질이 부족할 수 있어요.
그래서 오트밀죽에 미트볼을 만들어 곁들이면 맛과 영양 모두 챙길 수 있답니다.

★ **아이주도식 연습하기** 후기에 만드는 한 그릇 요리는 아기가 도구를 사용하지 않더라도 지속해서
도구를 사용하게 유도하고, 어설픈 숟가락질에도 쉽게 먹을 수 있는 되직한 질감으로 만들면 좋아요.

재료 　😊 1회분　🍲 30분　❄️ 냉장 보관 3일(냉동 2주)

- 양송이버섯 40g
  (또는 다른 버섯)
- 오트밀 25g
- 분유물 100㎖
  (1/2컵, 또는 우유)
- 무염버터 5g

미트볼
- 다진 소고기 50g
- 다진 양파 20g
- 다진 마늘 1/2큰술
- 올리브유 1/2작은술

★ 오트밀 대신 삶은 파스타를 넣어 죽 대신 파스타로
만들어도 돼요. 파스타는 푸실리 등 쇼트 파스타를 쓰거나
스파게티면을 잘게 잘라서 만드세요.

200

양송이버섯은 밑동을 제거하고
껍질을 벗긴 후 곱게 다진다.

1 볼에 미트볼 재료를 넣고
반죽한다.

2 10등분해서 한입 크기로
빚는다. 180℃로 예열한
오븐(또는 에어프라이어)에
12분간 굽는다.

3 달군 냄비에 버터를 넣어
녹인 후 양송이버섯을 넣고
중간 불에서 5~7분간 버섯의
숨이 죽을 때까지 볶는다.

4 분유물, 오트밀을 넣고
중약 불에서 5~10분간
오트밀이 충분히 퍼질 때까지
끓인다.

5 그릇에 담고 ②의 미트볼을
올린다.

응용하세요

오븐 대신 팬으로 굽기
달군 팬에 현미유를 두르고
미트볼을 올린 후 중약 불에서
15분간 굴려가며 익혀요.

**미트볼을 넉넉히 만들어 냉동해서
다양하게 활용해요**
미트볼이나 완자는 대량으로 만들어
소분해 냉동 보관했다가,
죽이나 빵 등과 함께 먹이면
단백질을 보충할 수 있어 좋아요.

★ **미트볼 생반죽으로 냉동하기**
미트볼 반죽을 모양만 잡아 얼린 후
180℃로 예열한 오븐(또는
에어프라이어)에 12분간 구워요.

★ **구운 미트볼로 냉동하기**
완전히 익힌 미트볼을 냉동 보관한 후
자연 해동해 전자레인지에 30초~1분간
데워요.

채소 달걀밥찜

한 그릇 안에 채소와 밥, 단백질이 다 들어가서 든든하게 한 끼 식사로 먹기 좋아요.
고형식에 가까운 음식이지만, 푸딩 같은 식감이라 8개월 이후 아기들은 쉽게 먹을 수 있어요.

★ **아이주도식 연습하기** 아이주도 이유식을 시작하는 우리 아기 앞에 숟가락으로 조금씩 떠서 놓아주면,
아기가 그 숟가락을 들고 먹는데 고형식이라 흘리지 않고 잘 먹을 수 있어요. 외출용 이유식으로도 추천해요.

 재료 　　👶 2회분　　🍲 20분　　❄ 냉장 보관 2일

- 달걀 1개
- 당근 30g
- 표고버섯 10g(또는 애호박, 브로콜리)
- 채수 80㎖(2/5컵, 또는 분유물, 우유, 물)(29쪽)
- 밥 70g

① 당근은 강판에 곱게 갈아 물기를 꼭 짠다.

② 표고버섯은 곱게 다진다.

③ 볼에 달걀을 넣고 푼 후 체에 걸러
   알끈을 제거한다.

1 푸드프로세서에
  밥, 채수를 넣고 곱게 간다.

2 볼에 모든 재료를 넣고 섞는다.

3 내열 그릇에 2/3분량을
  담고 랩을 씌우거나
  뚜껑을 덮은 후 이쑤시개로
  구멍을 뚫는다.

4 냄비에 물을 자작하게 붓고
  끓으면 사진처럼 ③이 물에
  반쯤 잠기게 넣는다.
  뚜껑을 덮고 중간 불에서
  5분, 약한 불로 줄여 15분간
  중탕으로 익힌다.

☆
알아두세요

전자레인지로 익힐 때 주의할 점
중탕 대신 전자레인지로 익혀도 돼요.
이때 주의할 점은 1분 → 30초 →
30초 이렇게 세 번 나누어 익혀야
한다는 거예요.
한 번에 2분간 돌리면 달걀이 부풀며
식감이 거칠어지고 랩을 뚫고
사방으로 터져나갈 수 있어요.

아이주도 이유식의 연습과 시작

청경채 치킨수프

중식 느낌의 걸쭉한 수프예요. 담백한 채수로 만들면 닭고기 맛을 좀 더 선명하게 느낄 수 있고, 해물육수를 사용하면 중화풍의 별미로 먹을 수 있어요. 청경채는 활용이 어려운 채소 중 하나인데, 잎만 데쳐 곱게 다져 무침이나 밥볼에 넣어도 좋고, 수프로 끓여줘도 아기가 거부감 없이 잘 먹는답니다.

★ 아이주도식 연습하기 전분물로 걸쭉하게 만들어 보기에는 묽어 보이지만 아기가 수저로 떠먹기 쉬운 농도랍니다. 뜨겁지 않도록 완전히 식혀서 주세요.

재료　　😊 1회분　🍲 30분　❄️ 냉장 보관 1일

- 닭안심 30g(약 1쪽)
- 청경채 15g(또는 시금치, 가지)
- 당근 10g
- 전분 1작은술
- 전분물 1/2작은술
   (전분 1/2작은술 + 물 1/2작은술)
- 채수 100㎖(1/2컵, 29쪽)

① 닭안심은 근막과 힘줄을 제거한다.
   끓는 물에 5~10분간 삶아 한 김 식혀
   잘게 찢는다.

② 청경채는 밑국물용으로 밑동 부분을
   2~3cm 정도 썬다.

③ 청경채의 남은 줄기와 잎은 1cm 길이로 썬다.

④ 당근은 강판에 갈아 물기를 꼭 짠다.

1 당근을 동그랗게 빚어
  전분에 굴린다.

2 냄비에 채수, 청경채 밑동,
  닭안심을 넣고
  중간 불에서 끓인다.

3 끓어오르면 청경채 밑동을
  꺼내고 청경채 줄기와 잎,
  당근볼을 넣는다.
  모든 재료가 익을 때까지
  10분간 끓인다.

4 청경채잎이 부드럽게
  찢어질 정도로 익었는지
  확인한 후, 전분물을 넣고
  가볍게 섞어 살짝 걸쭉한
  농도가 나면 불을 끈다.
  ★ 청경채잎의 크기가 클 경우
  가위로 먹기 좋게 잘라요.

☆
알아두세요

청경채 밑동, 버리지 마세요
청경채를 이용한 다른 요리를 할 때도
청경채 밑동을 버리지 말고 국물 내는
데 사용하거나 식판에 데코용으로
사용하면 좋아요. 자른 단면이 마치
꽃잎처럼 예쁘거든요.

만 10개월 이후~

무수분 토마토 닭찜

오랜 시간 푹 익혀 부드럽게 먹을 수 있는 요리예요. 월계수잎이나 허브 종류는 의외로
어린 아기 때부터 사용이 가능한데 중, 후기 들어 밥태기가 올 때 허브를 활용한 요리를 해준다면
색다른 맛에 즐거움을 느낀답니다.

★ 아이주도식 연습하기 닭고기는 아기가 포크 사용을 익히기에 좋은 식재료예요. 소고기보다 부드럽게
꽂을 수 있고, 생선에 비해 살이 탄탄하고 결이 치밀해 아기의 서투른 포크질에도 쉽게 먹을 수 있답니다.

재료　　　😊 1~2회분　🍲 45분　❄️ 냉장 보관 3일

- 닭안심 50g(약 2쪽)
- 방울토마토 6개
- 양파 25g
- 당근 20g
- 통후추 2알
- 월계수잎 1장
- 올리브유 1작은술

① 닭안심은 근막과 힘줄을 제거한다.
끓는 물에 5~10분간 삶아 한 김 식혀
잘게 찢는다.

② 방울토마토는 꼭지 반대쪽에 열십(十)자로
칼집을 내서 끓는 물에 30초~1분간 데친 후
찬물에 헹궈 껍질을 벗긴다 .

③ 당근은 깍둑썰고, 양파는 채 썬다.

1 두꺼운 냄비에 모든 재료를
넣고 뚜껑을 덮는다.

★ 육수를 넉넉하게 만들고
싶으면 토마토를 더해요.

2 약한 불에 올려 20~30분간
양파가 녹고 당근이 뭉그러질
때까지 충분히 익힌다.

★ 무수분으로 조리하다가
수분이 너무 많이 증발한다면
물 1큰술을 추가로 넣어
끓여주세요.

3 그릇에 담고 포크로
당근을 으깬다.

★ 담기 전 월계수잎, 통후추를
제거해요.

☆
알아두세요

아기에게 허브를 경험하게 해주세요
처음으로 접하는 허브로 가장 좋은
것은 월계수잎과 넛맥, 바질이에요.
모두 잡내를 잡고 음식의 풍미를
좋게 하는 허브인데, 처음에는 아주
소량만 사용해 향이 코끝에 스치듯이
만들어주세요.

아이주도 이유식의 연습과 시작

크리미 치킨리소토

돌 이전에 아기가 부담 없이 먹을 수 있는 음식 중의 하나가 리소토예요. 부드러운 크림소스에
푹 퍼진 쌀알이 부드럽게 입안에서 으깨지면 씹을 필요 없이 금세 녹아 넘어가죠. 원래는 불린 쌀로
만드는데 아기 때문에 불 앞에 오래 있을 수 없어 저는 간단하게 밥으로 만들어요.

★ 아이주도식 연습하기 쌀의 점성으로 숟가락에 잘 붙어 있기에 엄마가 숟가락 위에 얹어주면 아기가 혼자
잘 먹을 수 있어요.

 재료   🍼 1회분   🍲 30분   ❄️ 냉장 보관 2일

- 밥 70g
- 닭안심 40g(약 2쪽)
- 양파 30g
- 당근 20g
  (또는 단호박, 브로콜리)

- 밀가루 1큰술
- 올리브유 2작은술
- 분유물 120㎖
  (3/5컵, 또는 우유)

★ 밥 대신 삶은 파스타를 넣어 죽 대신 파스타로
만들어도 돼요. 파스타는 푸실리 등 쇼트 파스타를 쓰거나
스파게티면을 잘게 잘라서 만드세요.

① 닭안심은 근막과 힘줄을 제거한 후
　아기가 먹기 좋은 크기로 작게 썬다.

② 양파, 당근은 다진다.

1　볼에 닭안심, 밀가루를 넣고
　버무린다.

2　달군 냄비에 올리브유를 두르고
　닭안심을 넣어 중간 불에서
　10~12분간 앞뒤로 뒤집어 가며
　노릇하게 굽는다.

3　양파, 당근을 넣고
　5~10분간 볶은 후
　분유물을 넣고 끓인다.

4　끓어오르면 밥을 넣고
　뚜껑을 덮은 후 약한 불에서
　10분간 밥알이 퍼질 때까지
　끓인다.

☆
응용하세요

죽으로 변형시키는 방법

아기용 리소토와 죽은 비슷한
방식으로 만들기 때문에 들어가는
육수 종류만 달리하면 죽으로
변형시킬 수 있어요.
분유물 대신 사골국물이나 채수를
활용해 죽으로 만들어보세요.
그날그날 냉장고에 있는 재료를
활용해 자유롭게 만들면 됩니다.

시금치 가자미리소토

생선을 이용한 시금치 리소토는 채소를 먹기 힘들어하는 아기들에게도 인기가 좋은 메뉴예요.

★ 아이주도식 연습하기 아기가 숟가락질 연습을 하기 좋은 메뉴 중 하나가 바로 리소토예요. 음식을 떴을 때 잘 붙어 쉽게 떨어지지 않기 때문에 숟가락에 떠서 앞에 놔주면 제법 잘 먹어요. 연습을 위해 수저 여러 개를 옆에 두고 한 수저씩 떠주세요. 스스로 푸는 것보다 입으로 무사히 가져가는 것도 기특한 시기랍니다.

[재료]　🍼 1회분　⏲ 25분　🍱 당일 섭취

- 밥 70g
- 냉동 순살 가자미살 50g(또는 새우, 닭안심)
- 시금치 15g(또는 청경채, 케일, 곤드레)
- 마늘 1개(또는 다진 마늘 1작은술)
- 무염버터 5g
- 분유물 80㎖(1/3~1/2컵, 또는 우유)
- 아기용 치즈 1/2장

① 가자미는 12시간 이상 냉장실에서
해동하거나 포장 그대로 찬물에 담가 해동한다.
흐르는 물에 씻은 후 키친타월로 감싸
물기를 제거한다.

② 시금치는 끓는 물에 넣고 1분간 데친 후
찬물에 헹궈 물기를 꼭 짜고 곱게 다진다.
★ 시금치는 수산이 있어 데쳐 사용해요.
시금치 데친 물은 사용하지 말고 버려요.

③ 마늘은 곱게 다진다.

1 푸드프로세서에 분유물,
시금치를 넣고 곱게 간다.

2 달군 팬에 버터를 넣어 녹이고
가자미를 넣고 중약 불에서
5~7분간 뒤집어 가며 구운 후
덜어둔다.

3 ②의 팬을 씻지 않고
마늘을 넣어 약한 불에서
3~5분간 볶는다.

4 밥을 넣고 중약 불에서 5분간
주걱을 세워 자르듯이 섞으며
볶는다.

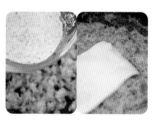

5 ①의 갈아둔 시금치를 넣고
끓어오르면 치즈를 넣어
섞는다.

6 ②의 가자미를 올리고
뚜껑을 덮어 약한 불에서
5분간 익힌다.

가자미 바나나덮밥

이유식에 많이 쓰이는 가자미와 아기들이 좋아하는 바나나를 더해 만들었어요. 식감이 부드럽고 고소해 생선과 친해질 수 있는 메뉴지요. 단백질이 풍부한 가자미, 식이섬유와 칼륨이 풍부한 바나나를 함께 먹으면 소화가 잘되면서 영양분도 충분하기 때문에 컨디션이 떨어진 아기들에게 특히 추천해요.

★ **아이주도식 연습하기** 처음에는 숟가락으로 떠서 아기 앞에 놓아주고, 아기가 그 숟가락을 들고 먹게 해주세요. 숟가락질에 익숙해진 후에는 그릇을 잡고 스스로 숟가락으로 떠먹을 수 있게 하세요.

재료   1회분 🍲 20분 ❄️ 당일 섭취 ──────────

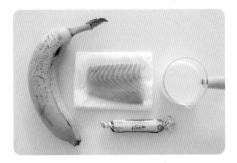

- 밥 60g
- 냉동 순살 가자미살 40g
- 바나나 1개
- 무염버터 5g
- 분유물 80㎖(약 1/3컵, 또는 우유)

① 바나나는 먹기 좋은 크기로 썬다.

② 가자미는 12시간 이상 냉장실에서
해동하거나 포장 그대로 찬물에 담가 해동한다.
흐르는 물에 씻은 후 키친타월로 감싸
물기를 제거한다.

1 달군 팬에 버터를 녹인 후
가자미를 넣어 중간 불에서
5~7분간 앞뒤로 노릇하게
굽는다.

2 익은 가자미를 주걱으로
잘게 으깨고 바나나를 넣어
5분간 볶는다.

3 분유물을 넣고
중간 불에서 끓인다.

4 끓어오르면 밥을 넣고
약한 불에서 5~10분간
되직해질 때까지 끓인다.

소고기 애호박솥밥

이유식에 소고기와 애호박은 빠질 수 없어요. 친숙하고 부담 없는 재료인데, 솥밥에도 잘 어울린답니다.
보통 솥밥은 쌀과 물의 비율이 1:1인데 후기 이유식에서는 1:2로 만들면 돼요. 이렇게 2배죽으로
솥밥을 만들면 밥알이 포슬하게 푹 익어 아기들이 아주 맛있게 먹어요.

★ 아이주도식 연습하기 어른이 먹기도 맛있으니 약간 넉넉하게 만들어 아기와 마주 앉아 함께 먹어보세요.
엄마의 먹는 모습을 아기가 잘 따라 한답니다. 자연스럽게 아이주도식을 배울 수 있는 좋은 기회가 됩니다.

| 재료 | 🐣 1회분 | 🍲 30분(+ 쌀 불리기 30분) | ❄️ 냉장 보관 3일 |

- 쌀 50g
- 다진 소고기 40g
- 애호박 30g(또는 가지, 양배추, 감자)
- 양파 20g
- 표고버섯 8g
- 마늘 1개(또는 다진 마늘 1작은술)
- 채수 120㎖(3/5컵, 29쪽)
- 현미유 1작은술(또는 아보카도유)

① 쌀은 씻어 30분간 불린 후
   체에 밭쳐 물기를 뺀다.

② 애호박, 양파, 표고버섯은
   0.5cm 두께로 채 썬 후 2cm 길이로 썬다.

③ 마늘은 곱게 다진다.

1 냄비에 현미유를 두르고
  다진 마늘을 넣어
  약한 불에서 3~5분간 마늘
  향이 날 정도로 볶는다.

2 애호박, 양파, 표고버섯을 넣고
  중약 불에서 5~10분간
  양파가 투명하게 익을 때까지
  볶는다.

3 소고기를 넣고 중약 불에서
  5분간 겉면이 익을 정도로
  볶는다.

4 불린 쌀을 넣고 중약 불에서
  10분간 쌀이 미색이 될 때까지
  볶는다.

알아두세요

애호박과 소고기의 궁합
애호박과 소고기를 주재료로
요리하는 걸 낯설어하는 분들이
많은데요, 이들은 맛과 영양면에서
매우 잘 어울리는 조합이랍니다.
부드러운 애호박찜에 소고기 토핑을
올리거나, 애호박과 소고기를
함께 볶아 반찬을 만들어주면
아기들이 아주 잘 먹지요.

5 채수를 넣고
  중간 불에서 끓인다.

6 끓어오르면 뚜껑을 덮고
  약한 불에서 15분간 익힌다.

돼지고기 가지솥밥

이유식 후기 단계부터 먹는 솥밥은 아주 무르게 지어야 해요. 2배죽에 가깝게 물을 맞춰
부드럽게 만들어주세요. 물을 많이 넣었기 때문에 바닥에 눌은밥이 누룽지처럼 딱딱하지 않고
약간 묵직하면서 맛이 진해 아기들이 참 좋아한답니다.

★ **아이주도식 연습하기** 아기가 잘 먹지 않는 재료도 솥밥으로 계속 노출해 주세요.
아이주도식에서는 아기가 먹지 않아도 강요하지 않고 지속적으로 자연스럽게 노출하는 것이 중요하답니다.

재료	🐷 2회분	⏲ 30분(+ 쌀 불리기 30분)	❄ 냉장 보관 3일

- 쌀 50g
- 다진 돼지고기 40g
  (또는 다진 소고기)
- 가지 40g(또는 표고버섯)
- 부추 약간(또는 쪽파)
- 현미유 약간
  (또는 아보카도유)
- 채수 100㎖(1/2컵, 29쪽)

밑간
- 발사믹식초 1/4작은술
- 참기름 1/4작은술
- 배도라지고 1/4작은술(30쪽)
- 다진 마늘 1/4작은술

① 쌀은 씻어 30분간 불린 후
　체에 밭쳐 물기를 뺀다.

② 가지는 0.5cm 크기로 작게 깍둑썬다.

③ 부추는 송송 썬다.

1　볼에 돼지고기, 밑간 재료를
　넣고 섞는다.

2　달군 냄비에 현미유를 두르고
　가지, ①을 넣고 중약 불에서
　5분간 고기 겉면이 익을 때까지
　볶는다.

3　불린 쌀을 넣고 중약 불에서
　10분간 쌀이 미색이
　될 때까지 볶는다.

4　채수를 넣고
　중간 불에서 끓인다.

알아두세요

돼지고기 누린내 잡는 부추

돼지고기가 들어가는 솥밥은
누린내가 살짝 날 수 있는데,
부추를 곁들이면 그 냄새가
깔끔하게 잡혀요. 부추는 아기가
처음 먹을 때 자칫하면 질기다고
느낄 수 있으니 곱게 송송 썰어
사용하는 게 좋습니다.

5　끓어오르면 부추를 올리고
　뚜껑을 덮는다.

6　약한 불에서 15분간 익힌다.

북어 배추솥밥

북어나 황태 등 건조 생선은 단백질 함량이 높고 감칠맛이 아주 풍부해요. 다만 건조되며
맛이 응축되어 있기 때문에 아기 입에는 조금 짤 수 있으니 물에 불려 짠맛을 빼고 사용해야 해요.
이 솥밥에는 물에 불려 부드럽게 풀린 북어를 볶아 넣어 비린내 없이 진한 고소함만 느낄 수 있어요.

★ 아이주도식 연습하기 엄마와 함께 먹으며 아이주도식을 자연스럽게 배울 수 있는 메뉴이니 넉넉히 만들어
아기와 함께 먹으면 좋아요. 이때 아기가 많이 흘린다고 중단하지 말고 끝까지 스스로 먹도록 지켜봐 주세요.

재료 　　　🐷 1회분　　🍲 30분(+ 쌀 불리기 30분)　　❄️ 냉장 보관 3일

- 쌀 50g
- 네모북어 5개(10g)
- 알배추잎 20g(또는 무)
- 표고버섯 1/4개
- 대파 약간
- 다진 마늘 1/4작은술
- 채수 100㎖(1/2컵, 29쪽)
- 현미유 약간(또는 아보카도유)
- 참기름 약간

① 북어는 물에 30분간 불린 후
물기를 꼭 짠다.

② 쌀은 씻어 30분간 불린 후
체에 밭쳐 물기를 뺀다.

③ 배추잎, 표고버섯은 0.5cm 크기로
작게 다지고 대파는 송송 썬다.

1 달군 냄비에 현미유를 두르고
알배추잎, 표고버섯, 다진
마늘을 넣어 중약 불에서
10분간 배추의 숨이 죽을
때까지 볶는다.

2 불린 북어를 넣고
중간 불에서 5분간
가볍게 볶는다.

3 불린 쌀을 넣고 10분간
쌀알이 미색이 될 때까지
볶다가 대파를 올린다.

4 채수를 넣고
중간 불에서 끓인다.

알아두세요

가시가 제거된 시판 북어 제품

북어나 황태도 집에서 포를 뜯고
가시를 바르려면 손이 많이 가서
번거롭지요. 시중에 판매되는
제품 중 가시가 제거된 것들이 있으니
활용해 보세요. 추천 제품으로는
'생선파는언니 네모북어'가 있어요.

5 끓어오르면 뚜껑을 덮고
약한 불에서 20분간 익힌다.

6 참기름을 넣고 골고루 섞는다.

달걀 채소 밥볼

밥볼은 손으로 쏙쏙 집어 먹기 좋아, 아기가 특히 잘 먹고 아이주도 이유식 메뉴로도 적합하지요.
아침에 입안이 까끌까끌해 잘 먹지 않는 아기도 달걀의 부드러운 식감 때문에 이 밥볼은
쉽게 먹을 수 있어요. 만드는 방법도 간단하니, 달걀로 만든 밥볼로 단백질을 든든하게 챙겨주세요.

★ 아이주도식 연습하기 손으로 집어 먹거나 숟가락으로 떠서 먹도록 해주세요.

재료 🍚 1회분 🍲 30분 🧊 냉장 보관 1일 ┈┈┈┈┈┈┈┈┈┈┈┈┈┈┈┈┈

- 밥 80g
- 달걀 1개(또는 으깨서 물기 짠 두부)
- 애호박 30g
- 무 조미 김 10×25cm 1장
- 현미유 약간(또는 아보카도유)
- 통깨 약간

★ 채소는 동량으로 다양하게 대체 가능해요.

① 볼에 달걀을 넣고 푼다.

② 애호박은 곱게 다진다.

③ 김은 작게 자른다.

1 달군 팬에 현미유를 두르고
애호박을 넣어 약한 불에서
10~15분간 수분을 날려가며
애호박이 완전히 익게 볶는다.

2 달걀물을 넣고
고무 주걱으로 살살 저어가며
익힌다.

3 볼에 ②와 밥, 김, 통깨를
손으로 으깨 넣고 섞는다.

4 아기가 먹기 좋게
한입 크기로 작게 빚는다.

☆
알아두세요

밥볼은 어른이 먹는 밥으로 만들어요
이 책에 소개된 모든 밥볼은
수분이 많은 채소들과 함께 뭉쳐
만들기 때문에 무른밥을 사용하게
되면 모양이 잡히지 않고 뭉그러져요.
어른들이 먹는 일반 밥을 사용해도
채소와 달걀의 수분으로 인해
부드럽고 촉촉하게 먹을 수 있어요.

소고기 밥볼

처음 아이주도식을 시작할 때 가장 많이 먹이는 소고기 밥볼이에요. 아기가 스스로 쥐어 입에 넣기
좋은 형태로 빚기 때문에 소근육 발달에도 좋아요. 처음에는 다양한 재료를 넣기보다 한두 개의 채소,
한 가지의 단백질 재료만 넣어 재료 고유의 맛을 느끼도록 하는 게 좋아요. 밥볼을 유아식화 하면
미니 주먹밥이 되는데 재료와 가염 여부의 차이만 있지 만드는 방법은 동일하답니다.

★ 아이주도식 연습하기 손으로 집어 먹거나 숟가락으로 떠서 먹도록 해주세요.

재료   1회분   15분   ❄ 냉장 보관 1일

- 밥 80g
- 다진 소고기 40g(또는 다진 닭안심)
- 브로콜리 30g
- 참기름 약간

★ 닭안심으로 대체해 닭고기 밥볼을 만들어도 돼요.
★ 채소는 동량으로 다양하게 대체 가능해요.
★ 무조미 김을 부수어 넣어도 좋아요.

브로콜리는 끓는 물에 3분 30초간
데친 후 곱게 다진다.

1 기름을 두르지 않은 팬에
소고기를 넣고 중약 불에서
5~7분간 볶아 완전히 익힌다.

2 볼에 모든 재료를 넣고
골고루 섞는다.

3 아기가 먹기 좋게
한입 크기로 작게 빚는다.

☆
응용하세요

채소는 다양하게 대체할 수 있어요
브로콜리 외에도 평소에 아기가
잘 먹지 않는 나물들을 데치고
곱게 다져 넣어보세요. 질긴 식감으로
인해 거부하던 나물도 의외로 잘
먹는답니다.

아이주도 이유식의 연습과 시작

가자미 밥볼

아이주도식을 시작할 때 쉽게 만들 수 있는 밥볼이에요. 냉장고에 남아 있는 재료를 활용해
만들 수 있지요. 아기가 먹기 편하게 한입 크기로 동글동글 빚어 먹기도 편하답니다.
가자미 밥볼은 가장 인기 있는 메뉴이기도 한데요, 뻑뻑하게 넘어가는 다른 육류 재료와 달리
생선살이 밥과 어우러져 거슬림 없이 먹을 수 있기 때문이랍니다.

★ 아이주도식 연습하기 손으로 집어 먹거나 숟가락으로 떠서 먹도록 해주세요.

[재료]   1회분   15분 ⊞ 냉장 보관 1일

- 밥 80g
- 냉동 순살 가자미살 50g
- 냉이 10g(또는 시금치)
- 들기름 1작은술
- 통깨 약간

★ 채소는 동량으로 다양하게 대체 가능해요.
★ 무조미 김을 부수어 넣어도 좋아요.

224

① 가자미는 12시간 이상 냉장실에서
해동하거나 포장 그대로 찬물에 담가
해동한다. 흐르는 물에 씻은 후
키친타월로 감싸 물기를 제거한다.

② 냉이는 뿌리 부분을 칼로 긁듯이 손질한다.
끓는 물에 1분간 데쳐 물기를 꼭 짠다.

 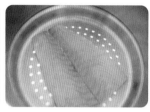

1 냉이는 곱게 다진다.

2 가자미는 김 오른 찜기에 넣고
7분간 찐다.

3 ②를 한 김 식혀 곱게 으깬다.
★ 따뜻한 상태에서
손으로 잘게 으깨며
혹시나 남아 있을 수 있는
가시를 완전히 제거해요.

4 볼에 모든 재료를 넣고
섞은 후 아기가 먹기 좋게
한입 크기로 작게 빚는다.
★ 깨는 넣기 직전 손으로
으깨 넣어야 더 고소해요.

☆
응용하세요

돌 이후에는 생선을 다양하게 활용해요
완료기 시기에는 가자미 대신
고등어나 삼치를 사용해 밥볼을
만들어주세요. 달군 팬에 현미유를
두르고 생선을 구운 후 껍질을
벗기고 살만 발라 으깨요.
각종 볶은 채소와 함께 밥볼을 만들면
처음 등푸른생선을 접할 때 생기는
거부감을 줄일 수 있어요.

아이주도 이유식의 연습과 시작

라구소스 밥전 & 브로콜리 밥전

밥전 위에 다양한 토핑을 얹어 구우면 영양 가득 먹기 좋은 아이주도식 메뉴가 완성돼요.
전날 남은 아기 반찬을 활용해도 좋고, 냉동실에 쟁여놨던 아기용 라구소스(416쪽)를 올려도 좋아요.
브로콜리도 함께 올려 구워주면 색감이 알록달록해서 예쁘고 영양적으로도 균형이 맞지요.
위에 올린 토핑은 달걀물이 접착제 역할을 해서 아기가 집어도 잘 떨어지지 않는답니다.

★ 아이주도식 연습하기 손으로 집어 먹거나 숟가락으로 떠서 먹도록 해주세요.

재료　　🍼 1회분　🍲 30분　❄️ 냉장 보관 3일 ┄┄┄┄┄┄┄┄┄┄┄┄┄┄┄

- 밥 80g
- 모둠 채소 30g(당근, 애호박 등)
- 브로콜리 20g(또는 시금치)
- 달걀 1개
- 아기용 라구소스 50g(416쪽)
- 현미유 약간(또는 아보카도유)

★ 브로콜리를 시금치로 대체할 때는
끓는 물에 1분 정도 데쳐서 활용해요.

① 모둠 채소는 곱게 다진다.

② 브로콜리는 찜기에 3분간 찐 후
아기 한입 크기로 작게 썬다.

③ 볼에 달걀을 넣고 푼다.

1 달군 팬에 현미유를 두르고
중약 불에서 5~10분간
모둠 채소 다진 것을 넣고
볶는다.

2 밥을 넣고 중간 불에서
5분간 볶아 볶음밥을 만든 후
한 김 식힌다.

3 볶음밥을 둥글넓적하게
모양을 잡아 달걀물을
입힌다.

4 달군 팬에 현미유를 두르고
③을 올린 후 윗면에 브로콜리,
라구소스를 조금씩 올린다.

5 뚜껑을 덮어 약한 불에서
5분간 두어 속까지 익힌다.

알아두세요

조금 번거롭지만 아이주도식이니깐!
달걀물에 모든 재료를 넣고 전으로
간단하게 부쳐도 되지만,
손이 조금 가더라도 아기 스스로
골라 먹을 수 있도록 토핑을 달리해
선택지를 주세요. 그게 아이주도식의
첫 걸음이랍니다.

227

동그랑땡 밥전 & 애호박 밥전

아기가 밥전을 쏙쏙 잘 집어 먹는다면 다양한 재료를 응용할 수 있어요. 간단하게 동그랑땡을 만들어 올리면 단백질과 지방을 골고루 섭취할 수 있어 더 좋지요. 구우면 달콤해지는 애호박도 밥전의 주요 토핑 중 하나랍니다. 아기가 좋아하는 다양한 재료들로 응용해 새로운 엄마표 밥전을 만들어보세요.

★ 아이주도식 연습하기 손으로 집어 먹거나 숟가락으로 떠서 먹도록 해주세요.

| 재료 | 🍼 1회분　　⏲ 30분　　❄ 냉장 보관 3일 |

- 밥 80g
- 다진 돼지고기 50g
- 다진 부추 5g(또는 쪽파)
- 애호박 30g
- 밀가루 1큰술
- 달걀 1개
- 현미유 약간(또는 아보카도유)

준비하기

① 애호박은 0.2cm 두께로 썬 후 4등분한다.
   전자레인지에서 30초간 돌려 살짝 익힌다.

② 볼에 다진 돼지고기, 부추를 넣고 치댄 후
   아기 한입 크기로 둥글넓적하게 빚는다.

③ 볼에 달걀을 넣고 푼다.

만들기

1 밥은 한 숟가락씩 뭉쳐 한입
  크기로 둥글넓적하게 빚는다.
  ★ 흑미밥으로 만들어도
  좋아요.

2 접시에 밀가루를 담고
  애호박에 골고루 묻힌다.

3 고기완자에도 밀가루를
  묻힌다.

4 밥 위에 고기완자, 애호박을
  올리고 달걀물을 입힌다.

5 달군 팬에 현미유를
  두른 후 ④를 올려
  중약 불에서 10~15분간
  앞뒤로 노릇하게 부친다.

6 뚜껑을 덮어 약한 불에서
  5분간 두어 속까지 익힌다.

229

굴림만두

동그랗게 빚은 만두소를 가루에 굴려 만드는 굴림만두는 만두피가 얇고 질기지 않아 아기도 편하게 먹을 수 있어요. 아기용 무염 곰탕에 넣어 만둣국을 끓여도 좋답니다. 만두피가 아주 얇고 하늘거려 면포에서 떼어낼 때 피가 찢어질 수 있으니 완전히 식혀 어느 정도 겉이 단단해진 후 떼어내세요.

★ 아이주도식 연습하기 손으로 집어 먹거나 숟가락으로 떠서 먹도록 해주세요.

| 재료 | 5회분 | 60분 | 냉장 보관 3일(냉동 2주) |

만두소
- 다진 돼지고기
  + 다진 소고기 130g
- 한 컵 두부 90g(1팩)
- 무 40g(또는 알배추)
- 다진 양파 20g
- 다진 당근 10g
- 다진 표고버섯 10g

- 다진 부추 10g
  (또는 쪽파, 세발나물)
- 다진 마늘 1작은술
- 참기름 2작은술
- 백후춧가루 약간(생략 가능)

만두피
- 찹쌀가루 1작은술(또는 전분)
- 밀가루 1큰술

① 두부는 면포에 넣고 으깨 물기를 꼭 짠다.

② 무는 강판에 갈아 물기를 꼭 짠 후
건더기 10g만 사용한다.

★ 무 대신 알배추를 사용할 때는
곱게 다져 물기를 꼭 짜서 사용해요.

1 볼에 만두소 재료를 모두
넣고 치댄다.

2 아기가 먹기 좋게 작은 크기로
동그랗게 빚어 쟁반에 둔다.

3 작은 볼에 만두피 재료를
넣고 섞은 후 ②의 위에
골고루 뿌린다. 쟁반을
흔들어 만두피를 입힌다.

4 가루가 잘 흡수되도록
실온에 10분간 둔다.
찜기에 면포를 깔고
김 오른 냄비에 올린다.

5 중간 불에서 15분, 약한 불로
줄여 5분간 익힌 후
완전히 식혀 면포에서 뗀다.

★ 남은 만두는 붙지 않게
냉동한 후 먹기 전에 김 오른
찜기에 넣어 5분간 찌거나
전자레인지에 넣고 1분간
돌려 완전히 데워 먹여요.

응용하세요

돌 이후에는 아기 깍두기 더하기
완료기에는 만두소에 잘 익은
아기 깍두기(462쪽)을 잘게 다져
넣으세요. 감칠맛이 더해져 아기가
더 잘 먹어요.

미트볼

아이주도 이유식의 정말 기본 레시피 중 하나예요. 빵가루 대신 오트밀을 넣어 만드는
아기 미트볼은 식감이 아주 촉촉하답니다. 그러다 보니 조금 더 신경 써서 빚어야 하지만,
처음 아이주도식을 시작하는 아기에게는 정말 별세계 맛이랍니다.

★ 아이주도식 연습하기 손으로 집어 먹거나 숟가락 또는 포크로 먹도록 해주세요.

재료 　　🍼 5회분 　　🍲 45분 　　❄️ 냉장 보관 3일(냉동 2주) ⋯⋯⋯⋯⋯⋯⋯⋯⋯⋯⋯⋯⋯⋯

- 다진 돼지고기 100g
- 다진 소고기 100g
- 양파 80g
- 양송이버섯 20g
- 마늘 2개
　(또는 다진 마늘 1큰술)

- 달걀 1개
- 오트밀 24g
- 아기용 치즈 1장
- 올리브유 1작은술

★ 소고기와 돼지고기 중 한 가지 고기로 만들어도 돼요.
다진 닭안심으로 대체해도 좋아요.

① 양파, 양송이버섯, 마늘은 곱게 다진다.

② 아기용 치즈는 전자레인지에서
20초간 돌려 녹인다.

1 볼에 달걀, 오트밀을 넣고
골고루 섞어둔다.

2 달군 팬에 올리브유를 두르고
양파, 양송이버섯, 마늘을 넣어
중약 불에서 10분간 볶아
한 김 식힌다.

3 ①의 볼에 올리브유를
제외한 모든 재료를 넣고
치대가며 섞는다.

4 아기가 먹기 좋게
작은 크기로 동그랗게 빚어
오븐 팬에 올린다.

☆
응용하세요

돌 이후에는 보다 풍미 강하게!
처음엔 식재료 본연의 맛을 살려
만든다면, 돌 지나 완료기부터는
파슬리나 오레가노 등의 향신료도
더하고, 조청이나 메이플 시럽 같은
당류를 넣어 단맛도 추가해 풍미가
더 풍성하게 만들어주어도 좋아요.

프라이팬에 굽기
중간 불로 달군 팬에 올리브유를
두르고 서로 붙지 않도록 올려
중약 불에 2~3회 굴려가며 굽다가
뚜껑을 덮어 약한 불에서 5분간
속까지 익혀요.

5 윗면에 올리브유(약간)를
살짝 바르고 180℃로 예열된
오븐(또는 에어프라이어)에서
7~10분간 굽는다.
★ 미트볼의 크기에 따라
굽는 시간을 가감해요.

돼지고기완자

돼지고기의 육향이 강한 완자예요. 쪽파를 넣어 특유의 누린내를 잡고, 수분이 많은 채소를 듬뿍 넣어
식감을 부드럽게 했어요. 여기에 두부를 넣어 빚으면 굴림만두가 되고 밀가루, 달걀물을 입혀 구우면
동그랑땡이 되어 활용도가 참 높답니다. 냉동실에 얼렸다가 필요할 때 반찬으로 데워주면 되니 넉넉하게
만들어 소분해 보관하세요.

★ 아이주도식 연습하기 손으로 집어 먹거나 숟가락 또는 포크로 먹도록 해주세요.

| 재료 | 4회분 | 45분 | 냉장 보관 3일(냉동 2주) |

- 다진 돼지고기 200g(또는 다진 소고기, 다진 닭안심)
- 콩나물 40g(또는 배추)
- 쪽파 10g
- 마늘 1개(또는 다진 마늘 1작은술)
- 참기름 2작은술
- 현미유 약간(또는 아보카도유)

① 콩나물은 대가리를 뗀 후 곱게 다진다.

② 쪽파는 송송 썬다.

③ 마늘은 곱게 다진다.

1 볼에 현미유를 제외한 모든
재료를 넣고 치대며 섞는다.

2 둥글넓적하게 완자를 빚는다.

3 중간 불로 달군 팬에
현미유를 두르고 서로 붙지
않도록 올려 중약 불로 줄여
10분간 앞뒤로 뒤집어 가며
노릇하게 굽는다.

★ 180℃로 예열한
오븐(또는 에어프라이어)에서
15분간 구워요. 미트볼의
크기에 따라 굽는 시간을
가감해요.

알아두세요

완자를 냉동하고 활용하는 두 가지 방법

1. 생반죽 그대로 소분해서 얼렸다면
냉장실로 옮겨 반나절 이상 해동해
상황에 맞춰 재료를 추가하거나
모양을 다양하게 빚어 다용도로
활용할 수 있어 좋아요.

2. 익혀서 냉동했다면
레시피대로 익힌 후 한 김 식혀 냉동하면,
해동 없이 전자레인지에 30~45초만
돌려 바로 아기에게 줄 수 있어 편해요.

오븐에 굽기
180℃로 예열한 오븐(또는
에어프라이어)에서 15분간 구워요.
미트볼의 크기에 따라 굽는 시간을
가감해요.

아이주도 이유식의 연습과 시작

밥풀 떡갈비

아기들은 한 번씩 밥을 먹지 않는 순간이 와요. 엄마가 힘들어지는 밥태기 때 만들게 된 메뉴랍니다.
떡갈비에 밀가루나 쌀가루 대신 밥을 갈아 넣어 더 부드럽게 만들었어요. 밥의 입자를 조절하는 것으로
다양한 식감을 낼 수 있으니, 팁을 참고해 아기 단계에 맞춰 밥알 크기를 조절하세요.
곁들임으로 메추리알을 올려 내면 더욱 먹음직스럽답니다.

★ 아이주도식 연습하기 손으로 집어 먹거나 숟가락 또는 포크로 먹도록 해주세요.

 재료　　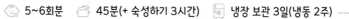 🍼 5~6회분　🍲 45분(+ 숙성하기 3시간)　🧊 냉장 보관 3일(냉동 2주)

- 다진 소고기 150g
- 다진 돼지고기 150g
- 밥 100g
- 양파 100g
- 마늘 4개
  (또는 다진 마늘 2큰술)
- 표고버섯 1개
- 배도라지고 1큰술(30쪽)
- 참기름 2작은술
- 조청 2작은술
- 현미유 약간

양파는 채 썬다.

1 달군 팬에 현미유를 두르고
양파를 넣어 중약 불에서
10~15분간 갈색이 되도록
볶은 후 한 김 식힌다.

2 푸드프로세서에 마늘을 넣어
먼저 간 후 현미유를 제외한
모든 재료를 넣고 곱게 간다.

★ 밥의 입자를 크게 하려면
제일 마지막에 넣어 조금씩
끊어 갈아주세요.

3 ②의 반죽은 냉장실에 넣어
3시간 이상 숙성한다.

★ 고기의 수분이 밥에 배어
되직해지고 단맛이 생겨요.

4 반죽을 11등분한 후
둥글넓적하게 빚어
오븐 팬에 올린다.

응용하세요

돌 이후에는 식감을 이렇게!
후기에는 밥알이 보이지 않을 정도로
곱게 갈아주다가, 완료기에는
밥알이 반쯤 보이게 갈아주세요.
완료기 이후 유아식으로 넘어가면
귀리밥이나 보리밥을 이용해
밥알이 완전히 살아 있게 만들어주면
톡톡 터지는 식감을 느낄 수 있어
아기들이 좋아해요.

팬으로 구워도 좋아요
중간 불로 달군 팬에 현미유를 두르고
서로 붙지 않도록 올려 중약 불로
줄여 10분간 앞뒤로 뒤집어 가며
노릇하게 굽는다.

5 윗면에 현미유를 바르고
180℃로 예열한 오븐
(또는 에어프라이어)에서
12분간 굽는다.
굽는 중간에 한 번 뒤집는다.

밥풀 함박스테이크

밥풀 떡갈비처럼 밥을 넣어 만드는 함박스테이크예요. 두툼하게 빚어 오븐에 구워주는데
아기용 돈가스소스(422쪽)를 얹어주면 경양식 느낌으로 차려줄 수 있어요.
한번 만들 때 넉넉히 만들어 얼려두면 요긴하게 사용할 수 있는 메뉴랍니다.

★ 아이주도식 연습하기 손으로 집어 먹거나 숟가락 또는 포크로 먹도록 해주세요. 아기가 먹기 좋게
작은 크기로 썰어 담아줘도 좋아요.

| 재료 | 👶 3회분 | 🍳 45분 | ❄️ 냉장 보관 3일(냉동 2주) |

- 다진 소고기 70g
- 다진 돼지고기 70g
- 밥 50g
- 양파 50g
- 마늘 2개(또는 다진 마늘 1큰술)
- 토마토퓌레 1큰술
- 조청 1/2큰술
- 올리브유 약간

양파, 마늘은 곱게 다진다.

1 달군 팬에 올리브유를 두르고 양파, 마늘을 넣어 중약 불에서 10~15분간 볶은 후 한 김 식힌다.

2 푸드프로세서에 올리브유를 제외한 모든 재료를 넣고 밥알이 보이지 않도록 간다.

★ 밥알이 보이지 않을 정도로 곱게 갈고, 완료기에는 밥알이 반쯤 보이게 갈아요.

3 여러 번 치대 찰기를 더하고 3등분한 후 둥글넓적하게 빚어 오븐 팬에 올린다.

4 윗면에 올리브유 약간을 바르고 180℃로 예열한 오븐 (또는 에어프라이어)에서 18분간 굽는다. 굽는 중간에 한 번 뒤집는다.

☆
응용하세요

팬으로 구워도 좋아요

팬에 올리브유를 두르고 중간 불로 달궈요. 반죽을 올린 후 중약 불로 줄여 뚜껑을 닫고 5분간 구워요. 한 번 뒤집은 후 물 2큰술을 넣고 약한 불로 줄여 뚜껑을 닫고 10분간 속까지 익혀요. 이렇게 구우면 타지 않고 촉촉하게 구울 수 있어요.

밥머핀

자투리 채소를 활용해 간단하게 만들어 먹이기 좋은 메뉴예요. 오븐에 구우면 겉이 말라 식감이 푸석해지기 때문에 먼저 재료를 볶은 후 접착제 역할을 하는 달걀노른자를 더해 전자레인지에서 익혔어요. 들어가는 재료에 따라 맛이 천차만별로 달라지니 다양하게 응용해 보세요.

★ 아이주도식 연습하기 손으로 집어 먹거나 숟가락으로 떠서 먹도록 해주세요.

재료   2회분   20분   冷 냉장 보관 3일

- 밥 160g
- 다진 소고기 60g
- 자투리 채소 50g
  (시금치, 양파 등)
- 달걀노른자 1개분
- 참기름 1작은술
- 현미유 약간
  (또는 아보카도유)

밑간
- 발사믹식초 1/4작은술
- 조청 1/2작은술

① 볼에 소고기, 밑간 재료를 넣고
섞은 후 5~10분간 재운다.

② 자투리 채소는 곱게 다진다.

③ 실리콘 머핀 틀에 현미유(약간)를
얇게 바른다.

1 달군 팬에 현미유를 두르고
다진 채소를 넣어 중간
불에서 10~15분간 채소가
익을 때까지 볶는다.

2 소고기를 넣고 중간 불에서
5분간 완전히 익을 때까지
볶는다.

3 볼에 밥, ②, 노른자, 참기름을
넣고 섞는다.

4 실리콘 머핀 틀에 넣고
전자레인지에서 2분간 돌려
익힌다.
★ 실리콘 머핀 틀이 없다면
작은 사이즈의 내열 용기를
사용해도 좋아요.

☆
알아두세요

밥머핀, 채소를 맛있게 먹이는 좋은 방법
아기가 잘 먹지 않는 채소도 밥머핀에
넣어주면 편식 없이 아주 잘 먹어요.
먹기 힘들어하던 나물이나 녹황색
채소도 밥머핀으로 만들면 질겅이지
않고 잘 삼킬 수 있어요.
채소 반찬을 전날 좀 넉넉하게 만들어
다음 날 아침에 밥머핀을 만들면
손쉽게 아침 이유식을 준비할 수 있고
아기도 잘 먹는답니다.

고기머핀

미트파이보다 먹기 편한 느낌의 고기머핀이에요. 피자와 고기 굽는 냄새가 함께 나기 때문에
오븐이 돌아가기 시작하면 보채고 있는 아기를 볼 수 있어요. 머핀이기 때문에
아이주도 이유식을 하는 아기가 들고 먹기도 편하고, 밖에서 간단한 도시락으로 먹기에도 좋아요.

★ 아이주도식 연습하기 손으로 집어 먹거나 숟가락 또는 포크로 먹도록 해주세요.

재료   🐷 2회분   🍲 30분   ❄ 냉장 보관 2일(냉동 2주)

- 다진 소고기 60g
- 양파 100g
- 토마토퓌레 2큰술
- 박력분 100g
- 베이킹파우더 1/2작은술
- 달걀 1개
- 조청 1작은술
- 아기용 치즈 1장

- 분말 페스토 1개(또는
  파슬리, 생략 가능, 30쪽)
- 올리브유 약간

① 양파는 곱게 다진다.

② 박력분에 베이킹파우더를 넣고 섞은 후 체 친다.

③ 분말 페스토는 곱게 부순다.

④ 머핀 틀에 올리브유 약간을 바른다.

1 달군 팬에 올리브유를
두른 후 다진 양파를 넣고
중약 불에서 10분간 양파가
완전히 익을 때까지 볶는다.

2 소고기, 토마토퓌레를 넣고
중간 불에서 5~7분간 볶는다.

3 큰 볼에 달걀, 조청을 넣고
푼다. 체 친 가루류, ②, 분말
페스토, 작게 썬 치즈를
올린다.

4 주걱으로 11자를
그어가며 섞는다.

5 머핀 틀에 70% 정도 반죽을
담는다. 180℃로 예열한
오븐에서 12~14분간 굽는다.

알아두세요

너무 오래 굽지 마세요

고기를 미리 다 익혀 넣기 때문에
오븐에서 너무 오래 굽지 않아도 돼요.
장시간 구울 경우 고기가 말라 아기가
먹기 힘든 식감이 될 수 있어요.

당근 해시브라운

감자에 당근을 넣어 더 부드럽게 만든 해시브라운이에요. 아주 가끔 아기에게 고소한 튀김요리도
해주곤 하는데요, 이때 편식하는 채소를 더해주면 잘 먹일 수 있답니다. 향이 강한 당근은 담백한
감자와 궁합이 잘 맞는데, 당근을 미리 익혀 넣기 때문에 앞니만 난 아기들도 쉽게 먹을 수 있어요.

★ 아이주도식 연습하기 들고 먹기 편하게 아기 손바닥보다 작은 크기로 빚었는데, 스틱으로 만들거나 작은 볼로
만들어도 돼요. 손으로 집어 먹거나 숟가락 또는 포크로 먹도록 해주세요.

재료   4회분   30분   냉장 보관 3일(냉동 4주)

- 감자 200g
- 당근 40g(또는 시금치)
- 전분 1큰술
- 백후춧가루 약간(생략 가능)
- 현미유 적당량(또는 아보카도유)

① 감자는 껍질을 벗겨 한입 크기로 썬다.

② 당근은 곱게 채 썬다.

1 당근에 물 1작은술을 넣고 전자레인지에서 1분간 돌려 익힌다 .

2 끓는 물에 감자를 넣고 중간 불에서 15분간 속까지 완전히 익힌다.

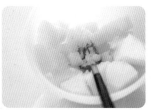

3 볼에 삶은 감자를 넣고 포크로 으깬다.

4 ①, 전분, 백후춧가루를 넣고 섞는다.

응용하세요

다양한 재료로 만들어주세요
당근 대신 땅콩호박이나 단호박을 채 썰어 과정 ①과 동일하게 익혀 넣거나, 끓는 물에 3분간 데친 브로콜리, 곤드레를 사용해 만들어보세요.

돌 이후에는 이렇게 주세요
아침에 미트볼이나 베이크드빈스 같이 단백질을 채워줄 수 있는 음식과 함께 먹거나, 모닝빵 사이에 고기 패티와 함께 넣어 작은 미니 햄버거를 만들어도 좋아요.

5 둥글 넓적하게 모양을 잡아가며 빚는다.

6 팬에 현미유를 넣고 끓인 후 ⑤를 넣고 중간 불에서 앞뒤로 뒤집어 가며 노릇하게 튀긴다.
★ 겉면에 현미유를 발라 170℃의 에어프라이어에 15분간 익혀도 좋아요.

만
10개월
이후~

아이주도 이유식의 연습과 시작

생선 스틱 스테이크와 귤소스

제철에 잘 익은 귤이나 오렌지는 상큼하고 달콤해 생선의 비린내는 잡고 신맛 없이 달큰함을 줘요.
레몬은 산 성분이 강해 신 걸 못 먹는 아기들이 거부하곤 하는데, 귤과 오렌지는 조금 더 쉽게
접근이 가능하지요.

★ 아이주도식 연습하기 보통 생선은 손바닥 크기의 덩어리로 판매하는데, 아기가 잡고 먹기 편하도록
스틱 모양으로 잘라 만들면 아이주도식을 더 쉽게 진행할 수 있어요. 손으로 집어 먹거나 포크로 먹도록 해주세요.

 재료 🐷 1회분 🍲 15분 🧊 당일 섭취

• 냉동 순살 광어살 50g(또는 임연수어)
• 귤 1/2개 + 약간(또는 오렌지)
• 올리브유 1/2작은술
• 무염버터 2g

광어는 냉장실에서 해동하거나 포장 그대로
찬물에 담가 살짝 얼어 있는 정도로 해동한다.
흐르는 물에 씻은 후 키친타월로 감싸
물기를 제거하고 1.5cm 두께로 썬다.

1　중약 불로 달군 팬에
　올리브유를 두르고
　광어의 껍질이 아래로
　가도록 올린다.

2　단면의 1/2부분까지
　하얗게 익으면 귤을 짜
　즙을 뿌린다.

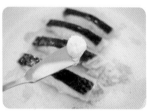 

3　생선 살이 으스러지지
　않도록 뒤집고
　버터를 넣어 녹인다.

4　팬에 있는 소스를 생선 살에
　끼얹으며 구운 후 슬라이스한
　귤을 같이 곁들인다.

☆
알아두세요

스틱 형태의 생선 만들기
생선을 완전히 해동해 자르면 살이
부서지니, 살짝 얼어 있을 때 길게
자른 후 상온에 5~10분가량 두면
완전히 해동이 돼요. 모양을 깔끔하게
잘라 구우면 아기가 들고 먹기 편한
스틱 형태로 만들 수 있어요.

후기 이유식의 완성,

본격적으로 아이주도 이유식 시작하기

☑ 후기 2차 이유식 / 만 11개월(약 330일 이후)

하루 3끼가 조금은 익숙해진 시기예요. 아기는 이제 먹는 행위에 많이
익숙해진 만큼 다양한 음식으로 구성된 식단도 곧잘 먹을 수 있어요.
활동량이 늘어나면서 식사의 양이 조금씩 늘어나는 게 보이고 돌을 맞아
수유량을 점차 줄이는 시기이기도 해요. 첨가되는 재료가 많아지며
한 끼에 먹는 음식 가짓수도 늘어나요. 진짜 밥과 반찬인거죠. 레시피도
무침이나 조림에서 볶음이나 구이, 전이나 말이 등 식단 구성이 훨씬
다채로워질 거예요. 하지만 이 시기 역시 3끼 모두 아이주도일 필요는
없어요. 아기도 엄마도 편하고 즐거운 이유식을 위해 앞으로 나아가세요.

방식	**1회 한 그릇 이유식 + 2회 아이주도 이유식(또는 3회 모두 아이주도 이유식)**
	★ 토핑 이유식은 80~117쪽의 후기 입자 사이즈를 참고해 준비하세요. 토핑은 그대로 주거나 반찬처럼 만들어 식판에 담아줘요. 426~473쪽, 498~505쪽의 반찬과 국도 활용하세요. ★ 한 그릇 이유식은 중기, 후기(1차), 이번 챕터를 활용해 준비하세요. ★ 아이주도 이유식은 후기(1차)와 이번 챕터를 활용해 준비하세요. ★ 간식은 하루 1~2회 정도 474~495쪽을 참고해 준비하세요.
횟수와 분량	**1일 3회 / 회당 120~170g**
수유	**모유나 분유 1일 1~2회** **1회 210~250㎖ / 총 500㎖**

☑ 스스로 먹는 아이주도성과 씹는 능력을 키우는 후기 이유식(2차)

이제 '아이주도식'의 비중을 늘리세요

* 하루 한 끼에서 두 끼로 아이주도식의 비중을 자연스럽게 늘려 스스로 먹는 것에 익숙해지도록 해주세요.
* 빠른 아기들은 이때부터 완전히 밥을 먹기 시작하기도 해요.
* 송곳니까지 난 아기들은 푹 익혀 부드러워진 덩어리 고기를 스스로 잡고 뜯어 먹을 수 있지만, 대부분의 아기들은 여전히 다짐육으로 만든 식감을 선호하는 경향이 있어요.
* 이 시기에는 식재료의 호불호가 뚜렷하게 나타나기도 해요. 그전에는 앞에 놓아둔 음식을 탐색하면서 먹는 것에 가까웠다면 돌쯤 돼서는 전에 먹었던 음식의 맛을 기억해 더 달라거나 치우라는 신호를 보냅니다. 보통은 입 밖으로 뱉어내거나 음식을 집어던지는데, 이럴 때는 화를 내기보다는 부드럽고 단호하게 제지해야 해요. 먹기 싫은 음식은 그냥 자리에 두되 음식을 가지고 장난치거나 던지면 안 된다는 것을 서서히 알려줘야 합니다.

씹는 능력을 키워주세요

* 아기의 저작 능력(씹는 능력)을 키워주기 위해 고기 요리를 시도해 보세요. 국이나 찜 등 오래 끓여 부드럽게 으스러지는 정도의 식감이 좋아요.
* 처음엔 팥알 만한 크기로 잘게 잘라준다면 나중엔 콩알만 한 크기의 덩어리육을 먹는 걸 연습해야 해요.
* 일주일에 한두 번 정도, 지속적인 연습을 통해 아기가 어떤 입자의 음식이든 잘 먹을 수 있도록 도와줘야 합니다.

과일은 최대한 늦게 주기, 아기에게 과일을 주는 방법과 주의점

＊ 과일 섭취를 미뤘다면 거의 5~6개월 간의 이유식 과정에
　대부분의 채소 섭취를 마쳤기 때문에 약간의 과일을 후식이나
　간식의 개념으로 주는 것도 좋아요.

＊ 이른 개월 수에 과일을 먹기 시작하면 다른 음식을 잘 먹지 않는 경우도
　있기에 가능하면 과일은 가장 나중에 주는 게 좋습니다. 후기 이전에
　아기의 변비 등의 이유로 소량의 과일을 주는 것은 괜찮아요.

＊ 첫 과일로는 바나나가 적합한데, 잘 익은 바나나는 변비에 도움이 돼요.

＊ 딸기나 귤 등의 새콤한 맛이 강한 과일은 산 성분으로 인해
　입 주변이 발갛게 달아오르는 트러블이 생기거나 위통이 생길 수
　있으니 적정량만 먹을 수 있게 제한하는 게 좋아요. 아기가 잘 먹고
　좋아한다고 마음 약해지지 마시고, 아기 손바닥 반 개만큼만 주세요.
　의외로 과일이 목에 걸리는 경우가 많으니 반드시 먹기 좋은 크기로 주고,
　식사에 집중하기 위해 식전에는 주지 마세요.

돌을 앞두고 폭발적인 성장기, 영양 더 꼼꼼히 챙기세요

＊ 돌까지는 폭발적인 성장기이기 때문에 발달에 필요한 철분과 단백질은
　반드시 최소한의 필수 섭취량 이상을 먹을 수 있게 준비해 주세요.

＊ 단백질원은 다양한 식품군을 통해 섭취해야 하고, 곡물은 잡곡이나
　통밀 등 정제되지 않은 곡물이 포함되도록 식단을 짜주세요.

＊ 두뇌 발달을 위해 지나치게 지방을 제한하지 말아야 하고,
　분유(혹은 모유)량이 줄어듦에 따라 별도로 수분 섭취를 할 수 있게
　해야 합니다.

오버나이트 오트밀

전날 만들어 다음 날 먹는 오버나이트 오트밀은 들어가는 재료에 따라 다양한 맛을 내요.
이 레시피는 기본적인 레시피로 각종 과일을 더하거나 고구마나 단호박 등을 익혀 추가로 더하면
더 든든하게 만들 수 있어요. 천천히 수분을 흡수한 오트밀은 부드럽고 촉촉한 식감을 내요.
뜨겁게 먹는 오트밀죽과는 다른 산뜻하고 가벼운 느낌이랍니다.

재료   1회분   5분(+ 오트밀 불리기 5시간 이상)   냉장 보관 2일 ‥‥‥‥‥‥‥

- 포리지용 오트밀 24g
- 분유물 4큰술(또는 우유)
- 아기용 떠먹는
  플레인 요구르트 85g
- 바나나 1/2개
- 조청 1작은술

토핑(생략 가능)
- 블루베리 약간
  (또는 다른 제철 과일)
- 오트밀 약간
- 시나몬파우더 약간

★ 토핑으로 찐 고구마나 단호박도 어울려요.
토핑 없이 먹어도 좋아요.

바나나는 사방 0.5cm 크기로 깍둑썬다.

1 그릇에 오트밀, 분유물,
  플레인 요구르트, 바나나,
  조청을 넣는다.

2 ①을 골고루 섞은 후
  뚜껑을 덮고 냉장실에
  12시간 동안 넣어두어
  오트밀을 충분히 불린다.

3 먹기 전 전자레인지에
  30초간 돌려 차가운 기를
  뺀 후 토핑 재료를 올린다.

☆
알아두세요

오트밀은 용도에 따라 사용해요
오트밀은 '포리지용' 오트밀을
사용하세요. 토핑 이유식에서
사용하는 '오트브란'은 입자가 곱기
때문에 오버나이트 오트밀로 만들면
너무 미음처럼 풀어져 버려요.
후기부터는 오트밀도 조금 입자가
큰 포리지용 오트밀이나 퀵 오트밀,
완료기부터는 점보 오트밀을
사용하는 게 좋아요.

만
11개월
이후~

편식 아이주는 더 이유식

라구 달걀찜

아기용 라구소스 위에 올라간 촉촉한 달걀찜이 오묘한 조화를 이루어 아기가 참 좋아하는
가벼운 이유식이에요. 외출할 때 밥 조금과 라구 달걀찜 하나만 들고 가도 마음이 든든하답니다.
좀 더 큰 전자레인지 용기가 있다면, 맨 아래 밥을 깔고 만들어보세요. 한 끼 식사로 충분해요.

| 재료 | 2회분 | 30분 | 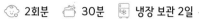 냉장 보관 2일 |

- 다진 소고기 40g
- 아기용 토마토소스 40g(418쪽)
- 양파 25g
- 브로콜리 10g
- 마늘 1개(또는 다진 마늘 1작은술)
- 달걀 1개
- 분유물 2큰술(또는 우유)
- 아기용 치즈 1장
- 현미유 약간(또는 아보카도유)

① 브로콜리는 끓는 물에 1분간 데친 후 작은 크기로 뜯거나 썬다.

② 마늘, 양파는 곱게 다진다.

1 달군 팬에 현미유를 두른 후 마늘, 양파를 넣어 약한 불에서 10분간 양파가 완전히 익을 때까지 볶는다.

2 소고기를 넣고 중약 불에서 5분간 겉면이 익도록 볶는다.

3 토마토소스를 넣고 중간 불에서 10분간 수분이 거의 없을 정도로 볶는다.

4 볼에 달걀, 분유물을 넣고 푼 후 브로콜리, 잘게 찢은 치즈를 넣어 섞는다.

5 내열 용기 2개에 ③을 1/2분량씩 나눠 담고 ④를 1/2분량씩 나눠 올린다.

6 뚜껑을 덮고 스팀홀을 연 후 전자레인지에서 1분씩 2~3회간 돌려 완전히 익힌다.
★ 스팀홀이 없는 뚜껑인 경우 랩을 씌워 구멍을 뚫어주세요.

☆
응용하세요

아기용 라구소스를 활용해도 돼요
미리 만들어둔 라구소스(416쪽)가 있다면 약 2큰술(50~60g)을 사용해 ④번 과정부터 만드세요.

채소 팬케이크

단맛이 나는 채소를 듬뿍 넣은 팬케이크는 그 자체로 담백하고 맛있지요. 여기에 그릭요거트를 더하면 담백한 팬케이크와 깔끔한 그릭요거트의 궁합이 참 좋더라고요. 그릭요거트는 무가당 그릭요거트 중에 저당, 저나트륨 제품을 고르는 게 좋아요. 채소는 전자레인지에 한 번 익혀 사용했는데 잘 씹는 아기라면 바로 팬에 볶아 넣으면 단맛을 더 강하게 낼 수 있어요.

재료 | 3개분 | 30분 | ❄ 냉장 보관 1일

- 밀가루 50g
- 베이킹파우더 1/2작은술
- 양파 30g
- 당근 20g
- 브로콜리 10g
- 달걀 1개
- 분유물 2큰술(또는 우유)
- 무염버터 3g
- 아기용 치즈 1장
- 현미유 약간(또는 아보카도유)

① 양파, 당근은 곱게 다진다.

② 브로콜리는 얇게 저며 썬다.

1 내열 용기에 양파, 당근,
물 1작은술을 넣고
전자레인지에서 1분간
익혀둔다. 브로콜리도
같은 방법으로 익혀둔다.

2 달군 팬에 버터를 녹인 후
양파, 당근을 넣고
중약 불에서 10분간
노릇하게 볶는다.

3 볼에 달걀을 넣어 푼 후
②, 브로콜리, 밀가루,
베이킹파우더, 분유물을 넣고
골고루 섞는다.

4 중약 불로 달군 팬에 현미유를
살짝 바르고 ③의 반죽을
한 국자씩 올려 약한 불에서
3~5분간 굽는다.
★ 에그팬을 사용하면
모양 잡기 편해요.

알아두세요

**시판 팬케이크 가루는
사용하지 마세요**

시중에 판매되는 팬케이크 가루는
지나치게 많은 설탕이 들어가기
때문에 아기가 먹기에 적합하지
않아요. 번거롭더라도 집에서
밀가루, 베이킹파우더, 달걀 등을
이용해 직접 만들어주세요.
직접 만드는 게 어려워 시판 제품을
구입하고자 한다면, 달거나 짜지 않고
성분이 비교적 괜찮은 '토리 핫케이크
가루'를 추천해요.

5 윗면에 기포가 올라오면
치즈를 손으로 찢어
한쪽에 조금씩 올린다.

6 반죽을 반으로 접은 후
3~5분간 앞뒤로 노릇하게
굽는다.

만 11개월 이후~

시금치 달걀리소토

부드럽고 고소한 맛의 리소토예요. 달걀을 넣어 질감이 묵직하고 되직하기 때문에 아기들이
덜 흘리면서 숟가락으로 먹기 딱 좋은 메뉴지요. 달걀을 잔열로 익히기 때문에 목으로 넘어가는
식감이 아주 부드러워서 이앓이 하는 아기들도 거슬림 없이 먹을 수 있어요.

재료 1회분 30분 냉장 보관 2일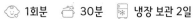

- 밥 60g
- 시금치 50g
- 양파 30g
- 마늘 1개(또는 다진 마늘 1작은술)
- 분유물 125㎖(약 3/5컵, 또는 우유)
- 아기용 베샤멜소스 20g(421쪽)
- 올리브유 약간
- 달걀 1개
- 아기용 치즈 1장

① 마늘은 편 썰고 양파는 한입 크기로 채 썬다.

② 시금치는 1cm 길이로 썬다.

③ 볼에 달걀을 넣고 푼다.

1 달군 팬에 올리브유를 두른 후 마늘을 넣어 약한 불에서 3~5분간 볶는다.

2 양파를 넣고 중약 불에서 5분, 시금치를 넣고 중약 불에서 5분간 숨이 죽을 때까지 볶는다.

3 베샤멜소스, 분유물을 넣고 중약 불에서 끓인다.

4 끓어오르면 밥을 넣고 주걱을 세워 자르듯이 뒤섞으며 5분간 볶는다.

5 달걀물을 붓고 불을 끈 후 잔열에 가볍게 익힌다.

6 치즈를 넣고 녹인다.

알아두세요

시금치의 수산을 기억하세요

시금치는 수산이 있어 데쳐서 사용하는 채소 중 하나예요. 주로 데쳐서 사용하지만 적은 양이라면 볶아서 조리해도 괜찮아요. 시금치를 데쳐서 먹으면 비타민 A가, 볶아서 먹으면 비타민 B와 K가 잘 흡수된다고 해요. 조리법에 따라 각각 장단점이 있으니 다양한 방식으로 요리해 보세요.

후기 아이주도 이유식

닭 국밥

국밥은 몸이 허해지거나 앓고 난 이후에 보양식으로 먹기 좋은 음식이에요. 한 번 만들 때 양이
넉넉하게 나오기 때문에 소분해서 얼렸다가 하나씩 꺼내 먹이거나, 소금간을 더해 어른들도
함께 먹기 좋아요. 무더운 복날에 만들어 함께 먹으면 엄마, 아빠와 같은 음식을 먹는다는 즐거움에
아기가 아주 맛있게 잘 먹을 거예요.

재료   😊 4회분   🍲 90분   ❄️ 냉장 보관 3일

• 밥 80g
• 닭 600g
  (삼계탕용, 1마리)
• 통후추 5~6알
• 마늘 3개
• 대파 흰 부분 20cm
• 무 70g
• 표고버섯 1개
• 물 1.5ℓ(7과 1/2컵)

고명
• 느타리버섯 80g
• 표고버섯 1개
• 마늘 2개
  (또는 다진 마늘 2작은술)
• 대파 푸른 부분 20cm

① 닭은 끓는 물에 한 번 데친 후
찬물로 씻어 준비한다.
★ 닭은 물에 씻지 않고 끓는 물에 데쳐요.
생닭을 씻으면 살모넬라균이 싱크대에 튀어
교차 오염이 될 수 있어요.

② 무, 대파 흰 부분은 크게 썬다.

③ 고명 재료의 느타리버섯은 잘게 찢고
표고버섯은 채 썬다.

④ 고명 재료의 마늘은 곱게 다지고
대파 푸른 부분은 2cm 크기로 잘라
길게 채 썬다.

1 큰 냄비에 고명 재료, 밥을
제외한 모든 재료를 넣고
센 불에서 끓인다. 끓으면
중간 불에서 30분간 끓인다.

2 닭을 건져 한 김 식힌 후
살을 발라 잘게 찢어둔다.

3 닭 뼈만 다시 ①의 냄비에
넣고 중간 불에서 30분간
끓여 국물을 낸다.

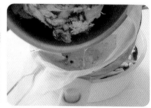

4 다른 냄비에 체를 받친 후
③을 부어 거른다.

5 ④의 국물에 고명 재료를
넣은 후 중간 불에서
20~30분간 끓인다.

6 그릇에 밥을 담고
②를 올린 후 ⑤를 담는다.

만 **11개월** 이후~

본격 아이주도이유식

토마토 해물솥밥

스페인의 빠에야를 아기가 먹기 좋게 간단하게 만든 음식이에요. 쌀 품종이 다르기에 흩어지는
식감이 아니라 솥밥의 느낌이 강해 아기가 먹기 부담스럽지 않답니다. 보통은 홍합을 사용해 만드는데
바지락이나 전복살 혹은 각종 해산물을 넣어도 맛있어요. 저희 아이들은 알레르기가 있어 조개류는
제외했는데, 알레르기가 없다면 풍미를 살리기 위해 홍합 등의 어패류를 추가로 넣어도 좋아요.

재료   🐾 2회분   🍲 45분(+ 쌀 불리기 30분)   ❄️ 냉장 보관 3일

- 쌀 120g
- 냉동 순살 가자미살 50g
- 냉동 새우살 50g
- 양파 50g
- 토마토 150g
- 브로콜리 20g
- 토마토퓌레 2큰술
- 채수 60㎖(약 1/4컵, 29쪽)
- 올리브유 약간

1 쌀은 씻어 30분간 불린 후
체에 밭쳐 물기를 뺀다.

2 가자미는 12시간 이상 냉장실에서
해동하거나 포장 그대로 찬물에 담가
해동한다. 흐르는 물에 씻은 후
키친타월로 감싸 물기를 제거한다.

3 새우살은 12시간 이상 냉장실에서
해동하거나 포장 그대로 찬물에 담가
해동한다. 흐르는 물에 씻은 후
키친타월로 감싸 물기를 제거한다.

4 양파, 토마토, 브로콜리는
먹기 좋은 크기로 잘게 썬다.

1 달군 팬에 올리브유를
두른 후 양파를 넣고
중간 불에서 5~10분간
양파가 익을 때까지 볶는다.

2 가자미, 새우살을 넣고
중간 불에서 5분간 새우살이
익을 때까지 볶는다.

3 불린 쌀, 토마토, 브로콜리를
넣고 중간 불에서 10분간
볶는다.

4 채수, 토마토퓌레를 넣고
중간 불에서 5~7분간
밥물이 잦아들 때까지 끓인다.
★ 채수 대신 물을 넣고
만들어도 좋아요. 토마토는
수분이 많은 식재료라
다른 솥밥에 비해 물의 양을
적게 잡아요.

알아두세요

**해산물 요리 전 우리 아기
알레르기 체크 필수!**

해산물을 요리할 때는 아기에게
알레르기가 있는지 없는지 반드시
확인하는 과정이 필요해요. 같은
어패류 중에서도 특정 조개에만
반응을 일으키는 경우도 있어 시중에
판매하는 볶음밥용 해산물 모둠 등은
아기에게 주기 적절하지 않아요.
알레르기 테스트가 완전히 끝난
해산물만 사용해 만들어주세요.

5 약한 불로 줄이고 뚜껑을
덮어 15분간 익힌다.

브레드볼

시간이 없어 수프를 끓일 여유가 없을 때 모닝빵 하나로 근사하게 맛을 낼 수 있어요.
수프가 촉촉하게 스며든 빵은 아주 부드러워 어금니가 나지 않은 후기에도 쉽게 먹을 수 있답니다.
여기에 오븐 필요 없이 전자레인지만으로 조리해 간단하지요. 완료기때 돈가스나 함박스테이크에
밥 대신 곁들이기 좋은 음식이에요.

재료   1회분   5분   ❄ 냉장 보관 1일 ┈┈┈┈┈┈┈┈┈

- 모닝빵 1개
- 아기용 치즈 1장
- 분유물 2큰술(또는 우유)
- 분말 페스토 약간
  (또는 바질가루, 파슬리가루, 생략 가능, 30쪽)

1 모닝빵의 윗면을 동그랗게
   뜯어 속을 파낸 후
   뜯은 빵과 파낸 속을 다시
   빵 안에 넣는다.

2 작은 볼에 분유물,
   부순 분말 페스토를 넣고
   섞은 후 ①에 붓는다.

3 치즈로 윗면을 덮고
   전자레인지에서 1분간 돌려
   치즈를 녹인다.
   ★ 조청이나 메이플 시럽을
   조금 뿌려줘도 좋아요.

☆
응용하세요

다른 빵을 사용해도 좋아요
모닝빵 대신 식빵을 머핀 틀이나
컵에 오목하게 접어 담고 만들어도
돼요. 수프를 가득 머금은 빵은
촉촉하고 부드러워 아기가 부담 없이
먹을 수 있어요.

편식 아이 주도 이유식

가지 보트피자

가지를 통으로 구워 부드럽게 만든 피자로 상황에 따라 모양을 다양하게 만들면 먹는 재미가 더
커지지요. 가지를 보트 모양으로 만들어 아기에게 이야기를 해주면서 먹이기도 좋답니다.
속을 채워 굽기 때문에 긴 시간 구워야 하지만 채소즙이 풍부해 아주 맛있어요. 먹기 전에 가위로
양끝을 제거하고 포크로 콕 찍어 껍질까지 함께 먹어요. 껍질을 먹기 힘들어한다면 뱉도록 도와주세요.

재료   🐑 1회분   🍲 30분   ❄ 냉장 보관 1일 ┄┄┄┄┄┄┄┄┄┄┄┄┄┄

- 가지 1개(또는 익힌 고구마)
- 아기용 라구소스 50g(416쪽)
- 아기용 치즈 1장
- 올리브유 약간

★ 밀대를 준비하세요.
★ 가지 대신 익힌 고구마로 만들어도 잘 어울려요.

1 가지는 밀대로 살살 두드리고 눌러 속을 말랑하게 만든다.

2 양쪽 끝부분을 제외하고 가지의 중간 부분에 칼집을 낸다.

3 수저로 가지의 속을 살살 긁어낸다.

4 볼에 가지 속과 라구소스를 넣고 섞는다.

5 가지 속에 ④를 넣어 채운 후 치즈를 찢어 올리고 올리브유를 약간 뿌린다.

6 200℃로 예열한 오븐 (또는 에어프라이어)에서 25분간 굽는다.

알아두세요

가지의 특성을 기억해 두세요

가지는 보라색 껍질에 항산화물질인 안토시아닌이 풍부해 씹기 힘든 초기 이유식을 제외하고는 가능하면 껍질째 조리해 먹이는 것이 좋아요. 가지의 속을 덜 익히면 배탈이나 설사를 유발할 수 있으니 통으로 사용하는 가지요리는 가지의 속까지 충분히 익을 수 있도록 조리하는 게 중요해요.

감자라자냐

파스타의 한 종류인 라자냐 대신 감자를 얇게 썰어 라구소스와 치즈, 베샤멜소스를 겹겹이 쌓아
부드럽게 만든 라자냐로 이가 없는 중, 후기 아기들도 부담 없이 먹을 수 있어요. 간을 따로 하지 않아도
겹겹이 쌓인 소스에서 나오는 풍미 덕분에 온 가족이 함께 먹어도 맛있는 음식이에요.
맛이 담백하기 때문에 아기의 연령과 기호에 따라 한쪽에 다양한 토핑을 얹어 구울 수도 있지요.

 재료 　🐾 2회분 　🍲 45분 　❄️ 냉장 보관 3일 ┄┄┄┄┄┄┄┄┄┄┄

- 감자 200g(또는 가지)
- 아기용 라구소스 100g(416쪽)
- 아기용 치즈 2장
- 아기용 베샤멜소스 30g(421쪽)

감자는 껍질을 벗겨 얇게 슬라이스한다.

1 오븐 용기에 감자를 깐다.

2 라구소스를 올리고
감자로 덮는다.

3 치즈를 올린다.

4 베샤멜소스를 얇게 펴서 올린다.

5 180℃로 예열한 오븐
(또는 에어프라이어)에서
25분간 노릇하게 굽는다.

6 6~8등분해서 그릇에 담는다.

☆
응용하세요

다양한 채소를 사용해도 좋아요
가지를 얇게 썰어 가지라자냐를
만들어도 좋아요. 또한 여러 채소를
겹겹이 쌓아 만들면 층층이 서로
다른 채소즙이 배어나 더 풍성한 맛을
느낄 수 있어요.

감자 피자만두

감자 도우에 아기용 라구소스를 넣어 구운 피자만두예요. 반으로 접은 피자인 '칼조네'에서 착안해
피자 토핑을 도우 안에 넣어 아기들이 손으로 잡고 먹기 편하답니다. 쭈욱 늘어나는 아기용 치즈는
보기에도 먹음직스럽지요. 저희 아이는 9개월일 때 혼자서 이 많은 양을 다 먹을 정도로 좋아해서
자주 만들어주었던 단골 메뉴랍니다.

| 재료 | 1회분 | 45분 | 냉장 보관 3일(냉동 2주) |

- 감자 150g
- 달걀노른자 1개분
- 밀가루 4큰술
- 아기용 치즈 1장

속 재료
- 다진 소고기 50g
- 양파 25g
- 마늘 1~2개
  (또는 다진 마늘 1~2작은술)
- 토마토퓌레 30g
- 올리브유 약간

① 감자는 깍둑썬다. 내열 용기에
물을 약간 부어 전자레인지에서
3분 30초간 익혀둔다.

② 속 재료의 양파, 마늘을 다진다.

③ 치즈는 12등분한다.

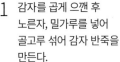

1 감자를 곱게 으깬 후
노른자, 밀가루를 넣어
골고루 섞어 감자 반죽을
만든다.

2 달군 팬에 올리브유를 두른 후
양파, 마늘을 넣어 중약 불에서
5~10분간 양파가 익을 때까지
볶는다.

3 소고기를 넣고 중간 불에서
5분, 토마토퓌레를 넣고
중간 불에서 10분간 바짝
졸이듯 볶은 후 한 김 식힌다.

4 ①의 감자 반죽을 12등분한 후
만두피처럼 오목하게 편다.

응용하세요

다양한 속 재료로 만들어도 좋아요
안에 들어가는 속 재료를 다양하게
바꿔보세요. 익힌 고구마를
으깨 넣어 만주처럼 만들어도 되고,
완료기 이후에는 약간의 원당과
시나몬파우더를 넣어 호떡처럼
만들어도 좋아요. 감자 반죽 하나면
주식과 간식을 넘나들며 다양한
요리를 할 수 있답니다.

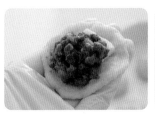

5 치즈 한 조각을 올리고
③을 올려 반달 모양으로
접어 만두 모양을 만든다.
★ 속 재료 대신
아기용 라구소스(416쪽)를
활용해도 좋아요.

6 윗면에 올리브유를 살짝
바르고 180℃로 예열한
에어프라이어(또는 오븐)에서
15분간 익힌다.
★ 올리브유를 둘러 달군 팬에
반죽을 넣고 중약 불에서 앞뒤로
노릇하게 구워도 좋아요.

동그랑땡

고소하고 담백한 두부가 들어가는 동그랑땡은 아이주도 이유식에서 빠질 수 없는 단골 메뉴예요.
한입 크기로 둥글넓적하게 빚어 부치기 때문에 아기가 손으로 잡고 먹기 편해요.
잇몸으로도 으깨질 정도의 식감으로 후기부터 먹을 수 있는데, 넉넉하게 만들어 냉동했다가
전자레인지에 1분 정도 돌리면 금방 촉촉하게 데워지기 때문에 요긴하게 활용할 수 있어요.

| 재료 | 20개 | 30분 |  냉장 보관 3일(냉동 2주) |

고기 반죽
- 다진 돼지고기 130g
- 두부 120g
- 양파 20g
- 당근 10g
- 부추 10g(또는 쪽파)
- 표고버섯 1/2개
- 참기름 1작은술
- 백후춧가루 약간(생략 가능)

부침옷 & 부침기름
- 밀가루 2큰술
- 달걀 1개
- 현미유 약간
  (또는 아보카도유)

① 양파, 당근, 부추, 표고버섯은 곱게 다진다.

② 볼에 달걀을 넣고 푼다.

1 두부는 포크를 사용해
곱게 으깬 후 면포에 넣어
물기를 꼭 짠다.

2 볼에 고기 반죽의 모든 재료를
넣고 치댄다.

3 둥글넓적하게 완자를
빚는다.

4 밀가루 → 달걀물 순서로
완자의 부침옷을 입힌다.

5 달군 팬에 현미유를 두르고
④를 올려 중약 불에서
10~15분간 앞뒤로 노릇하게
부친다.

6 뚜껑을 덮어 약한 불에
5분간 익힌다.
★ 뚜껑을 덮으면 속까지
촉촉하게 익힐 수 있어요.

☆
응용하세요

반죽은 다양하게 활용이 가능해요
동그랑땡 반죽을 버섯 속에
집어넣거나 파프리카 속에 채워
전을 부쳐보세요. 색색이 예쁜
모둠전을 아주 쉽게 만들 수 있어요.

갈비볼

아기들에게 고기를 넉넉히 먹일 수 있는 갈비볼이에요. 고기에 양념을 해서 동그랗게 빚어 굽는데
갈비를 조리듯 양념장을 부어 구우면 쫀득한 식감이 아주 맛있지요. 속은 담백한데 소스의 맛이
강렬해 밥반찬으로도 참 좋답니다. 팬에 구울 때는 기름 두른 팬에 완자를 먼저 올려 중약 불에 굽고
양념장을 부어 약한 불에 조려주세요. 직접 불에 올려 구운 만큼 오븐과는 다른 불맛이 난답니다.

재료   👶 2회분   🍲 30분   🧊 냉장 보관 3일(냉동 2주)

고기 반죽
- 다진 소고기 60g
- 다진 돼지고기 40g
- 다진 표고버섯 1큰술
- 다진 대파 1/큰술
- 다진 마늘 1/2큰술

양념
- 발사믹식초 2작은술
- 배도라지고 1작은술(30쪽)
- 조청 1작은술
- 참기름 1작은술

작은 볼에 양념 재료를 넣고 섞는다.

1 볼에 고기 반죽의 모든
재료를 넣고 골고루 섞은 후
치댄다.

2 아기가 먹기 좋게
작은 한입 크기로 동그랗게
완자를 빚는다.

3 오븐 팬에 간격을 두고
올린 후 만들어둔 양념을
골고루 뿌린다.

4 180℃로 예열한 오븐
(또는 에어프라이어)에서
10분간 구운 후
뒤집어서 7분간 더 굽는다.
★ 올리브유를 둘러 달군 팬에
반죽을 넣고 중약 불에서
기름의 기포가 올라오면 약한
불로 줄여 속까지 완전히 익도록
굴려가며 구워도 좋아요.

☆
응용하세요

팬으로 구워도 좋아요
올리브유를 둘러 달군 팬에 반죽을
넣고 중약 불에서 기름의 기포가
올라오면 약한 불로 줄여 속까지 완전히
익도록 굴려가며 구워도 좋아요.

두부 치킨너겟

시중 치킨너겟은 짜기도 하지만 식감이 퍽퍽해 아기가 먹기 어려워요. 그러다 보니 돌 전에는
보통 집에서 만들어주곤 하는데, 닭고기만 넣으면 목이 막혀 잘 먹지 못하기 때문에 두부, 달걀 등을
더해 좀 더 촉촉하고 잘 으깨지며 넘기기 쉽게 만들었어요. 겉모습만 보면 파는 것 못지 않아요.
두 아이 모두 워낙 잘 먹는 메뉴라 늘 한가득 만들어 냉동실에 넣어두곤 한답니다.

 재료   😊 5회분   🍲 30분   ❄️ 냉장 보관 3일(냉동 2주)

- 두부 150g
- 닭안심 150g(약 6쪽)
- 달걀 1/2개
- 전분 2큰술
- 양파가루 1/2작은술
  (또는 표고가루, 생략 가능)
- 백후춧가루 약간(생략 가능)
- 현미유 약간(또는 아보카도유)

1 두부는 면포에 넣고
물기를 꼭 짠다.

2 푸드프로세서에 현미유를
제외한 모든 재료를 넣고
곱게 간다.

3 네모 넓적하게 빚어
현미유를 바른 오븐 팬에
올린다.

4 180℃로 예열한 오븐(또는
에어프라이어)에서 15분간
앞뒤로 뒤집어 가며 굽는다.

☆
알아두세요

양파가루로 감칠맛을 더해요
튀김류를 만들 때는 양파가루를
활용해 감칠맛을 더해주세요.
양파가루나 연근가루는 채소가루 중
짠맛과 감칠맛이 강한 편이기 때문에
아직 튀김가루를 사용하지 못하는
두 돌 이전에 활용하기 좋은
천연 조미료예요.

팬으로 구워도 좋아요
현미유를 둘러 달군 팬에 반죽을 넣고
중약 불에서 15분간 앞뒤로 노릇하게
구워도 좋아요.

새우 어묵볼

그냥 어묵볼만 입에 쏙쏙 넣어 먹어도 되고, 반찬으로 활용해도 좋아요. 탕이나 볶음, 조림에도
유용하게 쓸 수 있기 때문에 많은 양을 만들어 냉동 보관했다가 필요할 때 꺼내 먹이면 편하답니다.
냉동했던 어묵볼은 전자레인지에 30초만 돌려주세요. 후기 이후부터는 갖은 채소와 함께 볶아
가볍게 조청만 둘러도 밥도둑 아기 반찬이 된답니다.

재료 4회분 30분 냉장 보관 3일(냉동 2주)

- 냉동 순살 광어살 100g(또는 대구살)
- 냉동 새우살 50g
- 양파 15g
- 당근 15g
- 브로콜리 15g(또는 부추)
- 찹쌀가루 3큰술
- 현미유 1큰술(또는 아보카도유)

① 양파, 당근, 브로콜리는 곱게 다진다.

② 광어는 12시간 이상 냉장실에서 해동하거나 포장 그대로 찬물에 담가 해동한다. 껍질을 제거하고 흐르는 물에 씻은 후 키친타월로 감싸 물기를 제거한다.

③ 새우살은 12시간 이상 냉장실에서 해동하거나 포장 그대로 찬물에 담가 해동한다. 이쑤시개로 두 번째 마디를 찔러 잡아당겨 내장을 제거한다. 흐르는 물에 씻은 후 키친타월로 감싸 물기를 제거한다.

1 기름을 두르지 않고 팬을 달군 후 양파, 당근, 브로콜리를 넣고 중약 불에서 10분간 볶는다.

2 푸드프로세서에 ①, 광어, 새우살, 찹쌀가루, 현미유를 넣고 곱게 간다.

3 손에 현미유를 약간 바른 후 반죽을 조금씩 떼어 아기가 먹기 좋게 작은 한입 크기로 빚는다.

4 180℃로 예열한 에어프라이어(또는 오븐)에서 10분간 노릇하게 굽는다.
★ 현미유를 둘러 달군 팬에 반죽을 넣고 중약 불에서 7~10분간 굴려가며 노릇하게 구워도 좋아요. 이쑤시개로 찔렀을 때 반죽이 묻어나지 않을 정도까지 구워요.

☆
알아두세요

다양한 모양으로 만들어주세요
같은 음식도 어떻게 담아주느냐에 따라 아기 반응이 달라져요. 별다른 장식 없이 작은 꼬치에 쏙쏙 꽂기만 해도 아기가 아주 좋아하는 어묵 꼬치가 된답니다. 꼬치에 꽂을 때는 아기가 빼기 쉽게 두어 개만 꽂고, 꼬치의 끝부분을 아기가 다치지 않게 가위로 뭉툭하게 잘라주세요.

치킨 어묵볼

생선살은 어떤 육류와 함께 조리하느냐에 따라 맛이 아주 달라지는데 닭고기와 함께 만들면 너겟처럼 먹을 수 있어요. 아기가 먹기 좋게 둥글넓적하게 빚어 팬에 부쳤는데, 밀가루나 달걀물을 입히지 말고 오븐이나 에어프라이어에 구워도 돼요. 반죽에 채소를 함께 넣으면 수분 때문에 밀가루 사용량이 늘어나니 토핑처럼 위에 얹어 내면 맛이 더 살아난답니다.

| 재료 | 4회분 | 30분 | ❄ 냉장 보관 2일(냉동 2주) |

- 닭안심 100g(약 4쪽)
- 냉동 순살 가자미살 100g
- 밀가루 2큰술
- 달걀 2개
- 현미유 약간(또는 아보카도유)

토핑(생략 가능)
- 파프리카 약간
- 쪽파 약간

1. 가자미는 12시간 이상 냉장실에서 해동하거나 포장 그대로 찬물에 담가 해동한다. 흐르는 물에 씻은 후 키친타월로 감싸 물기를 제거한다.
2. 닭안심은 근막과 힘줄을 제거한다.
3. 토핑용 파프리카, 쪽파는 곱게 다진다.
4. 볼에 달걀을 넣고 푼다.

1 푸드프로세서에 닭안심, 가자미, 밀가루를 넣고 곱게 간다.

2 숟가락으로 떼어 아기가 먹기 좋은 작은 크기로 둥글넓적하게 빚는다.

3 쟁반에 밀가루를 펼쳐 담고 ②의 앞뒤로 밀가루옷을 얇게 입힌다.

4 달걀물을 입힌다.

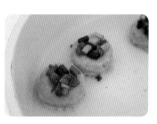

5 달군 팬에 현미유를 두르고 ④를 올린다. 윗면에 토핑을 올리고 중약 불에서 5분, 뒤집어 3~5분간 앞뒤로 노릇하게 부친다.

☆
알아두세요

시간이 넉넉하다면 찌듯이 구워보세요
시간이 충분하다면 팬에 구울 때 중약 불에 아랫면을 충분히 굽고 키친타월을 사용해 기름을 닦아낸 후, 물 1/3컵을 부어 뚜껑을 덮고 중약 불에 10~15분간 찌듯이 푹 익히면 시간은 오래 걸리지만 부드럽게 익어 아기들이 먹기에 더 좋아요.

홈메이드 아기 소시지

분홍소시지는 생선 살이 들어간 어육 소시지예요. 집에서도 비슷한 맛을 낼 수 있는데 첨가물이나
색소를 넣지 않고 만들기 때문에 담백하고 건강하지요. 특유의 식감을 내려면 실리콘 틀에 넣어
김 오른 찜기에 한 번 찐 뒤에 달걀옷을 입혀 부치면 되는데, 아기를 돌보며 이런저런 과정을 다 거치기
힘드니 동그랑땡처럼 둥글넓적하게 빚어 만드는 게 손쉽답니다.

| 재료 | 🐷 5회분 | ⏱ 30분 | 🧊 냉장 보관 3일(냉동 2주) |

소시지 반죽
- 돼지고기 100g
- 냉동 순살 가자미살 60g
  (또는 흰살생선)
- 양파 10g
- 당근 10g
- 브로콜리 5g
- 마늘 1개
  (또는 다진 마늘 1작은술)

- 밀가루 1큰술
- 전분 1작은술
- 파프리카가루 1작은술

부침옷 & 부침기름
- 밀가루 1큰술
- 달걀 1개
- 현미유 약간
  (또는 아보카도유)

① 가자미는 12시간 이상 냉장실에서 해동하거나 포장 그대로 찬물에 담가 해동한다. 흐르는 물에 씻은 후 키친타월로 감싸 물기를 제거한다.

② 볼에 달걀을 넣고 푼다.

1 푸드프로세서에 소시지 반죽의 모든 재료를 넣고 곱게 간다.

2 반죽을 아기가 먹기 좋게 한입 크기로 둥글넓적하게 빚는다.

3 ②에 부침옷 재료의 밀가루를 얇게 입힌다.

4 달걀물을 입힌다.

5 달군 팬에 현미유를 두르고 ④를 넣어 중약 불에서 7~10분간 앞뒤로 노릇하게 굽는다.

☆
알아두세요

색다른 조합으로 만들어보세요
생선 살에 어떤 육류를 추가하느냐에 따라서 매우 다른 느낌의 음식을 만들 수 있어요. 닭고기, 돼지고기, 소고기 등 다양한 조합으로 완자를 만들어보세요. 두부를 넣어 어만두처럼 만들거나 오징어나 문어를 넣어 해물 완자를 만들어도 좋답니다.

요거트 가자미튀김

가자미에 튀김옷을 입혀 바삭하게 튀기고, 타르타르소스 대신 아기용 요거트를 올려줬어요.
흰살생선은 신맛이 도는 소스와 아주 잘 어울리는데, 상큼한 요거트가 생선의 비린 맛을 없애주고
튀김의 기름진 맛도 산뜻하게 잡아준답니다. 아기용으로 만든 무염 감자튀김을 곁들여
피쉬앤칩스로 주거나 감자샐러드, 크림파스타와도 잘 어울려요.

재료 · 🐷 1회분 · 🍲 25분 · 🧊 당일 섭취

- 냉동 순살 가자미살 50g
- 찬물 1큰술
- 현미유 적당량
  (또는 아보카도유)
- 아기용 치즈 1장
- 아기용 떠먹는 플레인
  요구르트 1큰술

아기용 튀김가루
- 밀가루 1큰술
- 전분 1/2작은술
- 양파가루 1/4작은술
- 백후춧가루 약간
  (생략 가능)

① 가자미는 12시간 이상 냉장실에서
   해동하거나 포장 그대로 찬물에 담가
   해동한다. 흐르는 물에 씻은 후
   키친타월로 감싸 물기를 제거한다.

② 아기용 튀김가루 재료를 골고루 섞는다.

1 볼에 가자미, 아기용
   튀김가루 2작은술을 넣고
   섞는다.

2 남은 튀김가루에
   찬물(1큰술)을 넣고 섞어
   물반죽을 만든다.

3 ②의 물반죽에
   ①의 가자미를 넣고
   골고루 섞는다.

4 냄비에 현미유를 넣고 달궈
   ③을 한 조각씩 넣고
   중간 불에서 5~7분간 바삭하게
   튀긴다.

알아두세요

양파가루로 감칠맛을 더해요
튀김류를 만들 때는 양파가루를
활용해 감칠맛을 더해주세요.
양파가루나 연근가루는 채소가루 중
짠맛과 감칠맛이 강한 편이기 때문에
아직 튀김가루를 사용하지 못하는
두 돌 이전에 활용하기 좋은
천연 조미료예요.

5 체에 올려 기름을 뺀다.

6 그릇에 담고 치즈를 올려
   잔열로 녹인 후
   요구르트를 뿌린다.

   ★ 파슬리를 살짝 뿌려도 좋아요.

만 11개월 이후~

편식 아이주 도 이야식

아귀탕수

달콤한 아귀탕수는 평소에 생선을 싫어하는 아기들도 아주 맛있게 먹는 음식이에요. 쫄깃한 아귀살에
바삭한 튀김옷, 새콤달콤한 탕수소스를 싫어할 수 없죠. 탕수소스에 넣는 채소 역시 달콤하게
간이 배기 때문에 싫어했던 파프리카나 당근도 정말 잘 먹을 거예요. 아귀살뿐만 아니라 가자미살이나
새우를 사용해도 좋고 가지나 표고버섯으로 채소탕수를 만들어도 잘 어울려요.

[재료] 😊 2회분 🍲 30분 ❄️ 당일 섭취

• 냉동 순살 아귀살 100g
  (또는 고등어, 닭안심)
• 현미유 적당량
  (또는 아보카도유)
• 밀가루 약간

반죽옷
• 밀가루 2큰술
• 찬물 2작은술

탕수소스
• 양파 25g
• 미니 파프리카 1개
• 마늘종 1줄기(또는 그린빈)
• 아기주스 3큰술
• 저산 사과식초
  1/8작은술(31쪽)
• 조청 1/2작은술
• 전분물 2작은술
  (물 2작은술 + 전분 2작은술)

① 아귀는 12시간 이상 냉장실에서
해동하거나 포장 그대로 찬물에 담가
해동한다. 흐르는 물에 씻은 후
키친타월로 감싸 물기를 제거한다.

② 탕수소스 재료의 양파, 파프리카, 마늘종은
한입 크기로 작게 썬다.

1 달군 팬에 현미유를
두르고 양파, 파프리카,
마늘종을 넣고 중약 불에서
5~10분간 양파가 반 정도
익을 때까지 볶는다.

2 전분물을 제외한 소스 재료를
넣고 중간 불에서 끓어오르면
전분물을 넣고 3~5분간 끓인다.

3 아귀는 밀가루 약간을 골고루
묻힌 후 털어낸다.

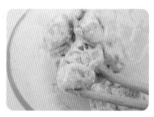

4 큰 볼에 반죽옷 재료를 섞은 후
③을 넣어 골고루 묻힌다.

5 깊은 팬에 현미유를 넣고
달군 후 아귀를 넣어
중약 불에서 7~10분간
노릇하게 튀긴다.

6 튀긴 아귀는 체에 밭쳐
기름을 빼고 그릇에 담아
②의 탕수소스를 곁들인다.

☆
알아두세요

**아기용 탕수소스에는
시판 아기주스를 활용해 보세요**
시판 아기주스 중 상큼한 사과주스나
파인애플주스는 새콤달콤한
탕수소스에 활용하기 아주 좋아요.

바나나 채소 생선찜

종이포일에 재료를 넣고 밀봉해 익혀 원재료의 풍미를 잘 살린 메뉴인 '파피요트'를 모티브로
해서 만든 메뉴예요. 달콤한 바나나가 의외로 생선이나 육류에 잘 어울려 고안했어요.
평소 생선을 싫어하는 아기들도 아주 잘 먹는답니다. 따로 간을 할 수 없는 아기 음식에는
원재료가 가진 맛을 최대한 살리는 게 좋아요.

재료   🐑 1회분   🍲 45분   ❄ 당일 섭취

- 냉동 순살 농어살 50g(또는 가자미살)
- 바나나 1/2개
- 귤 1개(또는 레몬 슬라이스)
- 자투리 채소 30~40g(브로콜리, 풋콩 등)
- 무염버터 10g

★ 이 메뉴는 생선살이 부드러워 이유식 후기 초반부터
먹여도 좋은데, 이때는 채소를 미리 익혀 더 부드럽게
만들어주세요.

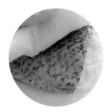

① 농어는 12시간 이상 냉장실에서
해동하거나 포장 그대로 찬물에 담가
해동한다. 흐르는 물에 씻은 후
키친타월로 감싸 물기를 제거한다.

② 브로콜리 등 자투리 채소는 한입 크기로 썬다.

1 바나나는 0.5cm 두께로
썬다.

2 귤은 반으로 썬다.

★ 귤은 1종 주방세제, 칼슘세제,
베이킹파우더 등으로
깨끗이 씻은 후 사용해요.

3 오븐 용기의 바닥에
바나나를 조금 깐 후
모든 재료를 담는다.
버터는 맨 위에 올린다.

★ 풋콩은 아기 스스로
껍질을 벗겨 먹을 수 있어
소근육 발달에 도움이 돼요.
엄마가 알알이 쏙쏙 빼서
먹는 모습을 보여주면서
어떻게 먹는지 알려주세요.

4 뚜껑을 덮고 180℃로
예열한 오븐에서 35분간
완전히 익힌다.

★ 종이포일에 담아
사탕 포장하듯 접고
180℃의 에어프라이어에서
20분간 익히거나 찜기에
담아 센 불에서 10~15분간
쪄도 좋아요.

☆
알아두세요

다양한 색감의 대비로 만들어요
색감 대비가 강한 식재료를 한 음식에
사용해 보세요. 강렬한 색감의 대비가
음식을 더 먹음직스럽게 보이게
도와줄 거예요. 초록색 풋콩이나
아스파라거스, 브로콜리에 주황색
귤이나 빨간 토마토 등 대비되는
색은 음식의 선명도를 높여
입맛을 자극하는 효과가 있답니다.

해물 파운드케이크

보통 파운드케이크 하면 달콤한 간식을 생각하는 경우가 많은데, 갖은 채소와 해산물 혹은 육류를 넣어
든든하게 식사 대용으로도 만들 수 있어요. 밥태기 시기나 밥때가 애매할 때 가볍게 먹이기 좋답니다.
넉넉하게 만들어 소분해 냉동했다가 전자레인지에 살짝 데우거나 에어프라이어에 구워도 맛있어요.
새우나 오징어 대신 홍합이나 게살을 사용하거나 반죽에 아기용 치즈를 추가로 넣어도 좋아요.

재료　　🍚 2회분　🍲 60분　❄️ 냉장 보관 2일(냉동 2주) ·········

- 냉동 새우살 50g
- 냉동 오징어 50g
- 다진 양파 40g
- 다진 당근 40g
- 쪽파 3줄기
- 박력분 100g
- 베이킹파우더 1작은술

- 달걀 2개
- 분유물 50㎖
  (1/4컵, 또는 우유)
- 무염버터 30g
- 현미유 약간
  (또는 아보카도유)

★ 해물 대신 동량의 다진 소고기를 넣어
비프 파운드케이크를 만들어도 좋아요.

290

① 볼에 박력분과 베이킹파우더를 넣고
골고루 섞은 후 체에 내린다.

② 양파, 당근은 곱게 다지고
쪽파는 송송 썬다.

③ 새우는 12시간 이상
냉장실에서 해동하거나 포장 그대로
찬물에 담가 해동한다.
흐르는 물에 씻은 후 키친타월로 감싸
물기를 제거하고 잘게 썬다.

④ 오징어는 12시간 이상
냉장실에서 해동하거나 포장 그대로
찬물에 담가 해동한다.
흐르는 물에 씻은 후 키친타월로 감싸
물기를 제거하고 잘게 썬다.

⑤ 볼에 버터를 넣고 전자레인지에서 30초간
돌려 녹인다.

응용하세요

다양한 가루류를 대체해 만들어요

박력분을 따로 구비하기 번거롭다면
일반적으로 가정에서 많이 사용하는
다목적용 중력분도 괜찮아요.
밀가루 대신 오트밀을 갈아
사용하거나 쌀가루, 통밀가루 등
아기 기호에 맞춰 재료를 다양하게
사용해보세요.

1 달군 팬에 현미유를 두른 후
양파, 당근을 넣고
중약 불에서 10분간 볶는다.

2 새우살, 오징어를 넣고
중간 불에서 10분간 완전히
익도록 볶아 한 김 식힌다.

3 큰 볼에 달걀, 분유물,
녹인 버터를 넣고
거품기로 잘 섞는다.

4 체 친 가루류를 넣고 섞은 후
②, 쪽파를 넣고 주걱을 세워
가르듯 섞는다.

5 가로 7cm, 세로 10cm의
파운드 틀에 현미유를
바르고 반죽을 붓는다.
★ 파운드 틀이 없다면
머핀틀을 사용해 만들어도
좋아요.

6 180℃로 예열한 오븐에서
40분간 굽는다.
★ 180℃로 예열한
에어프라이어에서 30분간
굽고 꺼내 이쑤시개로 찔러
묻어나는 게 있으면
3~5분간 더 구워주세요.

닭봉 감자조림

온 가족이 함께 먹기 좋은 메뉴예요. 아기가 한 손에 들고 먹기 좋은 음식이지만 아직 먹는 방법을
제대로 알지 못하기 때문에 엄마가 옆에서 유심히 지켜봐야 해요. 아기가 뼈를 씹지 않도록
방향을 바꿔주는 것도 좋아요. 발라주면 먹기는 편하지만 스스로 들고 먹을 때 더 즐겁게 먹을 수 있기
때문에 위험한 상황이 아니라면 여기저기 더러워지더라도 스스로 먹게 해주세요.

| 재료 | 🐣 3회분 | 🍲 45분 | ❄️ 냉장 보관 2일 |

- 닭봉 350g
- 감자 200g(또는 고구마)
- 양파 50g
- 느타리버섯 50g
- 대파 15cm
- 마늘 3개
  (또는 다진 마늘 1큰술)

양념
- 파프리카가루 1작은술
- 발사믹식초 1/2작은술
- 매실청 1작은술
- 조청 1작은술
- 백후춧가루 1/8작은술
  (생략 가능)
- 현미유 2작은술
  (또는 아보카도유)
- 채수 60㎖(29쪽)

① 감자는 껍질을 벗긴 후
4~5조각으로 큼지막하게 썬다.

② 양파는 감자와 비슷하게 큼지막하게 썬다.

③ 대파는 3cm 길이로 썰고,
마늘은 곱게 다진다.

④ 느타리버섯은 결대로 찢는다.

⑤ 작은 볼에 양념 재료를 넣고 섞는다.

1 끓는 물에 닭봉을 넣고
2~3분간 데친 후
체에 밭쳐 찬물에 헹군다.

2 깊은 팬에 모든 재료,
미리 섞어둔 양념을 붓는다.

3 중간 불에서 끓어오르면
뚜껑을 덮고 약한 불로 줄여
15~20분간 국물이
자작해질 때까지 조린다.

4 젓가락으로 감자를 찔러
부드럽게 푹 익었으면
불을 끈다.

☆
알아두세요

**파프리카가루로 빨간 음식에 대한
거부감을 줄여주세요**

파프리카가루는 생략도 가능하지만
가능하면 넣는 게 좋아요.
맛도 맛이지만 후기 이후부터는
빨간색을 많이 사용해서 조리해야
'빨간맛 = 맵다'라는 고정관념이
생기지 않아 어린이집에 가서도 빨간
음식에 대한 거부감을 느끼지 않아요.

등갈비찜

아직 도구 사용이 어색한 이유식 시기에는 주로 손으로 먹을 수 있는 음식을 많이 만들어주세요.
수저나 포크 사용이 어렵다면 스스로 들고 뜯어 먹을 수 있는 뼈가 붙어 있는 고기 요리를 만들어
아기가 혼자서 먹을 수 있도록 놔두세요. 등갈비는 오랫동안 푹 익히면 살점이 부드럽게 뜯겨
아기들도 먹기에 수월하답니다.

재료   3회분   60분   냉장 보관 2일

- 돼지고기 등갈비 600g
- 표고버섯 1개
- 무 200g
- 쪽파 5줄기
- 마늘 7~8개
- 통후추 1/2작은술
- 월계수잎 1~2장
- 채수물 500㎖(채수 240㎖ + 물 260㎖)(29쪽)

1 무는 큰지막하게 썬다.
2 쪽파는 2등분한다.

1 등갈비는 끓는 물에 넣고
10분간 데친 후 체에 받쳐
찬물에 헹군다.

2 체에 받쳐 물기를 뺀다.

3 냄비에 모든 재료를 넣는다.

4 중간 불에서 40~60분간
육수가 반 이상 줄어들 때까지
끓인다. 쪽파, 마늘, 통후추,
월계수잎은 제거한다.
★ 무, 표고버섯은 버리지 않고
같이 곁들여요.

☆
응용하세요

육수로는 국밥을 만들어요
고기를 삶으며 우러난 육수는
버리지 말고 발라낸 살점과
다진 채소를 넣어 죽을 끓이거나
부추, 대파, 버섯 등을 추가해
국밥으로 만들어 활용해도 좋아요.

12
24

month

돌 이후 완료기, 아이주도 레스토랑으로 다채롭게 먹이기

☑ 완료기 이유식 / 만 12~24개월(돌 이후)

엄마주도 이유식과 아이주도 이유식을 경험하며 스스로 먹는 방법에
익숙해지기 시작하는 시기예요. 그간의 과정을 통해 아기는 점점
이유식에서 유아식으로 넘어갈 준비를 하고 있었답니다.
이제 아기가 먹는 이유식의 입자는 초기와 비교하면 큰 차이를 보이고,
미음이나 죽이 아닌 제대로 된 밥을 먹는 시기이기도 합니다.
그간 엄마주도와 아이주도 이유식을 경험한 아기는 더욱 새롭고
다채로워진 완료기 이유식 역시 잘 해낼 준비가 됐어요.
이 과정을 마치면 유아식도 문제 없답니다.

방식	**3회 아이주도 이유식**

★ 책 속 모든 메뉴를 맘껏 활용하세요.
★ 간식은 하루 1~2회 정도 적당량의 과일이나 당일 부족했던 영양소를
　채워줄 수 있는 음식, 또는 474~495쪽 간식편을 참고해 준비하세요.

횟수와 분량	1일 3회 / 회당 140~180g(만 12~18개월), 회당 160~200g(만 19~24개월)
수유	모유나 분유 또는 우유 1일 1회 1회 210~240㎖

☑ 먹태기를 극복하고 다양한 음식을 경험하게 되는 완료기 이유식

이제 모든 이유식은 '아이주도식'으로 먹이세요

＊ 식기 옆에 숟가락과 포크를 놓아주고, 어떻게 사용해야 하는지
　지속해서 노출해요.

＊ 돌쯤 되어 시작되는 먹태기가 제일 강해지는 시기예요.
　이때의 먹태기는 '잠'과 '이앓이' 때문에 생기는 경우가 많아요.

먹태기 극복하는 방법 ① 잠이 원인인 경우

＊ 돌 이전까지는 오전, 오후 두 번의 낮잠을 정해진 시간에 잤다면
　돌 전후로 낮잠이 점점 한 번으로 합쳐지기 시작해요.
　예를 들어 오전 10시경 1시간, 오후 3시경 1시간의 낮잠을 잤던
　아기가 돌 이후로는 오전 낮잠을 안 자거나 점점 늦게 자기
　시작해요. 그럼, 점심쯤 되어 잠투정을 시작합니다.

＊ 식사 중간에 잠투정을 한다면 식사를 치우고 일단 재운 후
　늦은 점심을 먹이는 게 낫습니다.

＊ 이때는 점심을 간식의 개념으로 두 번으로 나누어 먹여주세요.
　11시가량 잠투정하기 전에 가볍게 고구마나 스틱 종류의
　간식을 먹이고, 오후 2시가량 가벼운 죽이나 한 그릇 식단으로
　평소보다 적은 양의 음식을 주세요.

＊ 점심을 두 번 챙기기 힘들다면, 아침은 살짝 늦게 든든하게 먹이고
　점심도 거기에 맞춰 조금 늦게 먹여도 됩니다.
　아기의 잠 패턴에 맞춰 한두 시간 유동성 있게 준비해야 해요.
　개인적으로 가장 힘들었던 시기입니다.

먹태기 극복하는 방법 ② 이앓이가 원인인 경우

* 낮잠 시간이 잘 조정되었는데도 불구하고 잘 먹지 않는다면
  아기의 입안을 봐주세요.

* 13개월쯤 어금니가 나기 시작하는데, 보통 4~6개월부터 앞니가
  나오기 시작하고 차례대로 달에 한두 개씩 나오다 13개월부터
  앞쪽 어금니가 나와요. 이 중에서도 가장 큰 이가 나오는 거라 통증이
  심하기 때문에 씹거나 음식을 입에 넣는데 거부감이 생기는 시기예요.

* 아기들에겐 찬 음식을 먹이지 않지만, 이앓이로 심하게 앓는 아기들은
  차가운 수프 등으로 잇몸을 식혀주는 것도 좋아요. 자주 주는 건
  배앓이나 설사를 할 수 있으니, 일주일에 한 번 정도, 열감이 오른
  입안을 식히는 느낌으로 가볍게 주세요.

완료기 이유식을 만들고 먹이는 요령

* 이유식 진행이 빠른 아기들은 만 10개월쯤에 진밥을 먹고 돌 전부터
  그냥 밥을 먹는 경우도 많은데, 돌 지나 갑작스레 잘 먹던 밥을 먹지
  않는다면 단계를 다시 돌려 죽이나 무른 밥을 주거나 가끔은 밥 대신
  빵이나 오트밀, 탄수화물이 풍부한 구황작물로 식단을 구성해 보세요.

* 돌 이후부터는 육류 섭취량이 늘지 않아요. 한 끼에 30~40g 정도로
  고정되는데, 그 전에 살코기 위주의 육류를 먹었다면 이제부터는
  약간의 지방이 포함된 부위도 괜찮습니다.

* 소고기의 경우 우둔이나 안심에서 사태나 살치살, 돼지고기는 목살,
  닭고기는 껍질을 제거한 정육 등의 아주 약간의 지방이 포함된 부위는
  식감을 더 부드럽게 하고 맛을 풍부하게 해주기 때문에 아기들의 입맛을
  살리는 데 도움을 줍니다.

✳ 좀 더 다양한 해산물을 먹이는 것도 중요한데,
   수은 함량이 높은 등푸른생선, 나트륨 함량이 높은 새우나 어패류는
   일주일에 1회에서 2회만 섭취하도록 식단을 짜주세요.
   그 외의 수은 함량이 낮은 연어와 같은 흰살생선은 매일 먹어도 괜찮습니다.
✳ 돌이 지난 아기들은 소근육이 어느 정도 발달하기 시작하는데,
   수저나 포크를 잡거나 작은 음식을 손가락으로 집어 먹는 등의
   행위는 소근육 발달에 많은 도움이 됩니다.

이유식에서 자연스럽게 유아식으로 넘어갈 준비 완료!
✳ <u>16개월부터는 활동량이 아주 많이 늘어나기 때문에</u>
   <u>이전보다 더 많은 양의 음식을 먹어야 해요.</u>
✳ <u>다만 활동량에 비해 성장은 둔화하는 시기이니만큼</u>
   <u>과영양 상태가 되지 않도록 건강한 식단을 짜는 게 중요해요.</u>
✳ 자기주장이 강해지며 편식이 생기기 시작하고
   좋아하는 음식만 먹으려고 하기도 해요.
✳ 지나치게 기름지거나 자극적인 음식은 피하고, 먹지 않더라도
   다양한 식재료를 계속해서 노출해 주세요.
✳ 어린이집에 가게 된다면 본의 아니게 저염식을 먹게 되는데,
   가정에서는 무염식으로 조리해 아기의 건강을 지켜주세요.
✳ 외출 시 식사하게 된다면 번거롭더라도 아기가 먹는 음식은
   따로 준비하세요. 만약 힘들다면 상온에서 보관 가능한
   시판 이유식도 있으니 가끔은 파우치 죽이나 덮밥 소스를
   활용하는 것도 괜찮아요.

동생과 같이
먹으니
더 맛있어요!

아기들과 같은 시간대에
식사하면서
함께 먹는 즐거움을
알려주세요~

☑ 완료기 이유식 식단, 이렇게 구성하세요!

* 완료기에서도 아침 한 끼는 간단하게 만들 수 있는 한 그릇 이유식을
  준비하고, 점심과 저녁은 다양한 음식을 먹는 식판식으로 구성합니다.
  완료기부터 대부분의 식사는 아이주도식으로 진행해 자연스럽게
  유아식으로 넘어가도록 해야 합니다.
* 밥은 이제 일반밥을 먹여도 됩니다. 단, 너무 고슬거리지 않게
  부드럽게 지어진 일반밥을 준비하세요. 잡곡은 30% 내 비율로 섞으세요.
* 가장 먼저 하루 세 끼 다양한 단백질을 먹일 수 있도록 단백질 식품의
  종류부터 정하세요. 완료기에도 후기 때와 마찬가지로 대량으로 만들어
  쟁여놓을 수 있는 고기 반찬들이 많기 때문에 식단을 짜는 달력에
  간격을 두어 배치하면 식단의 1/3은 채울 수 있습니다. 나머지는 일주일에
  하루는 흰살생선, 하루는 등푸른생선을 먹을 수 있게 구성하고,
  달걀 역시 일주일 동안 골고루 먹을 수 있도록 간격을 두어 배치해 주세요.
* 반찬 중 하나는 저장식으로 미리 만들어둔 아기 김치나 아기 피클을
  포함시키세요. 이때 아기 김치는 백김치보다 파프리카가루를 이용해
  빨갛게 만들어주면 좋은데, 이는 어린이집에 가서 빨간 음식에 대한
  거부감 없이 골고루 먹을 수 있도록 준비하는 과정이기도 합니다.
* 완료기부터는 다양한 국도 하나씩 접하기 시작하는 데, 어린이집 식단에
  대부분 국이 포함되어 있기 때문에 가정에서부터 국물 요리 먹는 연습을
  해야 합니다. 차수를 넘기며 국을 먹는 횟수를 조금씩 늘려 익숙해지는
  시간을 갖도록 해주세요. 매 끼니 국을 먹일 필요 없이 초반에는
  일주일에 두어 번, 그다음 주에는 서너 번, 그다음 주에는 네다섯 번으로
  늘려주세요.
* 마지막으로 밥, 국, 단백질 반찬(메인), 저장식 반찬이 정해지면,
  이제 채소 반찬 하나만 더 추가하면 됩니다.

완료기 이유식 **60**일 식단

* 일부 메뉴는 영양 균형과 남는 재료 최소화를 위해
  레시피에서 일부 재료를 대체했어요.
  **안내된 레시피 페이지를 확인했을 때 메뉴명이
  다르다면, 대체 재료를 확인해 만드세요.**

* 돌 이후에는 이 책 속 모든 메뉴를 활용해 식단을
  구성하고, 세 끼 모두 아이주도식으로 먹도록 해주세요.

* 토핑 만들기는 80~117쪽을 참고해서 입자를 키워
  만드세요.

* 중, 후기편에 소개된 레시피의 입자를 조금 키우고
  약간 가미를 해서 완료기 이유식으로 활용하면
  아기가 친숙한 메뉴라서 더 잘 먹어요.

* 파란색은 생선이 들어간 식단입니다.
  주 1~2회로 구성했는데 알레르기가 있다면,
  다른 단백질 재료를 활용해 만들어주세요.

> 저자의 한 끗 다른
> 식단 포인트

"식판식을 두 끼나 준비하는 것에
부담을 느낄 수 있는데요,
미리 만들어두는 쟁여템 고기 반찬과
저장식 반찬을 적극 활용할 수 있어
오히려 식단 짜기가 훨씬 수월해지는
시기가 완료기랍니다.
처음부터 모든 끼니를 다 채워 차리는
것은 힘들기 때문에 반찬의 갯수가
서서히 많아지도록 식단을 구성했으니,
엄마들도 익숙해지는 시간을 충분히
가질 수 있어요. 돌 지나 활동성도
높아지는 시기이니, 무엇보다
탄단지채(탄수화물, 단백질, 지방, 채소)
밸런스를 맞춰 식단을 구성하세요."

[장보기 가이드]

* **장보기에는 주재료 위주로 적었으니, 각 레시피와
  집에 남아있는 재료를 다시 한번 확인 후 장을 보세요.**

* 집에 많이 갖고 있는 쌀, 오트밀, 밀가루 등과
  잡곡 재료는 표기하지 않았습니다.

* 당근, 감자, 무, 양파 등의 단단한 재료나 가공 식품은
  보관 기간이 길고 양이 많아 처음 구매하는 시점만
  적었습니다.

* 육류는 한 번에 소량 구매가 힘드니 2주 분량을
  구매한 후 냉동 보관해도 됩니다.

* 무염 냉동생선(이유식용)의 경우에는 배송비 절약을
  위해 두 달에 한 번 구매할 것을 추천합니다.

1주차

횟수	1일	2일	3일	4일
아침 간단한 한 그릇 이유식	닭고기 채소죽 (브로콜리, 양파 활용/132쪽)	소고기 밥볼 (당근, 알배추 활용/222쪽)	브로콜리 치즈 오트밀죽 (142쪽)	소고기 미역죽 (138쪽)
점심 식판 이유식	밥 고등어조림(376쪽) 소고기 배추국(471쪽) 가지무침(452쪽) 아기 김치(462쪽)	귀리밥 밥풀 함박스테이크(238쪽) 가지 콘크림수프(154쪽) 아기 피클(464쪽)	밥 등갈비찜(294쪽) 당근 애호박조림(445쪽) 아기 김치(462쪽)	밥콘치킨(350쪽) 당근 치즈수프(152쪽) 브로콜리 토핑 아기 피클(464쪽)
저녁 식판 이유식	귀리밥 두부부침 애호박 양파볶음(442쪽) 당근 토핑 아기 김치(462쪽)	밥 브로콜리 달걀전(441쪽) 애호박 밥새우볶음(443쪽) 아기 김치(462쪽)	모닝빵 아기 라따뚜이(318쪽)	귀리밥 달걀피 만두(316쪽) 가지 옥수수전(455쪽) 아기 김치(462쪽)

2주차

횟수	8일	9일	10일	11일
아침 간단한 한 그릇 이유식	밥머핀(240쪽)	시금치 치킨리소토(210쪽)	라구소스 밥전 & 시금치 밥전(226쪽)	치즈 달걀 모닝빵(310쪽)
점심 식판 이유식	현미밥 달걀말이(432쪽) 소고기 무국(470쪽) 시금치나물(504쪽) 아기 김치(462쪽)	밥 주키니보트(324쪽) 양배추무침(435쪽) 아기 김치(462쪽)	현미밥 두부조림(445쪽) 양배추채볶음(450쪽) 아기 김치(462쪽)	현미밥 찜닭(356쪽) 고구마조림(448쪽) 아기 김치(462쪽)
저녁 식판 이유식	밥 연근 갈비찜(354쪽) 파프리카채볶음(450쪽) 아기 김치(462쪽)	현미밥 등갈비찜(294쪽) 오이 토핑 느타리버섯나물(504쪽) 아기 김치(462쪽)	밥 생선 스틱 스테이크(246쪽) 새우 시금치국(469쪽) 파프리카 토핑 아기 김치(462쪽)	모닝빵 소고기 토마토스튜(326쪽) 감자샐러드(451쪽) 아기 피클(464쪽)

3주차

횟수	15일	16일	17일	18일
아침 간단한 한 그릇 이유식	닭고기 감자 커리파이(340쪽)	당근 치즈 오트밀죽(142쪽)	토마토 해물솥밥(262쪽)	달걀 채소밥볼 (세발나물, 당근 활용/220쪽)
점심 식판 이유식	밥 돼지고기완자(234쪽) 당근채전(446쪽) 아기 김치(462쪽)	기장밥 치킨탕수(286쪽) 브로콜리 토핑 아기 피클(464쪽)	밥 갈비볼(274쪽) 세발나물 감자전(447쪽) 아기 김치(462쪽)	기장밥 닭안심 꼬치(358쪽) 새송이버섯나물(504쪽) 아기 피클(464쪽)
저녁 식판 이유식	기장밥 육전(427쪽) 애호박 감자국(467쪽) 브로콜리 들깨무침(438쪽) 아기 김치(462쪽)	밥 달걀피 만두(316쪽) 표고버섯볶음(456쪽) 애호박채전(446쪽) 아기 김치(462쪽)	기장밥 밥풀 떡갈비(236쪽) 소고기 무국(470쪽) 애호박채볶음(450쪽) 아기 김치(462쪽)	밥 소고기 표고버섯전(502쪽) 버섯 시금치국(469쪽) 브로콜리 가지무침(452쪽) 아기 김치(462쪽)

	5일	6일	7일
	토마토구이(320쪽)	채소 팬케이크(256쪽)	돼지고기 가지솥밥(216쪽)
	귀리밥 굴림만두(230쪽) 알배추무침(435쪽) 아기 김치(462쪽)	밥 두부 치킨너겟(276쪽) 아기 곰탕(시판) 가지볶음(454쪽) 아기 김치(462쪽)	귀리밥 밥풀 떡갈비(236쪽) 브로콜리무침(438쪽) 당근 토핑 아기 김치(462쪽)
	소고기 애호박솥밥(214쪽) 아기 김치(462쪽)	귀리밥 베이크드 빈스(328쪽) 브로콜리 토핑 아기 피클(464쪽)	밥 바나나 채소 생선찜(288쪽) 아기 피클(464쪽)

주재료 장보기 ❶ 주차

단백질류 다진 소고기, 다진 돼지고기, 닭안심, 등갈비, 가자미살, 고등어살, 삼치살, 임연수어살, 민어살, 광어살, 코다리살, 동태살, 새우살, 밥새우, 달걀, 두부, 아기용 치즈

채소류 양파, 마늘, 당근, 가지, 알배추, 애호박, 토마토, 브로콜리

해조류 미역

과일류 바나나

가공류 모닝빵, 떡뻥, 무첨가 통조림 옥수수, 무첨가 통조림 강낭콩

	12일	13일	14일
	고구마 배퓌레(146쪽) 두부구이	닭 국밥(260쪽) 아기 김치(462쪽)	감자채 피자(334쪽)
	밥 돼지고기완자(234쪽) 무국(467쪽) 시금치나물(504쪽) 아기 김치(462쪽)	현미밥 고등어구이 감자 연근조림(448쪽) 느타리버섯나물(504쪽) 아기 김치(462쪽)	밥 닭봉 고구마조림(292쪽) 파프리카채볶음(450쪽) 아기 피클(464쪽)
	현미밥 소고기 양배추롤(322쪽) 파프리카 토핑 아기 김치(462쪽)	밥 미트볼(232쪽) 감자채 버터볶음(450쪽) 아기 피클(464쪽)	현미밥 달걀찜(431쪽) 아기 곰탕(시판) 애호박 소고기볶음(444쪽) 아기 김치(462쪽)

주재료 장보기 ❷ 주차

단백질류 등갈비, 삼계탕용 닭, 닭봉, 두부

채소류 무, 감자, 연근, 시금치, 주키니, 고구마, 양배추, 파프리카, 느타리버섯

과일류 배

	19일	20일	21일
	닭고기 채소죽 (애호박, 당근 활용/132쪽)	초간단 달걀빵(312쪽)	불고기 퀘사디아(332쪽)
	밥 동그랑땡(272쪽) 소고기 미역국(498쪽) 가지 양파볶음(454쪽) 아기 김치(462쪽)	시금치 플랫브레드(330쪽) 베이크드 빈스(328쪽) 브로콜리 토핑 아기 피클(464쪽)	기장밥 무수분 고기찜(352쪽) 애호박 밥새우볶음(443쪽) 아기 김치(462쪽)
	기장밥 감자샐러드 볼카츠(342쪽) 브로콜리 토핑 아기 피클(464쪽)	기장밥 고등어탕수(286쪽) 감자 새송이 양념조림(449쪽) 애호박국(467쪽) 아기 김치(462쪽)	밥 치킨텐더(374쪽) 브로콜리 감자채볶음(450쪽) 당근 토핑 아기 피클(464쪽)

주재료 장보기 ❸ 주차

단백질류 다진 소고기, 소고기 안심, 다진 돼지고기, 닭안심, 달걀

채소류 양파, 마늘, 가지, 당근, 애호박, 토마토, 세발나물, 표고버섯, 브로콜리, 새송이버섯

가공류 아기용 카레가루

4주차

횟수	22일	23일	24일	25일
아침 간단한 한 그릇 이유식	소고기 채소죽 (표고버섯, 세발나물 활용/164쪽)	브레드볼(264쪽) 소고기 토마토스튜(326쪽)	땅콩버터 바나나 오트밀죽(144쪽)	밥머핀(240쪽)
점심 식판 이유식	모닝빵 토마토구이(320쪽) 버섯강정(457쪽) 브로콜리 초무침(439쪽)	흑미밥 삼치구이 소고기 배춧국(471쪽) 느타리버섯나물(504쪽) 아기 김치(462쪽)	밥 밥풀 떡갈비(236쪽) 오이무침(436쪽) 단호박 토핑 아기 김치(462쪽)	흑미밥 아기 돈가스(372쪽) 시금치 해시브라운(244쪽) 채소수프(160쪽)
저녁 식판 이유식	흑미밥 돼지고기 감자조림(448쪽) 연두부 달걀국(468쪽) 시금치나물(504쪽) 아기 김치(462쪽)	닭고기 시금치볶음밥(392쪽) 토마토샐러드(459쪽) 단호박 토핑	흑미밥 돼지고기구이 소고기 감자국(470쪽) 고구마채전(446쪽) 아기 김치(462쪽)	밥 무수분 토마토 닭찜(206쪽) 배추전(430쪽) 오이 토핑 아기 김치(462쪽)

5주차

횟수	29일	30일	31일	32일
아침 간단한 한 그릇 이유식	마파두부덮밥(394쪽)	감자 피자만두(270쪽)	초간단 달걀빵(312쪽)	오버나이트 오트밀(252쪽)
점심 식판 이유식	밥도그(348쪽) 당근 브로콜리 초무침(439쪽) 아기 피클(464쪽)	귀리밥 닭안심 꼬치(358쪽) 양배추채볶음(450쪽) 브로콜리 마리네이드(460쪽) 아기 피클(464쪽)	밥 밥풀 떡갈비(236쪽) 무국(467쪽) 비름나물무침(436쪽) 아기 김치(462쪽)	모닝빵 감자라자냐(268쪽) 브로콜리샐러드(459쪽) 아기 피클(464쪽)
저녁 식판 이유식	귀리밥 달걀잡채(500쪽) 소고기 미역국(498쪽) 가지볶음(454쪽) 아기 김치(462쪽)	밥 고등어조림(376쪽) 소고기 배춧국(471쪽) 가지무침(452쪽) 아기 김치(462쪽)	귀리밥 닭강정(366쪽) 브로콜리무침(438쪽) 당근 토핑 아기 피클(464쪽)	밥 무수분 고기찜(352쪽) 콩나물무침(434쪽) 표고버섯나물(504쪽) 아기 김치(462쪽)

6주차

횟수	36일	37일	38일	39일
아침 간단한 한 그릇 이유식	삼치김밥(386쪽)	치즈 달걀 모닝빵(310쪽) 채소수프(160쪽)	비프 파운드케이크(290쪽)	소고기김밥(386쪽)
점심 식판 이유식	밥 고기강정(364쪽) 감자 시금치국(469쪽) 팽이버섯나물(504쪽) 아기 김치(462쪽)	현미밥 찜닭(356쪽) 아기 곰탕(시판) 무나물(504쪽) 아기 김치(462쪽)	밥 두부 치킨너겟(276쪽) 토마토샐러드(459쪽) 아기 피클(464쪽)	시금치 플랫브레드(330쪽) 밥풀 함박스테이크(238쪽) 파프리카 토핑 아기 피클(464쪽)
저녁 식판 이유식	현미밥 새우 파전(429쪽) 두부선(378쪽) 곤드레나물볶음(437쪽) 아기 김치(462쪽)	밥 아기 돈가스(372쪽) 마늘 양송이수프(158쪽) 브로콜리 토핑 아기 피클(464쪽)	현미밥 밥풀 떡갈비(236쪽) 소고기 무국(470쪽) 시금치나물(504쪽) 아기 김치(462쪽)	밥 토마토 달걀볶음(174쪽) 양송이버섯볶음(456쪽) 아기 김치(462쪽)

26일	27일	28일
채소 달걀밥찜(202쪽)	나물 피자(336쪽)	소고기 밥볼 (감자, 파프리카 활용/222쪽)
밥 닭고기 구이 토마토 시금치볶음(174쪽) 고구마채볶음(450쪽) 아기 피클(464쪽)	흑미밥 민어선(378쪽) 북어 배춧국(472쪽) 세발나물 감자전(447쪽) 아기 김치(462쪽)	밥 돼지고기완자(234쪽) 아기 곰탕(시판) 단호박조림(448쪽) 아기 김치(462쪽)
밥볼 튀김(346쪽) 감자 양파조림(448쪽) 토마토샐러드(459쪽)	라구소스 미트파이(338쪽) 단호박샐러드(451쪽) 아기 피클(464쪽)	흑미밥 치킨 미트볼(232쪽) 고구마샐러드(451쪽) 토마토 마리네이드(460쪽)

주재료 장보기 ❹ 주차

단백질류 돼지고기 안심, 연두부

채소류 감자, 오이, 토마토, 시금치, 단호박, 고구마, 알배추, 파프리카, 방울토마토, 파프리카

과일류 바나나

가공류 동결건조 곤드레(30쪽), 모닝빵

33일	34일	35일
한입 김밥전(382쪽)	닭 국밥(260쪽) 아기 김치(462쪽)	라구 달걀찜(254쪽)
밥 미트볼(232쪽) 브로콜리 초무침(439쪽) 당근 콘크림수프(154쪽)	귀리밥 소고기 양배추롤(322쪽) 마늘 당근수프(158쪽) 브로콜리 토핑 아기 피클(464쪽)	밥 무염 갈비찜(354쪽) 아기 곰탕(시판) 비름나물무침(436쪽) 아기 김치(462쪽)
귀리밥 치킨텐더(374쪽) 양배추 양파수프(156쪽) 가지 토핑 아기 피클(464쪽)	밥 브로콜리 새우튀김(370쪽) 맑은 동태탕(473쪽) 표고버섯 양념조림(449쪽) 아기 김치(462쪽)	귀리밥 돼지고기완자(234쪽) 소고기 콩나물국(471쪽) 당근나물(504쪽) 아기 김치(462쪽)

주재료 장보기 ❺ 주차

단백질류 다진 소고기, 소고기 안심, 다진 돼지고기, 닭안심, 달걀, 두부

채소류 무, 양파, 마늘, 당근, 가지, 양배추, 콩나물, 브로콜리, 비름나물, 표고버섯

가공류 무조미 김, 무첨가 통조림 옥수수

40일	41일	42일
라구소스 퀘사디아(332쪽)	브로콜리 줄기 달걀볶음밥 (388쪽)	무수분 카레덮밥(396쪽) 아기 김치(462쪽)
현미밥 시금치 치킨수프(204쪽) 감자 양송이 양념조림(449쪽) 아기 김치(462쪽)	밥 무염 돼지갈비찜(354쪽) 소고기 근댓국(471쪽) 팽이버섯볶음(456쪽) 아기 김치(462쪽)	모닝빵 파프리카 감자 오븐구이(458쪽) 오이 초무침(439쪽)
소고기 무솥밥(404쪽) 아기 김치(462쪽)	현미밥 광어 찹스테이크(360쪽) 아기 피클(464쪽)	밥 팽이버섯 달걀수프(170쪽) 시금치나물(504쪽) 아기 김치(462쪽)

주재료 장보기 ❻ 주차

단백질류 돼지고기 갈비찜용, 두부

채소류 감자, 오이, 근대, 토마토, 시금치, 파프리카, 팽이버섯, 양송이버섯

가공류 모닝빵

7주차

횟수	43일	44일	45일	46일
아침 간단한 한 그릇 이유식	닭고기 감자 커리파이(340쪽)	가지 달걀볶음밥(390쪽)	닭고기 고구마솥밥(408쪽)	소고기 양배추볶음밥(392쪽)
점심 식판 이유식	시금치 플랫브레드(330쪽) 바나나 채소 생선찜(288쪽) 채소수프(160쪽)	밥 닭강정(366쪽) 무국(467쪽) 양배추 초무침(453쪽) 아기 김치(462쪽)	기장밥 아기 돈가스(372쪽) 애호박수프(148쪽) 양배추무침(435쪽) 토마토 마리네이드(460쪽)	밥 돼지고기완자(234쪽) 마늘종볶음(440쪽) 아기 김치(462쪽)
저녁 식판 이유식	기장밥 애호박 소고기볶음(444쪽) 소고기 콩나물국(471쪽) 가지무침(452쪽) 아기 김치(462쪽)	기장밥 돼지고기 가지볶음(454쪽) 애호박 양파볶음(442쪽) 양송이버섯볶음(456쪽)	소고기 가지볶음밥(392쪽) 부추 달걀국(468쪽) 아기 김치(462쪽)	기장밥 찜닭(356쪽) 애호박 양파볶음(442쪽) 당근나물(504쪽) 아기 김치(462쪽)

8주차

횟수	50일	51일	52일	53일
아침 간단한 한 그릇 이유식	오버나이트 오트밀(252쪽)	옥수수 달걀빵(312쪽)	마파두부덮밥(394쪽)	한입 김밥전(382쪽)
점심 식판 이유식	밥 표고버섯 소고기볶음(444쪽) 소고기 감자국(470쪽) 브로콜리 옥수수튀김(368쪽) 아기 김치(462쪽)	흑미밥 소고기 배추국(471쪽) 갈비볼(274쪽) 무나물(504쪽) 아기 김치(462쪽)	모닝빵 아기 돈가스(372쪽) 고구마 콘크림수프(154쪽) 아기 피클(464쪽)	크리미 치킨파스타(208쪽) 파프리카 토핑 브로콜리 초무침(439쪽)
저녁 식판 이유식	흑미밥 가자미 달걀말이(433쪽) 무국(467쪽) 파프리카채볶음(450쪽) 아기 김치(462쪽)	스테이크 솥밥(410쪽) 아기 피클(464쪽)	밥샌드(384쪽) 무국(467쪽) 감자 달걀 샐러드(451쪽) 아기 피클(464쪽)	흑미밥 무염 갈비찜(354쪽) 소고기 배추국(471쪽) 당근채전(446쪽) 아기 김치(462쪽)

9주차

횟수	57일	58일	59일	60일
아침 간단한 한 그릇 이유식	바나나 빵(314쪽)	어향가지덮밥(398쪽)	라구소스 미트파이(338쪽) 아기 피클(464쪽)	불고기덮밥(400쪽) 아기 김치(462쪽)
점심 식판 이유식	밥 고등어구이 브로콜리 새우튀김(370쪽) 아기 곰탕(시판) 아기 김치(462쪽)	귀리밥 돼지고기완자(234쪽) 소고기 애호박(471쪽) 비름나물 감자전(447쪽) 아기 김치(462쪽)	밥 브로콜리 달걀전(441쪽) 동태전(428쪽) 아기 곰탕(시판) 아기 김치(462쪽)	브로콜리 줄기 달걀볶음밥(388쪽) 토마토 마리네이드(460쪽)
저녁 식판 이유식	귀리밥 밥풀 떡갈비(236쪽) 토마토샐러드(459쪽) 연근 당근조림(448쪽)	밥 청경채 치킨수프(204쪽) 브로콜리 초무침(439쪽) 고구마채전(446쪽)	귀리밥 고기강정(364쪽) 비름나물무침(436쪽) 소고기 애호박국(471쪽) 아기 김치(462쪽)	닭고기 연근솥밥(408쪽) 애호박국(467쪽) 아기 김치(462쪽)

47일	48일	49일
한입 김밥전(382쪽)	불고기덮밥(400쪽) 아기 김치(462쪽)	바나나 빵(314쪽)
기장밥 소고기 찹스테이크(360쪽) 가지 오븐구이(458쪽) 아기 피클(464쪽)	밥 닭안심 꼬치(358쪽) 가지무침(452쪽) 아기 피클(464쪽)	기장밥 마늘종 소고기볶음(444쪽) 소고기 무국(470쪽) 당근조림(448쪽) 아기 김치(462쪽)
닭 국밥(260쪽) 아기 김치(462쪽)	삼치김밥(386쪽) 새우 부추전(429쪽) 아기 김치(462쪽)	밥 부추 달걀말이(432쪽) 양배추채볶음(450쪽) 콩나물무침(434쪽)

주재료 장보기 ❼ 주차

단백질류 다진 소고기, 다진 돼지고기, 닭안심, 삼계탕용 닭, 달걀

채소류 무, 양파, 마늘, 당근, 가지, 부추, 마늘쫑, 콩나물, 애호박, 양배추

과일류 바나나

54일	55일	56일
밥도그(348쪽) 아기 피클(464쪽)	채소 팬케이크(256쪽) 아기 치즈	소보로 비빔밥(402쪽)
흑미밥 소보로 불고기(501쪽) 소고기 무국(470쪽) 감자채볶음(450쪽) 아기 김치(462쪽)	밥 코다리강정(362쪽) 북어 배추국(472쪽) 고구마 우유조림(445쪽) 아기 김치(462쪽)	밥콘치킨(350쪽) 브로콜리 줄기 버터볶음(440쪽) 알배추 초무침(453쪽) 아기 피클(464쪽)
밥 찜닭(356쪽) 아기 곰탕(시판) 무 양념조림(449쪽) 아기 김치(462쪽)	흑미밥 치킨텐더(374쪽) 파프리카 감자 오븐구이(458쪽) 아기 피클(464쪽)	밥 달걀찜(431쪽) 고구마조림(448쪽) 표고버섯강정(457쪽) 아기 김치(462쪽)

주재료 장보기 ❽ 주차

단백질류 소고기 안심

채소류 감자, 알배추, 고구마, 파프리카, 브로콜리, 표고버섯

가공류 무첨가 통조림 옥수수, 모닝빵

☆ **알아두세요**

낯선 음식은 엄마와 함께 먹어요
처음 보는 음식을 아기가 잘 먹을 수 있게 하는 방법은 엄마가 함께 먹는 것이에요. 아기 음식을 만들 때 넉넉히 만들고 간을 더해 같이 식사를 해요. 서로 마주 보며 같은 음식을 먹는 것만큼 훌륭한 본보기는 없답니다.

집 밖에서도 아이주도식을 하고 싶다면
완료기부터는 외부에서도 종종 아이주도식을 시도해 볼 수 있어요. 밖에서 먹기 좋은 핑거푸드 크기의 음식을 준비하고 일회용 턱받이를 챙겨주세요. 마더케어에서 나온 일회용 턱받이는 아기 옷에 붙여 사용할 수 있어 편해요.

주재료 장보기 ❾ 주차

단백질류 다진 소고기, 다진 돼지고기, 닭안심, 달걀

채소류 양파, 마늘, 가지, 당근, 연근, 애호박, 비름나물, 토마토

과일류 바나나

치즈 달걀 모닝빵

아침에 간단하게 만들 수 있는 메뉴예요. 특히나 어린이집 가기 전 등원 준비로 정신 없을 때
5분만에 전자레인지로 만들 수 있어 간편하답니다. 모닝빵에 촉촉하게 밴 베샤멜소스가 입에서
녹진하게 씹히고 달걀 한 개가 통으로 들어가 하나만 먹어도 든든하게 아침을 시작할 수 있어요.

| 재료 | 🍼 1회분 | 🍳 5분 | ❄️ 당일 섭취 |

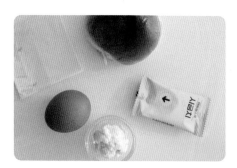

- 모닝빵 1개
- 달걀 1개
- 아기용 치즈 1장
- 아기용 베샤멜소스 1큰술(421쪽)
- 분말 페스토 약간
  (또는 바질가루, 파슬리가루, 생략 가능, 30쪽)

1 모닝빵의 윗면을
뚜껑처럼 동그랗게
뜯어낸 후 속을 파낸다.

2 베샤멜소스를 깔고
치즈 1/2장을 찢어 넣는다.

3 달걀을 깨서 넣고
이쑤시개로 노른자를
2~3회 찔러 터트린다.

4 남은 치즈 1/2장을 찢어
올리고 분말 페스토를 뿌린다.
★ 분말 페스토는 생략해도
돼요.

5 ①에서 뜯어놓은 빵 뚜껑을
덮고 전자레인지에서
1~1분 30초간 익힌다.

☆
알아두세요

영양적으로 함께 먹으면 좋은 것들
— 치즈 모닝 달걀빵만 먹을 때는
식이섬유와 비타민이 부족할 수
있으니 바나나 같은 과일이나 토마토
같이 가벼운 채소를 곁들이면 좋아요.

초간단 달걀빵

전자레인지를 활용한 아주 간단한 레시피예요. 낮잠 시간이 바뀌면서 식사 시간이 흐트러져서
밥때가 애매해졌을 때 간편하게 만들어주기 좋아요. 아침식사로도 좋고요. 작은 볼에 하나 가득 차는
양인데 의외로 묵직한 식감이라 아주 든든해요. 완료기 아기에게 줄 때는 반죽에 조청을 넣어
조금 더 달콤하게 만들고 두 돌이 지났다면 소금을 한 꼬집 더해줘도 좋아요.

재료 　😊 1회분 　🍳 5분 　🍱 당일 섭취

- 박력분 3큰술
- 베이킹파우더 1/8작은술
- 분유물 3큰술(또는 우유)
- 분말 페스토 약간
  (또는 바질가루, 파슬리가루, 생략 가능, 30쪽)
- 아기용 치즈 1장
- 달걀 1개

★ 옥수수를 추가해 옥수수 달걀빵을 만들어도 좋아요.

박력분과 베이킹파우더를 체에 내려
골고루 섞이게 한다.

1 볼에 체 친 가루류,
분유물을 넣고 섞는다.

2 실리콘 그릇에 ①을 붓고
치즈 1/2장을 손으로 찢어 넣고
섞는다.

3 전자레인지에 ②를 넣고
30초간 돌려 익힌 후
달걀을 넣는다.

4 이쑤시개로 노른자를
2~3회 찌른 후 가볍게 섞는다.
전자레인지에서 뚜껑을 살짝
덮거나 랩을 씌운 후 구멍을
뚫어 1분간 돌려 익힌다.

5 남은 치즈 1/2장을 찢어 올려
잔열로 녹이고 분말 페스토를
뿌린다.
★ 분말 페스토는 생략해도
돼요.

☆
알아두세요

전자레인지에 달걀을 돌릴 때는!
달걀을 전자레인지에 돌릴 때는
노른자가 터지지 않도록
꼭 뾰족한 물체를 이용해 노른자에
구멍을 여러 개 낸 뒤에 돌려주세요.

바나나 빵

이앓이용으로 먹기 좋은 빵이에요. 살짝 단단하면서도 묵직해 이제 옆니가 나기 시작하는
아기들도 잘 먹을 수 있어요. 이스트를 넣지 않고 만드는 구움 빵으로 크기에 비해 무게가 있어
하나만 먹어도 배가 불러 이앓이 시기에 밥을 먹지 않을 때 식사 대용으로 줘도 좋답니다.

[재료] 😀 1~2회분 🍲 30분 ❄️ 상온 보관 1일(냉동 2주)

- 바나나 1개
- 무염버터 5g
- 우유 1큰술
- 밀가루 6큰술
- 전분 1작은술
- 건과일 15g
- 덧밀가루 약간

314

① 건과일은 곱게 다진다.
　★ 건과일이 단단하면 따뜻한 물에
　10분간 불려 물기를 짠 후 다져요.

② 볼에 버터를 넣고 전자레인지에서
　20초간 돌려 녹인다.

1 볼에 바나나를 넣고
　매셔나 포크를 사용해
　곱게 으깬다.

2 으깬 바나나에 녹인 버터를
　넣어 섞은 후 우유를 넣고
　다시 섞는다.

3 큰 볼에 밀가루, 전분,
　②를 넣고 섞어
　날가루가 없어지면
　건과일을 넣어 섞는다.

4 작업대에 덧밀가루를 뿌리고
　반죽을 올려 원하는 모양으로
　성형한다.

☆
알아두세요

건과일을 고를 때 주의해요
건과일은 첨가물이 들어가지 않은
제품으로 골라야 하는데,
특히 무설탕 건과일 중 건블루베리나
건포도, 건살구 등 국내에서
건조되어 판매되는 제품을 선택하여
구매하시는 게 좋습니다.
구매할 때는 성분표를 확인해
설탕, 스테비아, 천일염 등의 감미료가
들어가지 않은 것을 고르세요.

5 180℃로 예열한 오븐
　(또는 에어프라이어)에서
　12~15분간 구운 후
　오븐 안에서 한 김 식힌다.

만 12개월 이후~

아이주도 레시토랑

달걀피 만두

시판 만두피는 찹쌀이나 전분이 들어 있어 질겨서 아기가 먹지 못하는 경우가 많아요.
그렇다고 직접 만두피를 준비하자니 손이 많이 가서 번거롭고요. 그럴 때는 간단하게 달걀을 만두피로
활용하세요. 아기가 들고 먹기 편하게 반 접어 한입 크기로 부치면 영양도 듬뿍, 맛도 더 좋은
달걀만두가 완성된답니다. 속에 들어가는 재료는 고기, 새우 등 다양하게 활용할 수 있어요.

재료   🍠 2개분   ⏲ 20분   ❄️ 냉장 보관 3일

- 두부 50g
- 다진 돼지고기 25g(또는 새우살, 닭안심)
- 부추 5g
- 마늘 1개(또는 다진 마늘 1작은술)
- 백후춧가루 약간(생략 가능)
- 달걀 1개

1 두부는 면포에 넣고 꼭 짜 물기를 제거한다.
2 부추, 마늘은 곱게 다진다.
3 볼에 달걀을 넣고 푼다.

1 볼에 달걀을 제외한 모든 재료를 넣고 잘 섞는다.

2 중약 불로 달군 팬에 달걀물을 2큰술씩 동그랗게 펼쳐 올려 아랫면이 살짝 익으면서 모양이 잡히면 한쪽에 ①을 올린다.
★ 에그팬을 활용하면 모양 잡기가 더 편해요.

3 달걀이 완전히 익기 전에 반으로 접고 끝부분이 잘 붙도록 꾹꾹 누른다.

4 속까지 다 익도록 약한 불에서 7~10분간 뒤집어 가며 노릇하게 굽는다.
★ 뒤집개로 꾹 눌렀을 때 고기 육즙이 나오지 않고 단단해졌다면 다 익은 거예요.

아이주도 레스토랑

아기 라따뚜이

동명의 애니메이션이 한창 흥행했을 때가 있었죠. 가지, 애호박, 토마토를 빙글빙글 둘러 담고
토마토소스를 넉넉히 올려 오븐에 오래 구운 프랑스의 대표적인 가정식이에요.
푹 익은 채소의 채즙이 가득 터져 나와 풍미가 아주 좋아요. 껍질을 벗겨 더 부드럽게 먹을 수 있어요.

재료 　　😊 1회분　　🍲 60분　　❄️ 냉장 보관 3일

- 다진 소고기 50g
- 애호박 40g
- 가지 20g
- 토마토 150g
- 아기용 토마토소스 60g(418쪽)
- 아기용 치즈 1장
- 올리브유 1작은술

1 가지는 껍질을 벗겨 0.3cm 두께로 썬다.

2 애호박, 토마토는 0.3cm 두께로 썬다.

1 달군 팬에 올리브유를
두르고 소고기를 넣어
중간 불에서 5~7분간 고기
겉면이 익을 때까지 볶는다.

2 토마토소스를 넣고
중약 불에서 10분간 끓인다.

3 오븐 용기에 가지, 애호박,
토마토 순으로 겹쳐
원형으로 돌려가며 담고
②를 얹는다.

4 ③에 치즈를 찢어 올린다.

5 180℃로 예열한 오븐
(또는 에어프라이어)에서 뚜껑을
덮고 35~40분간 굽는다.
★ 조리시간을 줄이고 싶다면,
익는 시간이 오래 걸리는
애호박을 ③번 과정 전에
전자레인지에 1분 정도 돌려서
먼저 익혀요. 오븐에서는 25분만
익혀도 된답니다.

☆
응용하세요

팬으로 구워도 좋아요
올리브유를 두른 팬에 과정 ③~④를
동일하게 진행한 후 뚜껑을 덮고
약한 불에서 20~30분간 채소가
완전히 푹 익을 때까지 조려요.

만 12개월 이후~

아이주도 레시피랑

토마토구이

토마토를 그릇으로 사용해 아기들이 더 좋아하는 음식이에요. 먼저 눈으로 보고 즐거워하기 때문에
식사 시간을 기분 좋게 시작할 수 있어요. 주말 아침에 밥이나 빵, 달걀요리와 함께 준비하면
간단하면서도 든든한 한 끼가 된답니다. 가염을 시작한 아기들에게는 치즈를 더 넣어 흘러내릴 듯
만들어도 좋아요.

재료   1~2회분   45분   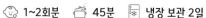 냉장 보관 2일

- 토마토 300g(또는 파프리카)
- 다진 소고기 40g
- 아기용 토마토소스 50g(418쪽)
- 양파 30g
- 마늘 1개(또는 다진 마늘 1작은술)
- 아기용 치즈 1장
- 올리브유 1작은술

1 마늘, 양파는 곱게 다진다.

2 토마토는 꼭지부터 1.5cm 부분을
썰어 뚜껑으로 남겨둔다.
속을 파낸 후 뒤집어 수분을 뺀다.

1　달군 냄비에 올리브유를
두르고 마늘, 양파를 넣어
중약 불에서 10분간
양파가 익을 때까지 볶는다.

2　소고기를 넣고 중간 불에서
3~5분간 볶는다.
토마토소스를 넣고 5분간
수분이 없어질 때까지 볶는다.

3　치즈를 손으로 찢어
토핑용 1~2조각만 남기고
나머지를 ②에 모두 넣고
섞는다.

4　속을 파낸 토마토에 ③을 넣고
남겨둔 치즈를 올린 후
토마토 뚜껑을 덮는다.

응용하세요

토마토 대신 파프리카도 추천!

토마토 대신 파프리카 속을 비워
같은 과정으로 만들어 오븐에
구워보세요. 구운 파프리카는 단맛이
풍부하면서도 식감 역시 부드러워
어린아이도 충분히 먹을 수 있답니다.

5　200℃로 예열한 오븐에서
15분간 굽는다.
★ 190℃로 예열한
에어프라이어에서 15분간
구워도 좋아요.

소고기 양배추롤

양배추는 찌고 나면 부드럽고 단맛이 진해져 의외로 아기들이 잘 먹는 채소 중 하나예요.
양배추 롤은 찐 양배추에 간단한 속 재료를 넣고 말아 찜기에 다시 찌는 요리로
양배추가 육즙을 잡아주기 때문에 촉촉한 맛이 일품이지요. 찜기에 넣고 10분 이상 푹 쪄내면
잇몸으로도 씹을 수 있을 정도로 부드러워진답니다.

재료   😊 1회분   🍲 30분   ❄ 냉장 보관 3일

- 다진 소고기 50g
- 다진 양파 5g
- 토마토퓌레 1큰술
- 아기용 치즈 1장
- 양배추 6장

양배추는 낱장으로 깨끗하게 씻는다.
줄기 부분을 제외하고, 얇은 잎부분만
8×8cm 크기의 사각형으로 썬다.

1 내열 용기에 손질한 양배추,
물 1큰술을 넣고 랩이나
뚜껑을 덮어 전자레인지에서
1분 30초간 익힌다.

2 볼에 소고기, 다진 양파,
토마토퓌레를 넣고 섞는다.

3 양배추를 넓게 펴고
②를 1큰술씩 올린다.

4 치즈를 6등분으로 찢어
③에 올려 덮는다.

5 양배추를 돌돌 말고
치즈가 위로 가게
찜기에 담는다.

6 냄비에 물을 넣고
김이 오르면 찜기를 올리고
뚜껑을 덮어 중간 불에서
10분간 찐다.

주키니보트

보통 한국에서는 애호박을 요리에 주로 사용한다면 서양에서는 주키니를 많이 사용해요.
주키니는 씨가 없어 장이 약하거나 배앓이를 자주 하는 아기에게도 마음 편하게 먹일 수 있는
식재료예요. 애호박보다 단단하기 때문에 뭉그러지지 않아 활용도가 높기도 해요. 속을 파내
고기를 채워 넣거나 토마토소스를 넣고 치즈를 얹어 비건 피자처럼 만들어도 아주 맛있답니다.

재료   😊 2회분   🍲 30분   🧊 냉장 보관 3일

- 주키니 100g(1/5개)
- 다진 소고기 80g
- 오트밀 12g
- 마늘 1개(또는 다진 마늘 1작은술)
- 백후춧가루 약간(생략 가능)
- 전분 1큰술
- 달걀 1개
- 현미유 약간(또는 아보카도유)

1. 소고기는 키친타월로 감싸 핏물을 제거한다.
2. 주키니는 필러로 껍질을 얇게 벗긴 후 길이로 2등분한다. 수저로 속을 파내 보트 모양을 만든다. 주키니의 파진 부분에 전분을 묻히고, 파낸 속은 곱게 다진다.
3. 마늘은 곱게 다진다.
4. 볼에 달걀을 넣고 푼다.

☆
응용하세요

아기가 좋아하는 모양으로 만들어요
호박이나 가지 같이 기다란 채소를 반 갈라 속을 파낸 뒤 고기소를 채워 구운 요리를 보트라고 불러요.
보통 겉이 단단한 땅콩호박이나 주키니, 속을 파내도 모양이 잡히는 가지나 고추를 이용해 만들지요.
작은 스낵오이에 과일이나 참치 등을 채워 에피타이저로 먹기도 해요.

1. 볼에 소고기, 다진 주키니 속, 오트밀, 마늘, 백후춧가루, 달걀물 1큰술을 넣고 치댄다.
2. 전분을 묻힌 주키니에 ①을 올려 단단하게 모양을 잡는다.

3. 겉면에 전분을 묻히고 달걀물에 굴린다.
4. 달군 팬에 현미유를 두르고 고기가 아래쪽을 향하게 올린다. 중약 불에서 10분간 익힌다.

5. 고기가 어느 정도 익으면 뒤집어 주키니 부분도 중약 불에서 10~15분간 익힌다.
6. 한 김 식혀 먹기 좋은 크기로 썬다. ★ 과정 ③을 생략한 후 김이 오른 찜기에 고기가 위를 향하게 올려 20~30분간 쪄도 좋아요.

소고기 토마토스튜

오랫동안 푹 끓여 재료의 맛이 국물에 푹 밴 한 그릇 요리예요. 넉넉하게 만들어 소분해
냉동 보관했다가 바쁘거나 힘에 부칠 때 한 번씩 꺼내 주기 좋은 '쟁여템'이기도 해요.
시간이 없을 때는 밥솥에 갈비찜 만들 듯 만능 찜 기능을 이용해 만들어도 좋아요. 아주 푹 익혀
젓가락으로 들기만 해도 으스러질 정도라서 아기들도 수월하게 먹을 수 있지요.

| 재료 | 😊 5~6회분 | 🍳 90분 | 🧊 냉장 보관 3일(냉동 2주) |

- 소고기 안심 300g(또는 우둔)
- 감자 200g(또는 당근)
- 양파 100g
- 주키니 70g(또는 애호박)
- 양송이버섯 80g
- 마늘 3개
  (또는 다진 마늘 1큰술)
- 무염버터 10g
- 토마토퓌레 50g
  (또는 홀토마토)

- 채수물 300㎖
  (채수 120㎖
  + 물 180㎖)(29쪽)
- 월계수잎 1장

밑간
- 올리브유 1작은술
- 백후춧가루 약간
  (생략 가능)
- 밀가루 1큰술

1 감자, 양파, 주키니, 양송이버섯은
1cm 크기로 깍둑썬다.

2 소고기는 한입 크기로 썬다.

3 마늘은 곱게 다진다.

☆
응용하세요

고기 대신 콩을 넣어도 좋아요
소고기 대신 병아리콩이나 강낭콩을
넣어 다른 느낌으로 만들어보세요.
같은 방법으로 완전히 다른 음식을
맛볼 수 있어요.

1 볼에 소고기, 밑간 재료 중
올리브유, 백후춧가루를 넣어
버무린 후 밀가루를 넣고
섞어 10~20분간 둔다.

2 달군 팬에 올리브유(약간)를
두르고 소고기를 넣어
중간 불에서 10~12분간
소고기가 익을 때까지 볶는다.

3 손질한 채소들을 넣고
중간 불에서 10~15분간
양파가 투명하게 익을 때까지
볶는다.

4 버터, 토마토퓌레, 채수물을
넣고 중간 불에 끓인다.

5 끓어오르면 월계수잎을 넣고
약한 불로 줄여 뚜껑을 덮고
1시간 동안 푹 끓인다.
★ 먹기 전에 월계수잎을
제거해요.

홈메이드 베이크드 빈스

통조림으로 많이 접했던 베이크드 빈스는 집에서 만들기 아주 쉬운 음식 중 하나예요.
푹 익은 콩과 토마토퓌레만 있다면 언제든지 건강하고 영양가 있게 준비할 수 있지요.
직접 요리하기 때문에 들어가는 재료도 마음대로 더할 수 있어 더 맛있고 든든하게 만들 수 있어요.

| 재료 | 6회분 | 30분 | 냉장 보관 3일(냉동 2주) |

- 다진 돼지고기 100g
- 양파 50g
- 마늘 3개(또는 다진 마늘 1큰술)
- 토마토퓌레 150g
- 무첨가 통조림 흰강낭콩 250g(31쪽)
- 올리브유 약간

① 마늘은 곱게 다지고, 양파는 작게 썬다.

② 체에 통조림 흰강낭콩을 부어
흐르는 물에 헹궈 물기를 뺀다.

1 팬에 올리브유를 두르고
마늘을 넣어 약한 불에서
3~5분간 볶는다.

2 양파를 넣고 중약 불에서
10~15분간 볶는다.
돼지고기를 넣고 중간 불에서
5~7분간 볶는다.

3 토마토퓌레, 통조림
흰강낭콩을 넣고 중약 불에서
끓인다.

4 끓어오르면 약한 불로 줄여
15분간 고무 주걱으로
저어가며 원하는 농도가
될 때까지 끓인다.

알아두세요

시판 콩 통조림을 사용해도 좋아요
손질이 귀찮은 콩은 믿을 수 있는
통조림 제품을 활용하면 훨씬
편하게 음식을 조리할 수 있어요.
'비비베르데'에서 나온 유기농
볼로티콩은 손으로 으깨질 정도로
부드럽게 삶아져 나온 제품이라
요리에 바로 활용할 수 있어요.
체에 밭쳐 물기를 빼고 흐르는 물에
한 번 헹궈 짠기를 빼고 사용하세요.

생콩은 이렇게 사용해요
콩은 씻어 12시간 이상 불린 후
냄비에 넣고 데쳐 다시 새 물을
받아 중간 불에서 30분간 푹 삶아
사용해요. 또는 전날 불린 콩을
밥솥에 넣고 콩밥이나 만능 찜
기능으로 취사해 사용해도 좋아요.

시금치 플랫브레드

난과 비슷한 느낌의 플랫브레드는 오븐 없이도 쉽게 만들 수 있는 담백한 빵 중에 하나예요.
간단한 재료로 이스트나 효모 없이도 쫄깃하고 씹을수록 고소한 빵을 구울 수 있어요.
가볍게 저당잼이나 아기 콩포트(424쪽)를 발라 먹거나 갖은 토핑을 얹어 피자처럼 구워 먹어도 맛있어요.

| 재료 | 🍼 2~3장 | 🍲 30분(+ 발효하기 30분) | 🧊 당일 섭취(냉동 2주) |

- 시금치 50g
- 밀가루 100g
- 무염버터 15g
- 그릭요거트 50g
- 덧밀가루 약간

★ 밀대를 준비하세요.

① 시금치는 끓는 물에 넣고 1분간 데친 후
찬물에 헹궈 물기를 꼭 짠 후 곱게 다진다.
　★ 시금치는 수산이 있어 데쳐 사용해요.
　시금치 데친 물은 사용하지 말고 버려요.

② 버터는 실온에 꺼내 부드럽게 한다.

1　볼에 시금치, 밀가루,
　그릭요거트를 넣고 섞는다.

2　버터를 넣고 반죽한다.

3　지퍼백에 ②를 넣고
　실온에 30분간 둔다.

4　반죽을 2~3등분해 덧밀가루를
　뿌리고 밀대로 얇게 편다.
　★ 바로 먹지 않는 반죽은
　그대로 밀봉해 냉동 보관
　해요(2주).

5　마른 팬에 올려 중약 불에서
　앞뒤로 노릇하게 굽는다.
　★ 따뜻할 때 먹거나
　한 김 식혀 잼을 발라 먹어도
　좋아요.

불고기 퀘사디아

플랫브레드를 사용해 만드는 퀘사디아로 간단히 만들 수 있어요.
들어가는 속 재료에 따라 맛이 천차만별로 달라지기 때문에 불고기, 카레, 피자 토핑 등
다양하게 만들어 밀프렙으로 활용하거나 브런치로 먹기 좋아요.

| 재료 | 🍼 1회분 | 🍲 30분 | 🧊 당일 섭취 |

- 시금치 플랫브레드 1장(330쪽)
- 다진 소고기 50g
- 아기용 만능 고기양념 1큰술(415쪽)
- 양파 1/4개
- 아기용 치즈 1장
- 덧밀가루 약간

★ 밀대를 준비하세요.
★ 불고기 대신 아기용 라구소스(416쪽)로
속을 채워 라구소스 퀘사디아를 만들어도 좋아요.

1. 냉동 보관한 플랫브레드 반죽은
   전날 냉장으로 옮겨 냉장 해동한다.
   도마에 덧밀가루를 뿌린 후 반죽을 올려
   밀대로 얇게 밀어 편다.

2. 소고기에 만능 고기양념을 넣고 섞는다.

3. 양파는 얇게 채 썬다.

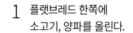

1. 플랫브레드 한쪽에
   소고기, 양파를 올린다.

2. 치즈를 올려 반으로 접는다.

3. 마른 팬에 ②를 올려
   중약 불에서 뚜껑을 덮어
   15분간 완전히 익을 때까지
   뒤집어 가며 노릇하게
   굽는다.

감자채 피자

식감이 바삭해서 더 맛있는 감자채 피자는 밥태기가 와서 쌀을 거부할 때 아기에게 먹이기 좋은
식사 메뉴예요. 얇게 채 썬 감자를 피자 도우 대신 사용하기 때문에 바닥은 바삭하고
윗면은 포슬포슬 다양한 식감을 느낄 수 있지요. 라구소스와 치즈가 올라가기 때문에
단백질도 함께 섭취할 수 있어 영양 간식으로도 좋아요.

재료　　🍼 1회분　　🍲 15분　　❄️ 당일 섭취

- 감자 150g(또는 고구마, 단호박)
- 아기용 치즈 1장
- 올리브유 1작은술
- 아기용 라구소스 80g(416쪽)

334

❶ 감자는 얇게 채 썬 후 찬물에 헹궈
   키친타월에 감싸 물기를 제거한다.

❷ 치즈는 비닐째 칼등으로 눌러 작게 조각낸다.

1 내열 용기에 감자,
  올리브유(1작은술),
  치즈 1/2장을 넣고 섞은 후
  전자레인지에서 2분 30초간
  돌려 익힌다.

2 팬에 올리브유(약간)를 두르고
  ①을 올려 넓게 편다.

3 라구소스를 올려 편 후
  남은 치즈 1/2장을 나눠
  올린다.

4 뚜껑을 덮고 약한 불에서
  5분간 익힌다.

☆
응용하세요

다른 재료를 넣어 활용하기
담백한 감자 대신 달콤한 단호박이나
고구마 등으로 도우를 만들고
다양한 토핑을 올려 만들어보세요.
재료 조합에 따라 같은 음식도
색다른 맛으로 즐길 수 있어요.

나물 피자

반죽에 곤드레나물을 넣은 피자예요. 씹을 때마다 도우에서 올라오는 나물 향이 은은해
평소에 향이 강한 나물을 먹지 않는 아기들도 맛있게 잘 먹어요. 이 도우는 발효나 숙성 과정 없이
바로 밀어 만들 수 있어 오래 걸리지 않고 다양한 토핑을 올려 응용하기 좋답니다.

재료   😊 1회분   🍲 45분   ❄️ 당일 섭취

- 아기용 토마토소스
  2큰술(418쪽)
- 아기용 치즈 1장
- 토핑 20g
  (데친 브로콜리,
  무첨가 통조림 옥수수 등)
- 덧밀가루 약간

★ 밀대를 준비하세요.

도우 반죽
- 강력분 6큰술
- 그릭요거트 60g
  (또는 아기용 떠먹는 플레인
  요구르트 2큰술)
- 베이킹파우더 1/4작은술
- 올리브유 1/2작은술
- 동결건조 곤드레 1g(30쪽,
  또는 시금치, 취나물 2줄기)

동결건조 곤드레는 뜨거운 물에 넣어 10분간 불린 후 물기를 꼭 짠다.

1 볼에 도우 반죽 재료를 넣어 반죽한다.

2 ①에 덧밀가루를 뿌리고 밀대로 밀어 지름 18cm의 원형으로 펴 오븐 팬에 올린 후 포크로 구멍을 골고루 낸다.

3 토마토소스를 바르고 치즈를 찢어 올린 후 토핑 재료를 올린다.

4 200℃로 예열한 오븐에서 15분간 굽는다.
★ 190℃로 예열한 에어프라이어에서 15분간 구워도 좋아요. 오븐이 없다면 올리브유를 두른 팬에 도우를 올려 중간 불에서 7분간 굽고 뒤집은 후 토핑을 올려 뚜껑을 덮어 아랫면까지 완전히 익혀요.

☆
알아두세요

곤드레는 손질된 걸 사용하면 편해요

곤드레 같은 건나물은 전처리 과정에 시간이 오래 걸리는 경우가 많아요. 지나치게 손이 많이 가는 식재료는 엄마도 손질이 힘들기 때문에 점점 기피하게 되지요. 그럴 때는 손질이 다 되어 있는 것을 구매하거나 동결건조 제품인 곤드레쑥(30쪽)처럼 전처리 과정이 간단한 제품을 이용해 만들면 훨씬 더 수월하게 음식을 준비할 수 있어요.

라구소스 미트파이

아기용 라구소스를 이용해 만든 핑거푸드예요. 어려울 것 같지만 믹서를 이용해 파이 반죽을
만들기 때문에 생각보다 쉬워요. 바삭한 파이의 식감 덕분에 아기들이 과자처럼 맛있게 먹는데
탄수화물과 단백질, 지방, 식이섬유가 적절히 들어 있어 한 끼 식사로 손색이 없어요.
손에 묻지 않아 외출할 때 도시락으로 챙기기도 좋답니다.

재료 　　🍼 1~2회분　　🍲 60분　　❄️ 상온 보관 1일(냉동 2주)

- 중력분 100g
- 차가운 무염버터 30g
- 물 2큰술
- 아기용 라구소스 80g(416쪽)
- 아기용 치즈 1장
- 달걀 1개(또는 우유)
- 덧밀가루 약간

★ 밀대를 준비하세요.

① 푸드프로세서에 중력분, 차가운 버터, 물(2큰술)을 넣고 돌리고 멈추기를 반복해 보슬보슬한 소보로 상태가 되게 만든다.

② 비닐을 넓게 펴고 반죽을 한데 모아 비닐을 접어 네모 반듯하게 뭉쳐 30분간 냉장실에 두어 휴지시킨다.

② 볼에 달걀을 넣고 푼다.

1 팬에 라구소스를 넣고 중약 불에서 15분간 물기가 없어질 때까지 볶는다.

2 냉장실에서 휴지시킨 반죽을 꺼내 덧밀가루를 뿌린다.

3 밀대로 얇게 밀어 편 후 지름 6~7cm의 컵으로 동그랗게 찍어 24개의 반죽을 만든다.

4 치즈를 12등분해 올리고 라구소스를 1작은술씩 올린다.

5 테두리에 달걀물을 바르고 반죽을 올려 포크로 가장자리를 꾹꾹 누른다.

6 윗면에 달걀물을 바르고 180℃로 예열한 오븐 (또는 에어프라이어)에서 15~20분간 굽는다.
★ 오븐이 없다면 올리브유를 두른 팬에 올려 중약 불에서 앞뒤로 노릇하게 구워요.

닭고기 감자 커리파이

만두피를 이용해 간편하게 만드는 파이예요. 바삭한 파이 속에 쫄깃한 닭고기,
포슬한 감자, 침샘을 자극하는 커리향이 들어 있어 큰 애가 특히 좋아하는 음식이에요.
한가득 구웠다가 에어프라이어에 데워 영양 간식으로 주기도 참 좋답니다.

재료　　🍼 2~3회분　🍳 45분　🧊 냉장 보관 2일 ⋯⋯⋯⋯⋯⋯⋯⋯⋯⋯⋯⋯⋯⋯⋯⋯⋯⋯⋯⋯

- 닭가슴살 100g(약 1쪽)
- 감자 200g
- 양파 50g
- 당근 50g
- 현미유 1작은술(또는 아보카도유)
- 아기용 저염 카레가루 2작은술
- 만두피 24장
- 달걀 1개

준비하기

1. 감자, 양파, 당근은 아기가 먹기 좋도록 작게 깍둑썬다.

2. 닭가슴살은 채소와 같은 크기로 작게 썬다.

3. 볼에 달걀을 넣고 푼다.

만들기

1 볼에 작게 썬 감자, 양파, 당근, 현미유를 넣고 뚜껑을 덮어 전자레인지에서 1분간 익힌다.

2 ①의 볼에 닭가슴살, 카레가루를 넣고 섞는다.

3 만두피 12장의 테두리에 달걀물을 바르고 ②를 한 숟가락씩 올린다.
★ 만두피 크기에 따라 완성 갯수가 달라질 수 있어요.

4 남은 12장의 만두피로 윗면을 덮고 내용물이 새지 않게 가장자리를 위쪽으로 말아 올린다.

응용하세요

라구소스 활용하기

만두피 속에 치킨커리 대신 아기용 라구소스(416쪽)와 치즈를 넣어 구워보세요. 라구소스 미트파이(338쪽)처럼 만들 수 있어요. 들어가는 재료를 다양하게 구성해 보는 것도 아기 밥상 차리는데 빠지지 않는 재미 중의 하나예요.

5 이쑤시개로 윗면을 찔러 공기구멍을 낸 후 윗면에 달걀물을 바른다.

6 180℃로 예열한 오븐에서 20분간 굽는다.
★ 180℃로 예열한 에어프라이어에서 15~17분간 구워도 좋아요.

만
12개월
이후~

이유식·베이비푸드

감자샐러드 볼카츠

밀가루, 빵가루 대신 쌀가루, 오트밀을 사용해 바삭하게 튀긴 볼카츠예요. 바삭한 볼카츠 속에
부드러운 감자샐러드를 넣어 한입 베어 물었을 때 대비되는 식감이 재미있어요. 동글동글 모양을 내서
만들어야 해서 손이 가는 요리지만 가끔 특식으로 주면 아기가 참 좋아한답니다.

| 재료 | 😊 2회분 | 🕐 60분 | ❄️ 냉장 보관 3일(냉동 2주) |

- 다진 소고기 60g
- 감자 30g
- 양배추 10g
- 무첨가 통조림 옥수수 1/2작은술
- 아기용 치즈 1/2장
- 쌀가루 2큰술
- 달걀 1개
- 오트밀 적당량
- 현미유 적당량(또는 아보카도유)

342

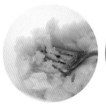 

1 감자를 작게 썰어 내열 용기에
물(2큰술)과 함께 넣고
전자레인지에서 2~3분간 돌려 익힌다.
포크로 곱게 으깬다.

2 양배추는 0.5cm 크기로 작게 썬다.
내열 용기에 물(1큰술)과 함께 담아
전자레인지에서 1분간 돌려 익힌다.

3 볼에 달걀을 넣고 푼다.

1 볼에 감자, 양배추, 옥수수,
치즈를 찢어 넣고 섞는다.

2 소고기를 한 수저씩 덜어
오목하게 만들고 ①을 넣어
동그랗게 빚는다.

3 ②에 쌀가루 → 달걀물 → 오트밀 순으로 입힌다.

4 팬에 현미유를 넣고 달군 후
③을 넣어 중간 불에서
5~7분간 겉면만 바삭하게
튀긴다.

5 180℃로 예열한
에어프라이어(또는 오븐)에서
10~15분간 익힌다.
★ 에어프라이어가 없다면
과정 ④를 마친 후 중약 불로
줄여 12~15분간 튀겨요.

옥수수 치킨볼

부드러운 크림소스나 새콤한 타르타르소스, 토마토케첩을 곁들여 먹으면 더 맛있는 메뉴예요.
담백한 닭고기에 입에서 톡톡 터지는 옥수수 알갱이를 넣어 한입 크기로 빚기 때문에
먹기 편할 뿐만 아니라 식감도 아주 재미있어요. 미트볼처럼 육즙이 풍부하게 터지는 맛은 아니지만
씹을수록 달고 고소한 맛이 난답니다.

재료   4회분   30분   ❄ 냉장 보관 3일(냉동 2주)

- 닭안심 200g(약 8쪽)
- 오트밀 24g
- 무첨가 통조림 옥수수 70g
- 아기용 치즈 2장
- 무염버터 5g

344

① 닭안심은 근막과 힘줄을 제거하고
   작게 깍둑썬다.

② 볼에 버터를 넣고 전자레인지에
   20초간 돌려 녹인다.

③ 치즈는 칼등으로 썰어 작게 조각낸다.

1 푸드프로세서에 닭안심,
  오트밀을 넣고 곱게 간다.

2 ①에 옥수수, 치즈, 녹인 버터를
  넣고 잘 섞는다.

3 숟가락으로 떠
  아기가 먹기 좋도록
  작은 한입 크기로
  동그랗게 빚는다.

4 180℃로 예열한 오븐
  (또는 에어프라이어)에서
  14~16분간 굽는다.
  ★ 오븐이 없다면 현미유를
  두른 팬에 붙지 않게 올리고
  중약 불에서 10~15분간
  굴려가며 구워요.

밥볼 튀김

이탈리아 요리인 '아란치니'를 아기용으로 만들었어요. 밥볼 튀김은 자투리 채소나 전날 먹고 남은
반찬들을 활용하기 좋은 메뉴예요. 애매하게 남은 채소나 반찬을 다져 넣고 볶음밥을 만든 후
밀가루, 달걀, 떡뻥가루를 입혀 튀기는 거라 평소에 아기들이 싫어하는 채소도 쉽게 먹일 수 있어요.
들어가는 재료에 따라 맛이 천차만별로 달라지니 다양하게 만들어보세요.

| 재료 | 🍼 1회분 | 🍲 45분 | ❄️ 당일 섭취 |

- 밥 80g
- 모둠 채소 50g(양파, 당근, 애호박)
- 다진 소고기 50g
- 아기용 치즈 1장
- 밀가루 2큰술
- 달걀 1개
- 떡뻥 90g(또는 아기 퍼프나 오트밀, 1컵)
- 현미유 약간(또는 아보카도유)

① 모둠 채소는 곱게 다진다.

② 볼에 달걀을 넣고 푼다.

③ 떡뻥은 지퍼백에 넣고 곱게 부수어 떡뻥가루를 만든다.

1 현미유를 둘러 달군 팬에 모둠 채소를 넣고 중약 불에서 10분간 볶다가 소고기를 넣고 중간 불에서 5~7분간 더 볶는다.

2 볼에 밥, ①, 치즈를 찢어 넣고 섞는다.

3 아기가 먹기 좋게 한입 크기로 작게 완자를 25개 가량 빚는다.

4 ③에 밀가루 → 달걀물 → 떡뻥가루 순으로 묻힌다.

☆
알아두세요

아기용은 시판 빵가루 대신 떡뻥, 퍼프, 오트밀 가루로!

첨가물과 나트륨 함량이 높은 빵가루는 두 돌 전 아기 음식에는 사용할 수 없어요. 대신 오트밀이나 아기 퍼프, 떡뻥 등을 곱게 갈아 빵가루 대신 사용하면 바삭하게 만들 수 있어요.

5 겉면에 현미유를 뿌리고 180°C로 예열한 오븐 (또는 에어프라이어)에서 7~10분간 굽는다.

★ 오븐이 없다면 현미유를 두른 팬에 붙지 않게 올리고 중약 불에서 5~7분간 겉이 타지 않도록 튀겨요.

아이주도 레시피

밥도그

곤드레나물을 넣은 밥에 떡갈비 반죽을 넣어 먹기 좋게 튀긴 밥도그는 아기들이 좋아하는
특별식이에요. 꼬치에 꽂아 주기 때문에 아기들이 아주 재밌게 식사를 한답니다.
다만 뾰족한 꼬치가 위험할 수 있어 앞쪽을 잘라 뭉툭하게 만들어주거나 먹을 때 옆에서
주의 깊게 보며 꼬치를 빼주는 등 먹는 걸 도와줘야 해요.

재료   2회분 🍲 30분 ❄ 당일 섭취 ⋯⋯⋯⋯⋯⋯

- 밀가루 적당량
- 달걀 1개
- 아기 퍼프 적당량
  (또는 떡뻥, 오트밀)
- 현미유 적당량
  (또는 아보카도유)

밥 반죽
- 밥 90g
- 동결건조 곤드레 2g(30쪽,
  또는 시금치 2~3줄기)

- 참기름 약간
- 통깨 약간

떡갈비 반죽
- 다진 소고기 60g
- 다진 양파 25g
- 다진 마늘 1/2큰술
- 배도라지고 1/4작은술(30쪽)
- 발사믹식초 1/4작은술
- 조청 1/4작은술

❶ 동결건조 곤드레는 뜨거운 물에 넣어
　10분간 불린 후 물기를 꼭 짠다.

❷ 아기 퍼프는 지퍼백에 넣고 곱게 부수어
　퍼프가루를 만든다.

❸ 볼에 달걀을 넣고 푼다.

1 볼에 밥 반죽 재료를 넣고
　섞는다.

2 다른 볼에 떡갈비 반죽 재료를
　넣고 섞어 치댄다.

3 꼬치 끝을 가위로
　뭉툭하게 자른 후
　②를 500원 크기만큼 떼어
　길쭉하게 모양을 잡는다.

4 밀가루를 묻히고 ①로 감싼다.

☆ 알아두세요

**아기에게 꼬치 요리를 줄 때
특히 신경쓸 점**

꼬치에 꽂아 먹는 음식은 아기가
들고 주도적으로 먹기 좋지만,
다칠 수 있기 때문에 반드시 끝을
뭉툭하게 잘라야 해요. 또한 먹으면서
꼬치를 너무 깊이 넣어 목구멍을
찌르지 않도록 주의 깊게 살펴봐야
해요. 염려가 된다면 꼬치를 꽂지
말고 스틱 형태로 주세요.

5 밀가루 → 달걀물 →
　퍼프가루 순으로 입힌다.

6 팬에 현미유를 넣고 달군 후
　중약 불에서 15~20분간
　고기가 완전히 익을 때까지 튀긴다.
　★ 과정 ⑤까지 진행한 후
　현미유를 뿌리고 180℃로 예열한
　에어프라이어(또는 오븐)에
　10~15분간 익혀도 좋아요.

밥콘치킨

한입에 쏙 들어가는 밥콘치킨만 다 먹어도 한 끼에 영양을 가득 채울 수 있어요.
아기들은 주기적으로 밥을 안 먹는 때가 있는데 그때 먹이기 좋은 메뉴예요.
옥수수의 터지는 식감 덕분에 밥이 들어간 줄도 모르게 아주 잘 먹거든요.
한 메뉴 안에 필요한 영양분이 모두 들어가기 때문에 외출할 때 도시락으로도 좋답니다.

재료 　🍼 1회분 　⏲ 30분 　🧊 냉장 보관 3일(냉동 2주)

- 밥 90g
- 닭안심 60g(약 2~3쪽)
- 무첨가 통조림 옥수수 30g
- 브로콜리 10g
- 밀가루 1큰술
- 양파가루 1/2작은술
- 올리브유 적당량

① 브로콜리는 곱게 다진다.

② 닭안심은 근막과 힘줄을 제거하고 곱게 다진다.

③ 트레이에 밀가루, 양파가루를 넣고 섞는다.

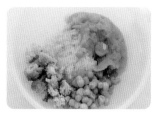 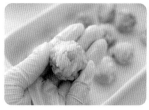

1 볼에 밥, 닭안심, 통조림 옥수수, 브로콜리를 넣어 섞는다.

2 12등분한 후 아기가 먹기 좋은 작은 크기로 동그랗게 빚는다.

3 트레이에 섞어둔 가루를 골고루 묻혀 5분간 둔다.

4 올리브유를 뿌린 후 180℃로 예열한 에어프라이어에서 15분간 익힌다.

★ 오븐이 없다면 올리브유를 두른 팬에 붙지 않게 올리고 중약 불에서 10~12분간 굽듯이 튀겨요.

☆
알아두세요

아기에게도 괜찮은
통조림 옥수수는 이 제품!

손질이 귀찮은 옥수수 같은 경우에는 시중에 판매되는 시판 옥수수 병조림이나 통조림을 사용하면 편하게 준비할 수 있어요. '비비베르데'에서 나온 콘 통조림은 유기농 제품으로 첨가물이 들어가지 않고 한두 번 사용하기 적당한 양이 들어 있어요. 개봉하면 3일 내에 먹어야 하기 때문에 작은 크기로 구매하세요(31쪽).

양파가루로 감칠맛을 더해요

튀김류를 만들 때는 양파가루를 활용해 감칠맛을 더해주세요. 양파가루나 연근가루는 채소가루 중에 짠맛과 감칠맛이 강한 편이기 때문에 아직 튀김가루를 사용하지 못하는 두 돌 이전에 활용하기 좋은 천연 조미료예요.

무수분 고기찜

채소 한가득 넣어 푹 쪄내는 무수분 고기찜은 맛이 깊고 깔끔한 게 특징이에요. 고기에서 나온
육즙과 채소에서 나온 채즙이 섞여 감칠맛이 특히 좋고, 토마토의 씨를 빼고 넣기 때문에
신맛 없이 단맛만 남아 입안을 부드럽게 적신답니다. 무수분으로 약한 불에 오래 익히기 때문에
식감이 부드러워 아기들이 먹기 좋아요. 온 가족이 같이 먹기 좋은 메뉴랍니다.

재료 　😊 3회분 　🍲 60분 　❄️ 냉장 보관 3일 ┄┄┄┄┄┄┄┄┄┄┄┄┄┄┄┄┄┄

- 소고기 아롱사태 200g(또는 양고기, 닭다리살)
- 토마토 150g
- 무 100g
- 양파 50g
- 당근 30g
- 마늘 3개
- 통후추 3~4개
- 월계수잎 1장
- 올리브유 1작은술

1. 토마토는 씨를 빼고 깍둑썬다.
2. 무, 양파, 당근은 2~3cm 크기로 깍둑썬다.

1. 냄비에 모든 재료를 넣고 뚜껑을 덮은 후 중약 불에 끓인다.

2. 채수가 나오며 끓기 시작하면 약한 불로 줄여 20분간 아롱사태가 익을 때까지 끓인다.

3. 아롱사태를 건져 먹기 좋게 썬다.

4. 냄비에 ③을 다시 담아 뚜껑을 덮고 약한 불에서 20~30분간 푹 익힌다.
   ★ 먹기 전에 통후추, 월계수잎을 제거해요.

☆
응용하세요

양고기를 사용해도 좋아요
아기들이 의외로 잘 먹는
육류 중 하나가 바로 양고기예요.
양고기를 이용해 무수분 고기찜을
만들어보세요. 독특한 향과 맛의
고기찜을 맛볼 수 있어요.

무염 갈비찜

아기용 만능 고기양념을 이용한 갈비찜이에요. 반나절 동안 양념에 재워놨다가 냄비에 푹 찌거나 밥솥의 찜 기능으로 조리하면 부드럽고 촉촉하게 만들 수 있어요. 만능 고기양념에 연육 작용을 하는 과일과 식초도 들어가기 때문에 고기가 으깨질 정도로 연해져서 먹기 좋아요. 아기가 잘 먹는 채소들도 함께 넣어주세요.

재료 | 😊 2회분 | 🍲 45분 | ❄️ 냉장 보관 3일

- 소갈비살 100g(또는 돼지갈비살, 닭다리살)
- 아기용 만능 고기양념 50g(415쪽)
- 감자 100g(또는 연근)
- 당근 50g
- 표고버섯 1개

1. 감자, 당근은 한입 크기로 썰고
   모서리를 둥글게 깎아 손질한다.

2. 표고버섯은 밑동을 제거하고 2등분한다.

3. 소고기는 한입 크기로 썬다.

1 소고기에 만능 고기양념을
넣어 버무린 후 냉장실에서
6시간 이상 재운다.

2 냄비에 모든 재료를 넣고
중간 불에 올려 끓인다.

3 끓어오르면 약한 불로 줄이고
뚜껑을 덮어 30분간 푹 익힌다.
★ 전기밥솥의 만능 찜 기능으로
30분간 쪄도 좋아요.

☆
알아두세요

채소의 모서리를 둥글게 깎는 이유
익히는 과정에서 채소의 뾰족하고
각진 모서리 부분이 으깨져 양념에
섞여 탁한 갈비찜이 될 수 있으니
채소의 모서리 부분은 둥글게 손질해
주면 좋아요.

찜닭

부드럽고 연한 닭다리살을 아기가 먹기 좋게 잘라 아기용 만능 고기양념을 더해 만든 찜닭이에요.
달콤한 양념 맛에 아기들이 아주 좋아하는 음식이에요. 간장을 넣거나 간을 하지 않았는데도
온 가족이 함께 먹기 좋아요. 취향에 따라 감자 대신 고구마나 떡을 넣어도 맛있어요.
단, 떡은 목에 걸려 질식의 위험이 있으니 씹는 능력이 충분히 발달한 후 넣고 주의 깊게 살펴주세요.

| 재료 | 2회분 | 30분 | ❄ 냉장 보관 3일 |

- 닭다리살 100g(약 1쪽)
- 아기용 만능 고기양념 50g(415쪽)
- 양파 30g
- 감자 20g
- 당근 10g

① 닭다리살은 껍질을 제거하고
한입 크기로 썬다.

② 양파, 당근, 감자는 한입 크기로 썬다.

1 팬에 양파, 당근, 감자를 깔고
닭다리살을 올린다.

2 만능 고기양념을 골고루 붓고
뚜껑을 덮어 중약 불에서
15분간 끓인다.

3 한 번 섞은 후 다시 뚜껑을
덮고 30분간 푹 익힌다.

☆
알아두세요

**돌 이후에는 다양한 부위를
사용해도 돼요**

돌 전까지는 기름기 없는 안심으로
이유식을 만들었다면, 돌이 지난
후에는 기름기가 조금 있는 부위도
가끔 줄 수 있어요. 닭다리살은
닭가슴살이나 닭안심에 비해 지방이
많은 만큼 식감이 부드럽고 촉촉해요.

닭안심 꼬치

아기에게 주는 닭꼬치는 어른이 먹는 것과는 다르게 덩어리로 잘라 꼬치에 꽂지 않아요. 아직 덩어리
고기는 퍽퍽해하거나 제대로 씹지 못하기 때문에 꼬치에 꽂아 얇게 칼집을 내주는 게 뜯어 먹기
한결 수월하답니다. 곱게 들어간 칼집 덕에 속까지 양념이 쏙 배어 더 맛있게 먹을 수 있어요.

| 재료 | 2회분 | 15분 | 냉장 보관 2일 |

- 닭안심 100g(약 4쪽)
- 양파가루 1작은술
- 백후춧가루 약간
  (생략 가능)
- 현미유 약간
  (또는 아보카도유)

★ 꼬치를 4개 준비하세요.

소스
- 발사믹식초 1/2작은술
- 조청 1과 1/2작은술
- 올리브유 1/2작은술

① 작은 볼에 소스 재료를 넣고 섞어둔다.
② 닭안심은 근막과 힘줄을 제거한다.

1 나무 꼬치에
손질한 닭안심을 꽂는다.
꼬치 끝을 가위로
뭉툭하게 자른다.

2 ①에 곱게 칼집을 넣어
얇게 편 후 양파가루,
백후춧가루를 뿌려 밑간한다.

3 달군 팬에 현미유를 두르고
닭꼬치를 올린 후
중약 불에서 뒤집어 가며
겉면만 하얗게 익힌다.

4 소스를 골고루 뿌린다.

5 중약 불에서 7~10분간
앞뒤로 뒤집어 가며
속까지 완전히 익힌다.
★ 꼬치에 다치지 않도록
잘 지켜 봐주세요.
먹기 힘들어하면 빼서
그릇에 담아줘도 좋아요.

☆
알아두세요

닭안심 손질할 때는 살살~
닭고기 중 안심은 육질이 연하기
때문에 칼집을 넣을 때 힘을 세게
주면 쉽게 썰릴 수 있어요.
잘게 살짝 두드리듯 칼날로 치거나,
칼등이나 고기 망치를 이용해 가볍게
두드려 고기를 얇게 펴도 돼요.

광어 찹스테이크

고기로 만드는 찹스테이크 못지않게 맛있는 광어 찹스테이크예요. 탄탄한 생선 살에 밀가루를 입혀
흐트러지지 않게 구워내 보기에도 좋답니다. 토마토소스와 잘 어울려 식어도 비린내가 나지 않게
먹을 수 있어요. 토마토소스나 파프리카가루로 빨간색을 낸 음식들은 아기가 낯설어하지 않도록
엄마와 함께 먹으면 더 좋아요.

재료   🐣 2회분   🍳 30분   🍱 당일 섭취

- 냉동 순살 광어살 100g(또는 코다리, 소고기 안심)
- 밀가루 1큰술
- 양파 50g
- 당근 약간
- 토마토퓌레 1큰술
- 조청 1작은술
- 현미유 적당량(또는 아보카도유)
- 통깨 약간

1 광어는 12시간 이상 냉장실에서 해동하거나
포장 그대로 찬물에 담가 해동한다.
흐르는 물에 씻은 후 키친타월로 감싸
물기를 제거한다. 아기가 먹기 좋게
한입 크기로 작게 썬다.

2 양파, 당근은 아기가 먹기 좋게
한입 크기로 작게 깍둑썬다.

1 위생 비닐에 밀가루, 광어를
넣고 흔들어 가루를 입힌다.

2 팬에 현미유를 넣고 달군 후
광어를 넣어 중간 불에서
5~7분간 광어가 완전히 익도록
튀기듯 굽는다.

3 키친타월로 팬에
남은 기름을 닦아낸 후
양파, 당근을 넣고
중간 불에서 10~15분간
볶는다.

4 양파가 투명하게 익으면
토마토퓌레, 조청을 넣고
조린 후 통깨를 뿌린다.

코다리강정

쫄깃쫄깃 식감까지 맛있는 코다리 강정이에요. 코다리는 반건조 생선이라 식감이 차진 편이에요.
그래서 바짝 익히거나, 이렇게 강정으로 만들었을 때 특유의 식감과 고소한 맛이 훨씬 더 살아나지요.
코다리는 아기가 먹기 좋게 스틱으로 잘라 바삭하게 구워 조청을 입혔어요. 얼마나 잘 먹는지
다른 반찬 없이 데친 채소 하나만 같이 줘도 충분하답니다. 만들어 온 가족이 함께 먹으면 더 좋아요.

재료   🐽 3회분   🍳 30분   ❄️ 당일 섭취

- 냉동 순살 코다리살 150g
- 밀가루 2큰술
- 전분 1작은술
- 현미유 적당량(또는 아보카도유)

소스
- 아기용 주스 2큰술
- 조청 1작은술

362

❶ 코다리는 12시간 이상 냉장실에서
   해동하거나 포장 그대로 찬물에 담가
   해동한다. 흐르는 물에 씻은 후
   키친타월로 감싸 물기를 제거한다.
   살을 눌러가며 가시를 확인해 제거한다.
   껍질이 아래로 가게 놓고 1cm 두께로 썬다.

❷ 트레이에 밀가루, 전분을 넣고 섞는다.

 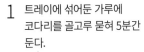 

1 트레이에 섞어둔 가루에
  코다리를 골고루 묻혀 5분간
  둔다.

2 팬에 현미유를 넉넉히 두르고
  중간 불에서 예열한 후
  코다리를 넣는다.

3 코다리를 앞뒤로 뒤집어 가며
  7~10분간 바삭하게 튀기듯
  구운 후 체에 밭쳐 식힌다.

4 팬에 소스 재료를 넣어
  섞은 후 약한 불에서
  끓어오르면 ③을 넣고
  5~7분간 조린다.

☆
알아두세요

반건조 생선의 특징

코다리와 같은 반건조 생선은
수분이 빠져나가고 남은 영양분이
아주 응축되어 있어요. 그래서
같은 무게의 생물 생선보다
단백질 함량도 월등히 높고,
비타민 B도 다량 함유하고 있지요.
생물에 비해서는 식감이 쫀득하고,
완전히 말린 건조 생선에 비해서는
촉촉하고 부드러워 찜이나 강정,
조림으로 만들면 잘 어울려요.

만 12개월 이후~

아이주도 레스토랑

고기강정

고기로 완자를 빚어 바싹하게 튀겨 달콤한 소스를 입혀 조린 고기강정은 아기가 잘 먹는 반찬 중 하나예요. 달콤하고 윤기 나는 양념이 입혀져 있고 겉은 바삭, 속은 육즙으로 촉촉하기 때문에 한 김 식혀도 고기 누린내가 나거나 질겨지지 않아 도시락 반찬으로 활용해도 된답니다.

재료 　🐣 2회분 　🍲 30분 　❄️ 냉장 보관 3일(냉동 2주)

- 다진 돼지고기 100g
- 양파 30g
- 마늘 1개(또는 다진 마늘 1작은술)
- 찹쌀가루 2큰술
- 현미유 적당량(또는 아보카도유)

소스
- 발사믹식초 2작은술
- 조청 2작은술

① 양파, 마늘은 곱게 다진다.
② 작은 볼에 소스 재료를 넣고 섞는다.

1 볼에 돼지고기, 양파, 마늘을 넣고 치댄다.

2 12등분한 후 동그랗게 완자를 빚어 찹쌀가루를 묻힌다.

3 팬에 현미유를 넣고 달군 후 ②를 넣어 중간 불에서 5~7분간 겉이 바삭해지게 튀긴다.

4 180℃로 예열한 에어프라이어(또는 오븐)에서 5분간 속까지 완전히 익힌다.
★ 에어프라이어가 없다면 과정 ③에서 튀기는 시간을 10~15분으로 늘려요.

5 팬에 소스를 붓고 약한 불에서 끓어오르면 ④를 넣어 섞는다.

닭강정

평소에 아기들에게 튀김을 자주 해주지는 않아요. 그래도 일주일에 한 번 정도는
기름을 넉넉히 사용해 바삭하게 튀겨주면 특별식 느낌으로 잘 먹는답니다.
아기가 먹기 좋도록 고기를 다져 바삭하게 튀겨주세요. 겉은 바삭하고 속은 부드러운 치킨에
달콤한 강정소스까지, 엄마표 치킨이 빛을 발하는 시간이랍니다.

재료　　😊 3회분　🍲 30분　❄️ 냉장 보관 3일 ⋯⋯⋯⋯⋯⋯⋯⋯⋯

- 닭다리살 150g
  (또는 닭안심, 약 2쪽)
- 찹쌀가루 1큰술
- 현미유 적당량
  (또는 아보카도유)

밑간
- 양파가루 1/4작은술
- 백후춧가루 약간
  (생략 가능)

소스
- 토마토퓌레 1큰술
- 조청 2작은술

닭다리살은 껍질을 제거하고
칼로 곱게 다진다.

1 볼에 닭다리살, 밑간 재료를
넣고 섞는다.

2 ①을 16등분한 후
한입 크기로 동그랗게 빚는다.

3 트레이에 찹쌀가루, ②를
넣어 골고루 묻힌다.

4 팬에 현미유를 넣고 달군 후
③을 넣고 중약 불에서
15~20분간 노릇하게 튀긴다.

5 속까지 완전히 익으면
체에 밭쳐 기름을 뺀다.

6 팬에 소스 재료를 넣어 섞은 후
약한 불에서 끓어오르면
⑤를 넣고 5분간 조린다.

☆
알아두세요

찹쌀가루를 활용하면 좋은 점
강정에는 보통 전분을 묻혀 튀기는데,
찹쌀가루를 묻혀 튀기면 바삭한
소리가 날 정도로 맛있는 식감으로
튀겨져 종종 활용해요.

브로콜리 옥수수튀김

톡톡 터지는 옥수수 맛에 누구나 좋아할 수밖에 없는 메뉴로 아기가 정말 잘 먹었던 음식이에요.
옥수수 알갱이의 식감이 아주 강하기 때문에, 브로콜리에 대한 거부감이 줄어든답니다.
편식하는 데는 다양한 이유가 있지만 맛, 냄새 외에도 식감이 아주 큰 영향을 미쳐요.
아기가 씹기 싫어하는 재료가 있다면 강렬한 식감의 재료를 조합해 만들어 보는 것도 좋습니다.

재료　　🐤 2회분　🍲 25분　🧊 당일 섭취

- 브로콜리 40g
- 무첨가 통조림 옥수수 40g
- 밀가루 2큰술
- 찬물 2큰술
- 현미유 적당량(또는 아보카도유)

브로콜리는 0.5cm 크기로 작게 썬다.

1 볼에 현미유를 제외한
모든 재료를 넣고 섞는다.

2 팬에 현미유를 넣고
중간 불에서 달군 후
①의 반죽을 한 수저씩
떼어 넣는다.

3 중약 불로 낮춰 5~7분간
바삭하게 튀긴 후
체에 밭쳐 기름을 뺀다.

☆
응용하세요

전으로 만들어도 돼요
튀기는 조리법이 부담스럽다면,
브로콜리를 더 작게 다져서
전처럼 부쳐도 좋아요.

아이주도 레스토랑

브로콜리 새우튀김

브로콜리를 잘 먹는 아기라면 기쁜 마음으로 이 메뉴를 만들고, 혹 잘 먹지 않는 아기라면 브로콜리와
친해지게 하기 위해 만들어보세요. 탱탱하게 씹히는 새우살 덕분에 브로콜리와 사랑에 빠질 거예요.
초록 채소라면 질색하던 아기도 먹다 보면 브로콜리에 대한 거부감이 눈 녹듯 사라진답니다.
브로콜리는 살짝 익혀서 사용해야 새우가 오버쿡 되지 않아 부드럽게 먹을 수 있어요.

재료   1회분   15분   당일 섭취

- 브로콜리 50g
- 냉동 새우살 25g
- 달걀흰자 1개분
- 전분 1큰술
- 백후춧가루 약간(생략 가능)
- 현미유 적당량(또는 아보카도유)

새우살은 12시간 이상 냉장실에서
해동하거나 포장 그대로 찬물에 담가 해동한다.
흐르는 물에 씻은 후 키친타월로 감싸
물기를 제거한다.

1 내열 용기에 브로콜리,
물(1큰술)을 넣고 전자레인지에
1분간 돌려 익힌다.
★ 튀기는 시간이 길지 않으니
브로콜리를 미리 익혀요.

2 익힌 브로콜리는 작게 썬다.
새우살은 곱게 다진다.

3 볼에 현미유를 제외한
모든 재료를 넣고 섞는다.

4 팬에 현미유를 넣고
중간 불로 달군 후
③의 반죽을 한 수저씩
떼어 넣는다.

5 새우살이 불투명하게 완전히
익으면 체에 받쳐 기름을 뺀다.
★ 새우살을 너무 오래 익히면
단단해지니 주의하세요.

응용하세요

전으로 만들어도 돼요
튀기는 조리법이 부담스럽다면,
브로콜리를 더 작게 다져서 전처럼
부쳐도 좋아요.

아기 돈가스

먹기 편하게 한입 크기로 잘라 만든 아기 돈가스는 인기 만점 메뉴예요. 덩어리 고기이니 충분히 두들겨 얇고 부드럽게 하는 것이 중요해요. 넉넉하게 만들어 냉동실에 넣어놨다가 필요한 만큼만 꺼내 튀기면 간편하답니다. 시판 빵가루는 첨가물과 소금이 많이 들어 있으니, 아기가 평소에 먹는 떡뻥이나 아기 퍼프, 오트밀을 갈아 빵가루 대용으로 사용하면 더 건강하고 맛있게 먹을 수 있어요.

| 재료 | 🍼 6회분 | 🍲 30분 | ❄️ 냉장 보관 3일(냉동 2주) |

- 돼지고기 등심 300g
  (약 8장)
- 밀가루 2큰술
- 달걀 1개
- 아기 퍼프 1/4컵
- 오트밀 1/4컵
- 현미유 적당량
  (또는 아보카도유)

고기 밑간
- 양파가루 1작은술
- 백후춧가루 약간
  (생략 가능)

① 푸드프로세서에 아기 퍼프,
오트밀을 넣고 곱게 간다.

② 볼에 달걀을 넣고 푼다.

1 등심에 고기 밑간 재료를
골고루 뿌린다.

2 ①을 고기 망치로 두드려
얇게 편 후 한입 크기로 썬다.

3 트레이에 등심, 밀가루를
넣고 골고루 묻힌다.

4 달걀물에 ③을 넣고
골고루 묻힌다.

5 ④에 아기 퍼프 +
오트밀가루를 골고루 묻힌다.
★ 바로 먹을 분량을
제외하고는 트레이에
간격을 두고 담은 후
랩으로 씌워 냉동 보관해요.

6 팬에 현미유를 넣고
중간 불로 달군 후 ⑤를 넣어
중약 불에서 10~12분간
앞뒤로 뒤집어 가며 튀긴다.
★ 아기용 돈가스소스
(422쪽)와 같이 먹으면
잘 어울려요.

☆
응용하세요

**튀기지 않고
에어프라이어에 구워도 OK!**

튀기는 조리법이 부담스럽다면
겉면만 기름에 굽고, 에어프라이어에
넣어 속까지 익혀도 돼요.
에어프라이어에서 겉에 묻은 기름도
쏙 빠져 훨씬 더 가볍게 조리할 수
있어요.

아이주도 레시피

치킨텐더

치킨텐더는 돈가스보다 식감이 부드러워 먹기 편하고 식어도 냄새가 덜해 도시락으로 싸서
밖에 나가 먹기 좋은 음식이에요. 봄나들이 갈 때 간단하게 밥볼과 치킨텐더, 피클을 담아
도시락통 가득 담아 가면 열심히 놀고 땀 뻘뻘 흘리며 돌아와 든든하게 한 그릇을 다 비울 거예요.

재료　😊 5회분　🍳 30분　🧊 냉장 보관 3일(냉동 2주)

- 닭안심 250g(약 9쪽)
- 아기 퍼프 + 오트밀 1/2컵
- 달걀 1개
- 현미유 적당량(또는 아보카도유)

튀김가루
- 찹쌀가루 2큰술
- 양파가루 1큰술(생략 가능)
- 백후춧가루 약간(생략 가능)

1 닭안심은 근막과 힘줄을 제거한 후
　사선으로 칼집을 넣는다.

2 푸드프로세서에 아기 퍼프,
　오트밀을 넣고 간다.

3 볼에 달걀을 넣고 푼다.

1　트레이에 튀김가루 재료를
　　넣고 섞은 후 닭안심을 넣고
　　골고루 묻힌다.

2　달걀물에 ①을 넣고
　　골고루 묻힌다.

3　②에 갈아둔 아기 퍼프 + 오트밀가루를 골고루 묻힌다.
　★ 바로 먹을 분량을 제외하고는 밀폐용기에 간격을 두고 담은 후
　냉동 보관해요.

알아두세요

양파가루로 감칠맛을 더해요

튀김류를 만들 때는 양파가루를
활용해 감칠맛을 더해주세요.
양파가루나 연근가루는 채소가루 중
짠맛과 감칠맛이 강한 편이기 때문에
아직 튀김가루를 사용하지 못하는
두 돌 이전에 활용하기 좋은
천연 조미료예요.

4　팬에 현미유를 넣고
　　중약 불에 끓인 후
　　③을 넣어 겉만 바삭하게
　　튀긴다.

5　180℃로 예열한
　　에어프라이어(또는 오븐)에
　　④를 넣고 7~8분간 속까지
　　완전히 익힌다.
　★ 아기용 돈가스소스(422쪽)와
　같이 먹으면 잘 어울려요.

고등어조림

고등어나 삼치 같은 등푸른생선은 살이 단단한 편이라 구이보다 조림으로 먹었을 때
좀 더 촉촉하고 부드러워요. 큼지막한 무와 대파, 마늘을 넣어 비린내 없이 맛이 시원해요.
넉넉하게 만들어 아기가 먹을 분량을 덜어내고 매운 양념을 넣어 살짝 끓이면
엄마, 아빠도 함께 먹기 좋은 메뉴랍니다.

 재료   😊 2회분   🍲 25분   ❄️ 당일 섭취 ··

- 조림용 고등어 100g(2토막, 또는 가자미살)
- 무 100g(또는 감자)
- 대파 10cm
- 마늘 1개(또는 다진 마늘 1작은술)
- 저알코올 맛술 1/2작은술(431쪽, 생략 가능)
- 채수 60㎖(약 1/4컵, 29쪽)

★ 가자미와 같은 흰살생선으로 만들면
후기 이유식으로도 활용하기 좋은 메뉴예요.

① 고등어는 키친타월에 감싸 물기를 제거한다 .
② 무는 0.5cm 두께의 부채꼴 모양으로 썬다.
③ 대파는 어슷썰고, 마늘은 곱게 다진다.

1 냄비 바닥에 무를 깔고
고등어를 올린다.

2 대파, 마늘, 맛술, 채수를 넣고
중간 불에 끓인다.

3 끓어오르면 뚜껑을 덮고
약한 불에서 10분간 끓인 후
그릇에 담는다.

☆
알아두세요

등푸른생선은 돌 이후부터 먹여요
고등어나 삼치 같은 등푸른생선은
돌 이후부터 먹일 수 있어요.
등푸른생선은 오메가-3가 풍부해
영유아기 두뇌 발달에 좋은
식재료이니 일주일에 한 번 정도
챙겨 먹이면 좋아요.

빨간 음식 먹는 연습
파프리카가루를 약간 넣어 붉은색을
더해줘도 좋아요. 이렇게 빨간 음식을
종종 접하게 해서 거부감을 줄여주면
김치 등 매운 음식을 편식 없이
자연스럽게 먹게 돼요.

민어선

원래는 담백하게 찌는 음식이지만 아기들이 먹기 좋게 기름에 구웠어요. 칼집마다 색색이 들어간 채소가
보기에도 화려할 뿐 아니라 영양도 듬뿍 들어 있어 밥과 함께 내어주면 든든하게 먹일 수 있어요.
생선은 민어 말고도 살점이 탄탄한 대구나 생선 외에 두부 같은 식재료를 사용해도 좋아요.

재료   1회분   30분   당일 섭취

- 냉동 순살 민어살 50g(또는 대구살, 두부)
- 당근 15g
- 표고버섯 5~10g
- 부추 약간(또는 쪽파)
- 전분 적당량(또는 밀가루)
- 현미유 적당량(또는 아보카도유)

1 민어는 12시간 이상 냉장실에서 해동하거나 포장 그대로 찬물에 담가 해동한다. 흐르는 물에 씻은 후 키친타월로 감싸 물기를 제거한다. 살 부분에 칼집을 길게 3번 넣는다.

2 당근, 표고버섯은 얇게 채 썰고 부추도 같은 길이로 썬다.

1 민어의 칼집 부분에 당근, 부추, 표고버섯을 각각 채워 넣는다.

2 밀가루를 앞뒤로 골고루 묻힌다.

3 중간 불로 달군 팬에 현미유를 넉넉히 두르고 껍질이 아래로 향하게 놓는다.

4 기름을 윗면에 끼얹으며 굽다가 옆면이 2/3지점까지 익으면 살살 뒤집어 중약 불에서 10~15분간 완전히 익힌다.
★ 아기에게 줄 때는 먹기 좋게 썰어서 주세요.

☆
알아두세요

생선을 어려워하지 마세요
생선은 아기들에게 주기 좋은 양질의 단백질원이에요. 생선요리가 어렵다고 생각하는데, 의외로 생선은 손이 많이 가지 않는 식재료예요. 육류에 비해 익는 시간도 짧고 식감도 부드럽기 때문에 아기가 먹기 좋아요. 조림이나 구이 외에 여러 가지 조리법을 통해 다양한 생선요리를 아기에게 맛보여 주세요.

아이주도 레시피

돼지고기 가지볶음

가지는 껍질이 질긴 편이라 아기가 먹기 힘들어하는 채소 중 하나예요. 그러다 보니 빈번하게
남기게 되는데, 껍질에 칼집을 내면 아기가 먹기 한결 수월해진답니다. 돌이 지나고부터는
슬슬 씹는 능력을 키워주기 위해 입자 조절도 해야 하기 때문에 기존에 주로 사용하던 다짐육 말고
아기가 잡고 먹기 편한 잡채용, 탕수육용 고기를 구매해도 좋아요.

재료 | 🐑 1회분 | 🍚 25분 | 🧊 냉장 보관 3일

- 가지 70g
- 잡채용 돼지고기 30g
- 양파 30g
- 대파 10g
- 마늘 1/2개
  (또는 다진 마늘 1/2작은술)
- 파프리카가루 1/2작은술
  (생략 가능)
- 현미유 적당량
  (또는 아보카도유)

고기 밑간
- 백후춧가루 약간
  (생략 가능)
- 저알코올 맛술 1/4작은술
  (431쪽, 생략 가능)
- 마늘 1/2개
  (또는 다진 마늘 1/2작은술)

양념
- 발사믹식초 1작은술
- 조청 1/2작은술

|

① 가지는 껍질에 격자무늬로 칼집을 내고 1cm 두께로 썬다.

② 양파는 채 썰고 대파는 송송 썬다. 마늘은 곱게 다진다.

③ 작은 볼에 양념 재료를 넣고 섞는다.

1 볼에 돼지고기, 밑간 재료를 넣고 버무린다.

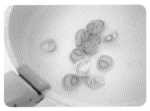

2 달군 팬에 현미유를 두르고 대파, 마늘을 넣어 약한 불에서 3~5분간 볶아 향신기름을 낸다.

3 양파, 가지를 넣고 중간 불에서 7~10분간 숨이 죽을 때까지 볶는다.

4 돼지고기를 넣고 겉이 익을 때까지 볶다가 양념을 넣고 섞는다.

알아두세요

파프리카가루를 자주 사용해요

파프리카가루는 고기 잡내도 제거하지만, 무엇보다 아기가 빨간 음식에 익숙해지게 하는 데 큰 도움이 돼요. 어린이집이나 기관 생활을 할 때 김치 등 빨간 음식에 대한 거부감 없이 처음부터 잘 먹을 수 있어요. 한식에 고춧가루가 빠질 수 없듯이 아기 때부터 붉은색을 띠는 음식과 친해져야 편식을 줄일 수 있어요.

5 파프리카가루를 넣고 중약 불에서 양념이 완전히 졸아들 때까지 볶는다.
★ 밥에 얹어 덮밥으로 주기에도 좋아요.

한입 김밥전

아기들은 생각보다 돌돌 만 김밥을 잘 먹지 못한다는 거 아시나요? 꽉 뭉친 밥과 돌돌 말린 김이
목에 걸리기 십상이고, 먹다가 뱉어내는 경우도 많지요. 이럴 땐 얇게 밥을 올려 부쳐낸 김밥전이
요긴해요. 모양새는 그리 예쁘지 않아도 한입에 쏙쏙 잘 먹기 때문에 입맛 없을 때 주기 좋답니다.

재료   🍚 1회분   🍲 30분   ❄️ 당일 섭취 ─────────────

• 밥 100g
• 무 조미 김 2장
• 시금치 20g
• 당근 15g
• 달걀 1개
• 현미유 약간
  (또는 아보카도유)

소고기볶음
• 다진 소고기 30g
• 배도라지고 1/4작은술(30쪽)
• 매실청 1/4작은술
• 참기름 1/4작은술

① 팬에 소고기볶음 재료를 넣고 섞은 후
중간 불에서 5~7분간 보슬보슬하게 볶는다.

② 시금치는 끓는 물에 넣고 1분간 데친다.
찬물에 헹궈 물기를 꼭 짠 후 곱게 다진다.
★ 시금치는 수산이 있어 데쳐 사용해요.
시금치 데친 물은 사용하지 말고 버려요.

③ 당근은 곱게 다진다. 달군 팬에 현미유를 약간
두르고 중간 불에서 5분간 볶는다.

1 볼에 밥, 소고기볶음, 시금치,
당근을 넣고 섞는다.

2 김에 ①을 얇게 편다.

3 ②에 다른 김을 올려 덮는다.

4 가위를 사용해
먹기 좋은 크기로 자른다.

5 트레이에 달걀을 넣고
푼 후 ④를 넣어 앞뒤로
달걀물을 입힌다.

6 달군 팬에 현미유를 두른 후
중약 불에서 5~7분간 노릇하게
부친다.

만
12개월
이후~

아이 스페셜 요리

밥샌드

나들이 갈 때 아기 도시락으로 좋은 메뉴예요. 들어가는 속 재료에 따라 다른 맛이 나기 때문에
남은 반찬이나 자투리 식재료를 이용해 만들어요. 틀에 넣으면 모양이 반듯하게 나오는데
틀이 없다면 그냥 둥글넓적하게 햄버거처럼 만들어도 돼요. 김으로 겉을 둘러 김밥으로 만들어도
되는데, 외출이 잦아지는 돌 이후 활용하기 좋은 음식이랍니다.

재료 　　🍚 1~2회분　　🍲 30분　　❄️ 당일 섭취

- 다진 소고기 50g
- 양파(작은 크기) 50g
- 마늘 1개
  (또는 다진 마늘 1작은술)
- 발사믹식초 1작은술
- 배도라지고 1작은술(30쪽)
- 현미유 약간(또는 아보카도유)

양념밥
- 밥 100g
- 참기름 1작은술

전분물
- 전분 2작은술
- 물 2작은술

준비하기

만들기

1. 양파, 마늘은 곱게 다진다.
2. 볼에 양념밥 재료를 넣고 섞는다.
3. 다른 볼에 전분물 재료를 넣고 섞는다.

1 달군 팬에 현미유를 두른 후
양파, 마늘을 넣고
중간 불에서 5~7분간 볶는다.

2 소고기, 발사믹식초,
배도라지고를 넣어
중간 불에서 5분간 조린다.

3 전분물을 넣고 가볍게
섞은 후 불을 끈다.

4 무스비 틀에 양념밥
1/4분량을 넣고 편다.

5 ③을 1/2분량만큼 올린 후
남은 밥 1/4분량을 넣고
틀을 꾹 누른 후 꺼낸다.

6 ④~⑤과정을 한 번 더
반복해 하나 더 만든다.
아기가 잡고 먹기 편하게
바 형태로 자른다.

☆
알아두세요

집 밖에서도 아이주도식을 하고 싶다면
완료기부터는 외부에서도 종종
아이주도식을 시도해 볼 수 있어요.
밖에서 먹기 좋은 핑거푸드 크기의
음식으로 도시락을 준비하고
일회용 턱받이를 챙겨주세요.
'마더케이'에서 나온 일회용 턱받이는
아기 옷에 붙여 사용할 수 있어 편해요.

삼치김밥

아기가 먹을 수 없는 참치 대신 비슷한 맛을 낼 수 있는 삼치로 만든 김밥이에요. 향이 진한 곤드레나물을 함께 넣어 비린내 없이 향긋하고, 고소하게 먹을 수 있어요. 꼬마김밥 크기로 말아 한입에 쏙쏙 넣을 수 있는 크기로 잘라주면 금세 한 그릇을 비운답니다. 생선은 김밥에 넣어 말아주면 식어도 비린내가 나지 않기 때문에 도시락으로 싸기도 좋은 메뉴랍니다.

재료 　😊 1회분　🍲 25분　🗄 당일 섭취

- 밥 100g
- 냉동 순살 삼치 50g
- 동결건조 곤드레 5g(30쪽, 또는 시금치, 취나물 3~4줄기)
- 통깨 1/2작은술
- 참기름 1작은술
- 현미유 적당량(또는 아보카도유)
- 무 조미 김 1~2장

★ 다진 소고기를 볶아 넣어 소고기김밥을 만들어도 좋아요.

1. 삼치는 12시간 이상 냉장실에서 해동하거나 포장 그대로 찬물에 담가 해동한다. 흐르는 물에 씻은 후 키친타월로 감싸 물기를 제거한다.
2. 김은 2등분한 후 10cm 길이로 잘라 6등분한다.

1 곤드레는 끓는 물에 넣고 1~2분간 데친 후 찬물에 헹궈 물기를 짠다.

2 달군 팬에 현미유를 두르고 삼치를 올려 중간 불에서 5~7분간 앞뒤로 뒤집어 가며 바삭하게 구운 후 껍질을 벗긴다.

3 볼에 밥, 구운 삼치, 데친 곤드레, 통깨, 참기름을 넣는다.

4 숟가락으로 삼치살을 으깨면서 섞는다.

5 김 위에 ④를 한 수저씩 올려 편 후 단단하게 말고 한입 크기로 썬다.

알아두세요

아기 김밥은 속 재료를 섞고 한입에 먹기 좋은 작은 크기로!
아기 때 먹이는 김밥은 아기가 먹기 편하게 속 재료를 밥과 함께 섞어 김에 말아주세요. 김밥 속을 따로 넣을 때보다 훨씬 작게 말려 한입에 넣기 좋은 크기로 만들 수 있어요.

이유식 조리 레시피

브로콜리 줄기 달걀볶음밥

브로콜리 줄기는 잘 익히면 감자랑 비슷한 식감과 맛을 내요. 완전히 익은 브로콜리 줄기는
풋내도 나지 않고 고소해서, 볶음밥에 넣으면 아주 잘 어울리는데, 부드러운 달걀볶음밥과 특히
잘 맞아요. 단백질이 풍부한 달걀에 식이섬유와 항산화 물질이 많은 브로콜리, 든든한 밥까지
간단하게 차리는 영양식 한 끼랍니다.

재료 　　🍼 1회분　　🍲 15분　　❄ 당일 섭취

- 밥 100g
- 브로콜리 줄기 1개분
- 달걀 1개
- 현미유 약간(또는 아보카도유)

① 브로콜리 줄기는 돌려 깎아
껍질을 벗기고 아기가 먹기 좋은
크기로 작게 깍둑썬다.

② 볼에 달걀을 넣고 푼다.

1 중약 불로 달군 팬에
현미유를 두르고 달걀물을
붓는다. 젓가락으로 저으면서
1~2분간 볶아 다 익기 전에
그릇에 덜어둔다.

2 ①의 팬에 브로콜리 줄기를
넣고 중약 불에 7~10분간
푹 익도록 충분히 볶는다.

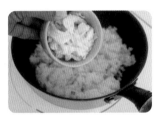 

3 밥, ①을 넣고 섞는다.

4 중간 불에서 3~5분간
주걱을 세워 뒤섞으면서
볶는다.

✩
알아두세요

브로콜리는 줄기에 더 영양이 많아요
브로콜리는 송이보다 줄기에
영양이 더 풍부해요. 대부분 떼어서
버리는 잎에도 송이 못지않게
다량의 비타민과 항산화 물질이
있어요. 버리지 말고 알뜰살뜰
다 먹을수록 좋은데, 줄기는 껍질을
돌려 깎아 속살을 사용하고,
잎은 여린 잎만 골라 떼어 무침이나
볶음으로 활용하면 좋아요.

아이주도 레시피

가지 달걀볶음밥

영양 가득한 한 그릇 메뉴예요. 아기들이 좋아하는 달걀볶음밥에 가지를 넣어 부족할 수 있는
식이섬유를 채웠어요. 가지는 식감이 도드라지게 튀는 채소가 아니다 보니 부드러운 달걀밥에
아주 잘 어울리는데 평소 가지를 안 먹는 아기라면 달걀볶음밥으로 가지와 금방 친해질 수 있어요.

| 재료 | 🍼 1회분 | 🍲 15분 | ❄️ 당일 섭취 |

- 밥 100g
- 달걀 1개
- 가지 40g
- 부추 5g(또는 쪽파)
- 올리브유 약간

① 가지는 0.5cm 크기로 작게 깍둑썬다.

② 부추는 송송 썬다.

③ 볼에 달걀을 넣고 푼다.

1 궁중팬처럼 깊이가 있는
팬을 중간 불로 달군 후
올리브유를 두르고
달걀물을 넣어 반쯤 익도록
스크램블한 후 덜어둔다.

2 ①의 팬을 씻지 않고
그대로 가지를 넣어
중간 불에서 10~12분간 볶는다.

3 부추를 넣어 가볍게 섞는다.

4 밥, ①의 스크램블을 넣은 후
중간 불에서 3~5분간
주걱을 세워 자르듯이 섞어가며
볶는다.

소고기 가지볶음밥

온 가족이 함께 먹어도 맛있는 한 그릇 메뉴예요. 무염이지만 살포시 풍기는 발사믹의 산미가
식욕을 돋우죠. 넉넉하게 만들어 아기는 무염으로 먹게 하고 엄마, 아빠는 달래나 쪽파 넣은
간장 양념장을 더해 비벼 먹으면 참 맛있어요. 이 조합 그대로 솥밥으로 지어도 좋답니다.

재료   👶 1회분   🍲 15분   🧊 당일 섭취

- 밥 100g
- 다진 소고기 65g
  (또는 다진 닭안심)
- 가지 50g
  (또는 양배추, 시금치)
- 부추 5g(또는 쪽파)
- 대파 5g
- 마늘 1개
  (또는 다진 마늘 1작은술)

- 현미유 적당량
  (또는 아보카도유)

양념
- 발사믹식초 1작은술
- 조청 1작은술

① 가지는 0.5cm 크기로 작게 깍둑썬다.

② 대파, 부추는 송송 썬다.
   마늘은 곱게 다진다.

③ 작은 볼에 양념 재료를 넣고 섞는다.

1 궁중팬처럼 깊이가 있는
  팬을 달군 후 현미유를
  두르고 대파, 마늘을 넣어
  약한 불에서 3~5분간 볶아
  향신기름을 낸다.

2 가지를 넣고 중약 불에서
  7~10분간 가지가 익을 때까지
  볶은 후 소고기를 넣어
  겉면이 익을 정도로 볶는다.

3 밥, 부추를 넣고 주걱을
  세워 자르듯 섞는다.

4 양념을 넣고 중간 불에서
  5~7분간 볶은 후 그릇에 담는다.
  ★ 통깨, 참기름을 약간씩 뿌리면
  더 맛있어요.

☆
알아두세요

파기름과 마늘기름이 맛의 킥!
무염으로 볶음밥을 만들 때는
조미료를 사용하거나 간을 할 수
없기 때문에 맛을 좀 더 다채롭게
만들기 위해 먼저 파, 마늘 등을 볶아
향신기름을 만든 후 채소를 볶아요.
확 달라진 풍미를 느낄 수 있답니다.
파와 마늘은 고온에선 금방 타니
약한 불에서 고소한 향이 올라올
때까지 볶아주세요.

아이주도이유식

마파두부덮밥

부드러워 술술 넘어가는 덮밥이에요. 겉보기에는 빨간색이라서 매워 보이지만 파프리카가루를
이용했기 때문에 맵지 않아요. 빨간 음식은 매운 음식이라는 고정관념이 생기기 전인
아기 때부터 파프리카가루를 이용하는 게 좋아요. 다양한 빨간 요리를 아기에게 선보이는 게
편식 없는 식습관에 도움이 된답니다.

| 재료 | 🍼 덮밥소스 2회분 | ⏲ 30분 | ❄ 냉장 보관 3일 |

- 밥 100g(1회분)

덮밥소스(2회분)
- 두부 50g
- 다진 돼지고기 20g
- 양파 25g
- 마늘 1개
  (또는 다진 마늘 1작은술)
- 현미유 1작은술
  (또는 아보카도유)

- 파프리카가루 1작은술
- 무염 청국장가루
  1/2작은술(또는 콩가루)
- 채수 80㎖(2/5컵, 29쪽)
- 전분물
  (전분 2작은술 + 물 2작은술)

① 두부는 1cm 크기로 깍둑썬다.

② 양파, 마늘은 곱게 다진다.

③ 작은 볼에 전분물 재료를 넣고 섞는다.

1 팬에 현미유를 두르고
파프리카가루를 넣어
약한 불에서 1~2분간 볶는다.

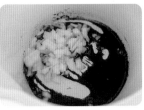

2 파프리카가루가 검붉게
볶아지면 양파, 마늘을 넣고
중약 불에 5~7분간
양파가 익을 때까지 볶는다.

3 돼지고기를 넣고 겉면이 익을
정도로만 볶는다.

4 채수, 두부를 넣고
중간 불에서 끓인다.

알아두세요

청국장가루는 무염으로 고르기

청국장가루는 무염 제품을 쓰세요.
떠먹는 요거트나 우유, 혹은 두유에
선식 개념으로 타 먹는 제품인데,
국에 넣으면 된장국 비슷한 맛을
낼 수 있어요. 청국장가루를
구매할 때는 성분표에 다른 첨가제가
들어 있지 않은지 국내산 대두로
만들었는지 꼭 확인하고 구매하세요.

5 끓어오르면 섞어둔
전분물을 풀어 넣고
5~7분간 끓인다.

6 청국장가루를 넣고 섞은 후
그릇에 밥과 함께 담는다.
★ 밥 100g이 약 1회분으로
아기의 양에 따라 분량을
조절해요.

무수분 카레덮밥

카레는 만들 때 넉넉하게 만들어 소분해, 냉동 보관하면 급할 때 전자레인지에 데워 덮밥으로
주기 좋아요. 시판 카레가루는 나트륨 함량이 높기 때문에 아기들용으로 만들어진 저염 제품을
선택하는 게 좋아요. 카레가 낯선 아기에게는 약간의 맛을 낼 정도로 소량만 넣고 만들고,
아기가 성장하면 카레가루의 양을 늘려 좀 더 강한 맛을 내요.

| 재료 | 🍼 덮밥소스 2~3회분 | 🍳 45분 | ❄️ 냉장 보관 3일(냉동 2주) |

• 밥 100g(1회분)

덮밥소스(2~3회분)
• 닭안심 100g(약 4쪽)
• 감자 200g
• 양파 100g
• 당근 50g

• 토마토 150g
• 올리브유 2작은술
• 아기용 저염 카레가루
  1/3~1작은술
• 우유 2작은술

닭안심은 근막과 힘줄을 제거한다.

1 토마토는 꼭지를 떼고,
꼭지 반대편에 열십(十)자로
칼집을 낸다. 끓는 물에
30초간 데친 후 찬물에 헹궈
껍질을 벗긴다.

2 닭안심, 토마토, 감자, 양파,
당근은 한입 크기로 작게
깍둑썬다.

3 냄비에 밥을 제외한
모든 재료를 넣고 잘 섞은
후 뚜껑을 덮어 중간 불에서
10~15분간 수분이 나올
때까지 끓인다.

4 약한 불로 줄이고
15~20분간 감자가 푹
익을 때까지 끓인다.
그릇에 밥과 함께 담는다.
★ 밥 100g이 약 1회분으로
아기의 양에 따라 분량을
조절해요.

어향가지덮밥

완료기 이유식은 아직 무염이지만 어른이 먹어도 맛있게 만들어야 아기들도 먹는 즐거움을 배울 수
있어요. 아기 음식도 얼마든지 다양하게 만들 수 있답니다. 이 중화풍 가지덮밥은 은근히 손이
많이 가는 메뉴예요. 그런데도 아기가 너무 잘 먹기 때문에 자주 만들게 되죠. 의외로 가지를 편식하는
아기들이 많은데 이 레시피대로 만들면 혼자서 가지 반 개는 너끈히 먹어요.

재료   😋 1회분   🍲 45분   🧊 당일 섭취

- 밥 100g
- 가지 1/2개
- 다진 돼지고기 50g
  (또는 다진 소고기)
- 대파 5g
- 마늘 1개
  (또는 다진 마늘 1작은술)
- 파프리카가루 1/2작은술

- 현미유 약간
  (또는 아보카도유)

양념
- 발사믹식초 1작은술
- 배도라지고 1/2작은술(30쪽)
- 조청 1작은술

① 가지는 껍질 부분에 격자무늬로 칼집을 낸다.

② 대파는 송송 썰고, 마늘은 다진다.

③ 작은 볼에 양념 재료를 넣고 섞는다.

1 팬에 현미유를 두르고 중약 불에서 7~10분간 앞뒤로 굽는다. 이때 가지 단면이 팬에 먼저 닿도록 올린다.

2 기름이 촉촉하게 배어들면 팬의 한쪽에 마늘, 대파를 올려 3~5분간 볶아 향신기름을 낸다.

3 가지는 뒤집고 마늘, 대파 쪽에 돼지고기를 넣어 중약 불에서 5~7분간 볶는다.

4 양념을 넣고 10분간 볶은 후 배어난 국물은 가지 위에 끼얹는다.

☆
알아두세요

**가지에 칼집을 골고루 내야
더 맛있어져요**

가지에 칼집을 내는 건 가지 속까지 양념이 배어들고, 팬의 열기가 칼집 사이로 올라와 가지 속까지 충분히 익을 수 있게 하기 위해서예요. 가지를 반 갈라 껍질이 위로 오게 도마에 올리고 양옆에 나무젓가락을 바짝 붙인 후 나무젓가락 높이까지만 칼집을 넣으면 완전히 자르지 않고도 적당한 깊이로 칼집을 낼 수 있어요.

5 파프리카가루를 넣고 5분간 볶는다. 그릇에 밥을 담고 어향가지를 올린다.

불고기덮밥

불고기는 달짝지근한 맛에 남녀노소 누구나 좋아하죠. 아기들도 잘 먹기 때문에 하루 세 끼 먹기
시작하는 후기 이후에는 한 그릇 요리로 차려주기 좋은 메뉴예요. 불고기는 오래 볶으면
질겨지기 때문에 작게 손질해 빠르게 볶아내야 해요. 아기용 만능 고기양념으로 손쉽게 만드세요.

재료 　 🍼 1회분 　 🍳 20분 　 ❄️ 냉장 보관 2일

- 밥 100g
- 불고기용 소고기 50g
- 아기용 만능 고기양념 30g(415쪽)
- 양파 30g
- 미니 새송이버섯 3개
- 대파 약간
- 현미유 약간(또는 아보카도유)

400

① 양파는 채 썰고, 대파는 송송 썰고,
   미니 새송이버섯은 먹기 좋게 썬다.

② 소고기는 작게 썬다.

1 볼에 소고기,
  만능 고기양념을 넣고
  골고루 버무려
  5~10분간 둔다.

2 달군 팬에 현미유를 두르고
  양파를 넣어 중약 불에서
  10~12분간 양파가
  익을 때까지 볶는다.

3 소고기, 버섯, 대파를 넣는다.

4 중간 불에서 7~10분간 볶는다.
  그릇에 밥과 함께 담는다.
  ★ 불고기는 오래 볶으면
  질겨지니 빠르게 볶아요.

☆
알아두세요

불고기용은 얇은 것으로 구매해요
아기에게 주는 불고기용 소고기는
두께가 얇은 상품을 선택하는 것이
좋아요. 불고기용은 근육이 많은
부위인 우둔, 목심, 사태를 사용하는
경우가 많아 고기가 두꺼우면
아기가 제대로 씹지 못할 수도
있어요. 만약 구매한 소고기가
두껍다면 고깃결 반대 방향으로
칼집을 내고 아기가 먹기 좋은 크기로
잘라 조리하는 것이 좋아요.

소보로 비빔밥

별다른 양념장 없이 그대로 비벼 먹어도 맛있는 비빔밥이에요. 이 메뉴는 고명 준비하는 게
번거로울 수 있어 최대한 간편하게 전자레인지에 채소를 익혀 빠르게 준비할 수 있게 했어요.
두 돌 전 아기에게는 생채소를 가능하면 주지 않는 것이 좋기 때문에 애호박과 당근은
완전히 익혀 사용했어요. 어른용은 비빔장을 더해 아기와 함께 마주 앉아 먹으면 좋아요.

재료   👶 2회분   🍳 15분   ❄️ 당일 섭취

• 밥 100g(1회분)

고명(2회분)
• 다진 소고기 60g
• 애호박 60g
• 당근 40g
• 양파 20g

• 마늘 1개
  (또는 다진 마늘 1작은술)
• 토마토퓌레 20g
• 달걀 1개
• 올리브유 약간
• 물 2작은술

① 애호박, 당근은 0.5cm 크기로 깍둑썬다.

② 양파, 마늘은 곱게 다진다.

③ 볼에 달걀을 넣고 푼다.

1 내열 용기를 2개 준비해
   애호박과 당근을 각각 담고
   물 1작은술씩을 넣는다.
   전자레인지에 애호박은 2분,
   당근은 3분간 돌려 익힌다.

2 달군 팬에 올리브유를 두르고
   양파, 마늘을 넣고
   중약 불에서 5~7분간
   양파가 익을 정도로 볶는다.

3 소고기를 넣고 볶다가
   겉면이 익으면 토마토퓌레를
   넣고 중간 불에서 5~7분간
   볶는다.

4 달군 팬에 달걀물을 넣고
   중약 불에서 3~5분간
   보슬보슬하게 볶는다.

알아두세요

**채소는 전자레인지 대신
찜기에 쪄도 돼요**
전자레인지 조리하는 것이 싫다면
김이 오른 찜기에 채소를 담아
7~10분가량 쪄내도 됩니다.

5 그릇에 밥을 담고
   고명을 둘러 담는다.
   ★ 통깨, 참기름을 약간씩
   뿌리면 더 맛있어요.

아이주도 레스토랑

소고기 무솥밥

솥밥은 먹태기 아기도 아주 잘 먹는 음식이에요. 포슬포슬 속까지 부드러운 밥알에 은은하게 밴
소스 덕분에 감칠맛이 풍부해 어떤 재료를 어떻게 조합하냐에 따라 매일 다르게 먹을 수 있어요.
조합에 따라 어떨 때는 한식 느낌으로, 어떨 때는 양식 느낌으로 자유롭게 만들어보세요.
이 메뉴 역시 아기와 마주 앉아 함께 먹으면 좋아요.

재료 😊 1~2회분 🍳 30분(+ 쌀 불리기 30분) ❄ 당일 섭취 ----------------------

- 쌀 100g
- 다진 소고기 60g
- 무 60g
- 비름나물 30g
- 마늘 1개
  (또는 다진 마늘 1작은술)
- 채수 100㎖(1/2컵, 29쪽)
- 통깨 약간
- 참기름 약간

양념
- 발사믹식초 1/2작은술
- 배도라지고 1/2작은술(30쪽)

① 쌀은 씻어 30분간 불린 후
체에 받쳐 물기를 뺀다.

② 무는 0.5cm 크기로 작게 깍둑썬다.
비름나물은 깨끗하게 씻어 1cm 길이로 썬다.
마늘은 곱게 다진다.

③ 작은 볼에 양념 재료를 넣고 섞는다.

1 냄비에 현미유를 두르고
마늘을 넣어 약한 불에서
3~5분간 볶는다.

2 무를 넣고 중간 불에서
10분간 무가 투명하게
익을 때까지 볶는다.
소고기를 넣고 5분간 볶는다.

3 쌀을 넣어 뒤섞은 후
양념을 넣어 5~10분간
쌀이 반투명하게
익을 때까지 볶는다.

4 비름나물을 넣고 채수를 부어
중간 불에서 끓어오르면
한 번 젓는다.

☆
알아두세요

다재다능한 발사믹식초
발사믹식초에 배도라지고, 조청을
함께 사용하면 간장을 사용하지
않아도 간장에서 느껴지는 감칠맛을
비슷하게 낼 수 있어요.
발사믹ㄴ는 고기를 더 부드럽고
연하게 해주고, 잡내도 깔끔하게
잡아준답니다.

5 밥물이 잦아들면 약한 불로
줄여 뚜껑을 덮고 15분간
익힌 후 통깨, 참기름을 넣고
섞는다.

소고기 방울토마토솥밥

토마토를 넣은 밥이라니! 이상하게 생각할 수도 있지만 한번 먹어보면 아! 하는 감탄이 나와요.
토마토는 익히면 산미가 많이 줄어 솥밥에 넣어도 크게 어색하지 않답니다.
단, 다른 솥밥에 비해 토마토의 수분이 많기 때문에 채수를 약간 덜 넣어야 밥물이 딱 맞아요.
잘 익은 토마토는 양념장 없이도 감칠맛을 내 쓱쓱 비벼 으깨 먹으면 아주 맛있답니다.

재료 　🍚 1~2회분　⏲ 30분(+ 쌀 불리기 30분)　❄ 당일 섭취

- 쌀 100g
- 다진 소고기 100g
- 브로콜리 30g
- 무첨가 통조림 옥수수 2큰술
- 방울토마토 5개
- 채수 약 80㎖(2/5컵, 29쪽)
- 현미유 약간(또는 아보카도유)

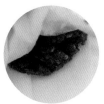

① 쌀은 씻어 30분간 불린 후
체에 밭쳐 물기를 뺀다.

② 소고기는 키친타월에 감싸
핏물을 제거한다.

③ 브로콜리는 먹기 좋은 크기로 작게 썬다.

1 방울토마토는 꼭지 반대쪽에
열십(十)자로 칼집을 내서
끓는 물에 30초간 데친 후
찬물에 헹궈 껍질을 벗긴다 .

2 달군 냄비에 현미유를 두르고
소고기를 넣어 중간 불에서
겉면이 익을 때까지 볶는다.

3 쌀, 브로콜리, 통조림
옥수수를 넣고 중간 불에서
5~10분간 쌀이 반투명하게
익을 때까지 볶는다.

4 방울토마토, 채수를 넣고
중간 불에서 끓인다.

5 끓어오르면 바닥까지
긁어 잘 섞은 후 밥물이
쌀 표면까지 잦아들면
약한 불로 줄인다.

6 뚜껑을 덮어 약한 불에서
15분간 익힌다.

닭고기 고구마솥밥

'먹태기' 중인 아기에게 해주기 딱 좋은 메뉴가 바로 솥밥이에요. 아기가 잘 먹는 재료를
다양하게 조합할 수 있는데, 그중 고구마와 닭고기를 함께 넣은 솥밥은 담백하면서도 자연스러운
단맛이 잘 살아있고, 찜닭 같은 풍미도 느껴져 아기들이 참 좋아한답니다. 푸짐하게 만들어
아기와 함께 마주 앉아 먹으면 더 좋아요.

재료   1~2회분   30분(+ 쌀 불리기 30분)   당일 섭취

- 쌀 100g
- 닭안심 50g(약 2쪽)
- 고구마 40g
  (또는 연근, 밤)
- 양파 20g
- 채수 100㎖(1/2컵, 29쪽)
- 참기름 약간

밑간
- 발사믹식초 1/2작은술
- 배도라지고 1/2작은술(30쪽)

준비하기

① 쌀은 씻어 30분간 불린 후
   체에 밭쳐 물기를 뺀다.

② 닭안심은 근막과 힘줄을 제거하고
   작게 썬 후 밑간 재료에 버무린다.

③ 양파는 작게 다지고,
   고구마는 1cm 크기로 깍둑썬다.

만들기

1 달군 냄비에 현미유를 두르고
  양파를 넣어 중간 불에서
  5~7분간 양파가 투명하게
  익을 때까지 볶는다.

2 밑간한 닭안심을 넣고
  중간 불에서 겉면이 하얗게
  익을 때까지 볶는다.

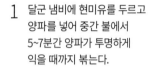

3 쌀을 넣고 중간 불에서
  5~10분간 쌀알이 반투명하게
  익을 때까지 볶는다.

4 고구마, 채수를 넣어
  중간 불에서 끓인다.

5 끓어오르면 바닥까지
  한 번 젓고 밥물이 잦아들면
  약한 불로 줄여 뚜껑을 덮어
  15분간 익힌다.

6 참기름을 넣고
  골고루 섞는다.

만 12개월 이후~

스테이크 솥밥

밥을 잘 먹지 않는 아기가 유독 솥밥을 줄 때는 밥이 더 차지게 넘어가는지 아주 맛있게 먹어요.
특히 고기를 좋아하는 아기라면 스테이크 솥밥의 뚜껑을 여는 순간 멀리서 뛰어오는 모습을
보여줄 거예요. 뜸들이며 속까지 부드럽게 익힌 소고기는 육즙이 풍부해 아기가 먹기 좋아요.
웨지모양으로 잘라 포슬하게 익힌 감자도 아주 별미랍니다. 아기와 함께 즐거운 식사를 해보세요.

| 재료 | 2회분 | 45분(+ 쌀 불리기 30분) | 당일 섭취 |

- 쌀 100g
- 소고기 스테이크용
  살치살 100g
- 감자 100g
- 양파 50g
- 브로콜리 약간
- 채수 120㎖(3/5컵, 29쪽)

밑간
- 백후춧가루 약간
  (생략 가능)
- 바질가루 약간
- 올리브유 약간

1 쌀은 씻어 30분간 불린 후
  체에 밭쳐 물기를 뺀다.

2 감자는 웨지 모양으로 썬다.

3 브로콜리는 먹기 좋게 작은 크기로 썰고,
  양파는 채 썬다.

4 소고기는 밑간 재료를 뿌려둔다.

1 달군 팬에 올리브유를 두르고
  감자를 올려 중간 불에서
  5~7분간 겉면이 단단해질
  때까지 구워 덜어둔다.

2 ①의 팬을 그대로 달궈
  소고기를 올려 중간 불에서
  앞뒤로 겉면만 익힌 후 덜어둔다.

3 ②의 팬에 양파를 넣고
  중간 불에서 5~7분간
  볶은 후 쌀을 넣고 중간 불에서
  10분간 쌀알이 반투명하게
  익을 때까지 볶는다.

4 채수를 붓고 ①, ②,
  브로콜리를 올려 중간 불에서
  끓인다.

☆
알아두세요

발사믹크림을 곁들여도 좋아요
스테이크 솥밥에는 발사믹크림을
곁들이면 좋은데, 발사믹식초에
포도농축액을 넣어 졸인 소스예요.
'안드레아 밀라노'에서 작은 사이즈의
발사믹크림이 나오는데, 소고기나
양고기를 찍어 먹거나 샐러드에
드레싱으로 뿌려 먹기 좋아요.

5 밥물이 잦아들면 약한 불로 줄여
  뚜껑을 덮고 15분간 익힌다.
  ★ 아기가 먹기 좋게
  작게 썰어요. 발사믹크림이나
  돈가스소스(422쪽)와도 잘
  어울려요.

후기와 완료기에 활용하는

아기 소스, 반찬과 국, 수제 간식

☑ 후기부터 완료기까지 / 만 10~24개월

아기의 이유식이 다양해지는 후기, 완료기 이유식에서 놓쳐서는
안 되는 아기 소스, 반찬과 국, 수제 간식이에요.
'아기 소스'는 무염이 기본인 유아식에 감칠맛을 더해 더욱 완성도 있는
이유식을 만들 수 있게 해줘요. '아기반찬'과 '국'은 후기, 완료기 이유식
시기에 다양한 식단을 구성하는 데 큰 도움이 돼요.
특히 식판식을 만들거나 간단한 기본찬과 국을 만들고 싶을 때
활용도가 높아요. '수제 간식'은 후기 이유식 시기부터 아기의 부족한 영
양을 보충하는 개념이면서 아기에게 새로운 맛과 다양한 질감을
경험하게 하는 역할을 해요. 모두 후기 이유식부터 자유롭게 맘껏
활용할 수 있으니 엄마표 식단을 구성할 때도 큰 도움이 될 거예요.

| 아기 소스 | 이유식을 만드는 부재료로 사용하거나 다양한 이유식에 곁들여요. |

| 아기 반찬 | 구하기 쉬운 대중적인 재료를 사용했어요.
같은 재료를 다양한 조리법으로 요리해 맛과 식감의 차별화를 줬어요.
★ 498~505쪽의 아기 국과 반찬도 활용하세요. |

| 아기 국 | 평범한 일상 재료로 만들었어요. 부드러운 맛으로 아기가 적응하기 좋아요.
★ 498쪽의 아기 국도 활용하세요. |

| 수제 간식 | 아기에게 색다른 즐거움이 되는 건강하고 달콤한 간식이에요. |

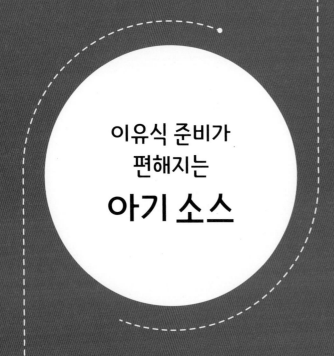

이유식 준비가
편해지는
아기 소스

10month~

이유식 후기에 들어서면 아기는 하루 3끼에 간식까지 먹기 때문에 엄마는 더 바빠집니다. 맛있는
것에 대한 호불호도 강해지고, 식욕도 늘어나는 이 시기에 우리 아기에게 더 맛있고 다채로운 음식을
경험하게 해주고 싶은 것이 엄마의 마음이지요. 이럴 때 아주 유용한 것이 바로 미리 만들어두는
엄마표 아기 소스랍니다. 이 소스들은 유아식까지 활용할 수 있는 건강하면서도 맛있는 것들이에요.
이 소스들로 우리 아기 이유식을 간편하게 준비하세요. 이 책에서도 많은 레시피에 활용했답니다.

어떤 육류와도 찰떡궁합! 무염으로 만든 아기용 만능 고기양념

재료

🐷 6회분 ⏱ 15분

❄ 냉장 보관 5일(냉동 2주)

- 사과 100g
- 배 60g
- 양파 50g
- 무 30g
- 대파 15cm
- 마늘 4개
  (또는 다진 마늘 1~2큰술)
- 참기름 1큰술
- 발사믹식초 2큰술
- 매실청 2큰술
- 저알코올 맛술 1작은술
  (431쪽, 생략 가능)
- 백후춧가루 약간
  (생략 가능)
- 배도라지고 3큰술(30쪽)

준비하기

① 사과와 배는 껍질과 씨를
   제거하고 깍둑썬다.

② 나머지 재료도 믹서에
   갈기 편하게 작게 깍둑썬다.

☆
알아두세요

무염이지만 마치 간이 된 것처럼
갈비 맛이 나니 아기에게 줄 불고기,
찜닭 등에 활용하세요. 직접 배나
사과를 갈아 넣으면 더 맛있지만,
아기 주스를 활용해도 돼요.
배 대신 배도라지고를, 사과 대신
사과즙을 사용하면 원재료 무게의
50%만 사용하면 돼요.

만들기

1 푸드프로세서에 배도라지고를 제외한 모든 재료를 넣고 곱게 간다.

2 냄비에 ①, 배도라지고를 넣어 섞은 후 중약 불에서 끓인다.

3 끓어오르면 불을 끄고 한 김 식힌 후 실리콘 큐브에 소분해 얼린다
   (냉동 2주).
   ★ 냉동한 고기양념은 실온에 10~20분간 해동해 사용해요.

아기용 라구소스

냉동실에 꼭 쟁여놔야 하는 메뉴 중 빠지지 않는 게 바로 라구소스예요. 다짐육이 한가득 들어가는
토마토소스여서 다양한 메뉴에 활용하기 좋아요. 덮밥처럼 밥에 얹어주기만 해도
아주 잘 먹기 때문에 만들 때 한 솥 가득 끓여 한 끼 분량으로 소분해 냉동해 놓고 필요할 때마다
전자레인지에 돌려 사용하면 돼요.

재료 😊 6회분 🍲 60분 ❄️ 냉장 보관 3일(냉동 2주)

- 다진 소고기 300g
- 양파 140g
- 토마토 250g
- 양송이버섯 80g
- 마늘 3개(또는 다진 마늘 1큰술)
- 올리브유 1큰술
- 토마토퓌레 200g
- 오레가노가루 약간(생략 가능)

❶ 양파, 마늘, 양송이버섯은 다진다.

❷ 토마토는 1cm 크기로 깍둑썬다.

1 깊은 팬을 달궈 올리브유를 두른 후 양파, 마늘을 넣고 중약 불에서 20분간 양파가 완전히 익도록 볶는다.

2 소고기, 양송이버섯을 넣고 중간 불에서 10~15분간 소고기가 완전히 익도록 볶는다.

3 토마토, 토마토퓌레를 넣고 중간 불에서 10분간 끓인다.

4 오레가노가루를 넣고 중약 불에서 20분간 저어가며 끓인다.

알아두세요

토마토퓌레나 페이스트는 집에서 만들기에는 손이 많이 가고 시간이 오래 걸려요. 국산 토마토는 물기가 많고 색이 연하며 신맛이 덜해 소스를 만들기에 적합하지 않고요. 시판되는 제품 중에 첨가물이 들어가지 않는 토마토퓌레나 페이스트도 있으니 구매하여 사용하면 더 맛있고 쉽게 만들 수 있어요.

5 수분이 거의 없어질 정도가 되면 불을 끄고 실리콘 큐브에 소분해 얼린다(냉동 2주).
★ 냉동 보관한 라구소스는 전자레인지에 2분간 해동해 사용해요. 밥 위에 바로 얹는 소스로 활용할 때는 해동한 소스를 팬에 담고 중간 불에서 5분간 볶아요.

아기용 토마토소스

후기에 들어서서 만들기 좋은 기본 소스예요. 이전까지 원재료의 맛을 최대한 살린 음식 위주로
먹었다면 슬슬 그동안 먹었던 맛에 흥미를 잃고 음식 먹는 것에 큰 관심을 보이지 않는 시기가 찾아와요.
그럴 때 엄마표 토마토소스나 돈가스소스를 활용하면, 아기 눈이 띠용~ 하는 맛을 낼 수 있죠.
유아식에서는 이 소스에 토마토퓌레나 페이스트도 더해 더 강렬한 색감과 맛을 내주세요.

재료   4~5회분   60분   ❄ 냉장 보관 3일(냉동 2주)

- 토마토 450g
- 양파 100g
- 사과 50g
- 당근 20g
- 마늘 3개
- 오레가노가루 1작은술
- 올리브유 2작은술(생략 가능)
- 월계수잎 1장

① 토마토는 꼭지를 떼고 꼭지 반대편에
  열십(十)자로 칼집을 낸 후
  끓는 물에 30초간 데친다.

② 데친 토마토는 찬물에 담가 껍질을 벗기고
  씨를 제거한 후 깍둑썬다.

③ 마늘은 편 썬다. 양파, 사과, 당근은 채 썬다.

④ 유리병은 끓는 물에 굴려가며 2~3분간 삶아
  열탕 소독한 후 물기를 뺀다.

알아두세요

냉동 보관한 토마토소스는 전날
냉장 해동하거나 사용하기 전 꺼내
전자레인지에서 2~3분간 돌려
해동한 후 마른 팬에 넣고
중약 불에서 볶아 수분을 약간
날린 후 사용하는 것이 좋아요.

1 달군 팬에 올리브유를
  두른 후 마늘을 넣어
  약한 불에서 5분간 볶는다.

2 마늘 향이 올라오면 양파를
  넣고 중약 불에서 20분간
  투명하게 익을 때까지 볶는다.

3 사과, 당근을 넣고
  중간 불에서 10분간
  숨이 죽을 때까지 볶는다.

4 토마토를 넣고
  수분이 배어날 때까지
  중간 불에서 끓인다.

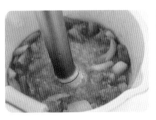

5 끓어오르면 핸드블렌더로
  곱게 갈고 오레가노가루,
  월계수잎을 넣는다.
  중약 불에서 20~25분간
  저어가며 끓인다.

6 절반으로 줄어들 때까지
  저어가며 졸인 후 월계수잎을
  건져내고 열탕 소독한 병에
  담아 냉장 보관한다(3일).
  ★ 냉동 보관할 소스는
  큐브에 담아 냉동해요.

온 가족 케첩으로도 제격 **아기용 토마토케첩**

🍼 120ml　🍲 30분

❄️ 냉장 보관 7일

- 아기용 사과주스 140㎖(약 3/4컵)
- 토마토퓌레 6큰술
- 저산 사과식초 1작은술(31쪽)
- 조청 2큰술

전분물
- 전분 2작은술
- 물 2작은술

☆
알아두세요

일주일 정도의 분량 만큼만 신선하게
소량으로 만들면 좋아요. 어른이
먹어도 맛있어서 온 가족이 함께
자극적이지 않게 먹을 수 있어요.
케첩 같은 소스는 오래 끓여 되직해질
때까지 졸여야 해서 농축된 주스를
사용하는 게 좋아요.

만들기

1　냄비에 전분물을 제외한 모든 재료를 넣고 섞는다.

2　끓지 않을 정도의 약한 불에 ①의 냄비를 올리고
　　15~20분간 계속 저어가며 반쯤 졸아들 때까지 끓인다.

3　작은 볼에 전분물 재료를 넣고 골고루 섞은 후
　　②에 넣고 빠르게 섞는다.

4　원하는 농도가 될 때까지 끓인 후 불을 끄고 한 김 식혀
　　용기에 담아 냉장 보관한다(7일).

수프나 라자냐 등에 활용하는 크림소스 **아기용 베샤멜소스**

😊 100㎖　🍲 30분

🧊 냉장 보관 3일(냉동 2주)

- 무염버터 15g
- 밀가루 15g
- 멸균 우유 150㎖(3/4컵)

만들기

알아두세요

냉동 보관할 소스는 큐브에 담아
냉동해요. 소분해 냉동시킨 소스는
수프 등을 만들 때 해동하지 않고
바로 넣어 사용해요. 루 없이도 큐브
한두 개로 진하고 깊은 맛의 수프를
끓일 수 있어요. 라자냐, 파이 등
다양한 음식에 발라 구워주면 맛이
풍부해지고 속 재료를 단단하게 잡아줘
많이 사용하는 소스 중에 하나랍니다.

1　팬을 약한 불로 달궈 버터를 넣어 녹이고 밀가루를 넣어 5분간 볶는다.

2　버터와 밀가루가 완전히 섞이고 부드럽게 밀리기 시작하면
　　우유를 넣고 섞는다.

3　되직한 농도가 되도록 약한 불에서 눌어붙지 않게 저어가며
　　10~12분간 끓인다.

4　주걱으로 긁었을 때 바닥이 보이는 농도가 되면 한 김 식힌 후
　　냉장 보관한다(3일).

아기용 돈가스소스

양식에서 만능으로 쓰기 좋은 소스예요. 채소와 크림, 채수로 만들기 때문에 맛이 순하고 부드러워요.
농도를 위해 토마토퓌레나 페이스트를 넣어 만들어요. 오므라이스나 돈가스, 미트로프나 미트머핀에
넣어도 좋아요. 가염을 시작한 이후라면 발사믹식초 대신 우스터소스를 넣을 수 있어요.

재료　　🍼 6회분　　🍲 60분　　❄️ 냉장 보관 7일(냉동 3주)

- 무염버터 50g
- 밀가루 50g
- 사과 100g
- 당근 70g
- 양파 50g
- 마늘 5개
  (또는 다진 마늘 2큰술)
- 월계수잎 1장

- 토마토퓌레 100g
- 조청 100g
- 발사믹식초 2큰술
- 채수 240㎖
  (1과 1/5컵, 29쪽)
- 생크림 100㎖(1/2컵)

422

사과, 당근, 양파는 깍둑썬다.
★ 사과는 깨끗이 씻어 껍질째 썰어요.

1 냄비에 버터, 밀가루를 넣고
약한 불에서 흰 가루가
보이지 않을 정도로 볶는다.

2 20분간 눌어붙지 않게
저어가며 갈색이 될 때까지
볶는다.

3 나머지 재료를 모두 넣고
중약 불에서 30분간
뚜껑을 덮고 끓인다.

4 월계수잎을 꺼내고
핸드블렌더를 사용해 곱게 간다.
★ 식으면 농도가 진해지니
너무 되직하지 않게 졸여요.

5 실리콘 큐브에 소분해
얼린다(냉동 3주).
★ 냉동 보관한 소스는
전자레인지에 1분간 돌려
해동하고 먹기 전 다양한
채소를 채 썬 후 볶아
다시 한번 소스를 넣고
끓이면 더 영양 가득하게
먹을 수 있어요.

아기용 무설탕 콩포트

그냥 먹기도 하고, 빵이나 요거트, 오트밀 등에 첨가해 가볍게 먹기도 하는데, 설탕은 아예
넣지 않았어요. 설탕 없이 만들기 때문에 마멀레이드화 되지 않아 펙틴이 풍부한 사과를 이용했어요.
다른 과일을 이용해 만들어도 괜찮은데, 두세 가지 과일을 넣어도 맛있어요.

재료　　😊 4회분　🍲 30분　🧊 냉장 보관 3일

- 사과 300g
- 레몬즙 1작은술
- 시나몬파우더 약간

사과는 베이킹파우더 1작은술을 푼 물에
담가 깨끗하게 씻은 후 흐르는 물에 헹군다.
껍질째로 얇게 채 썬다.

1 팬에 기름을 두르지 않고
사과, 레몬즙을 넣어
중간 불에서 10분간 수분이
배어날 정도까지 볶는다.

2 약한 불로 줄여 15~20분간
계속 저어가며 끓인다.
사진처럼 사과가 완전히
익으면 주걱으로 대충 으깬다.

3 수분이 날아가면
불을 끄고 시나몬파우더를
넣어 가볍게 섞는다.

4 한 김 식혀 밀폐 용기에 담고
냉장실에서 완전히 식힌다.

영양과 맛을 더해주는

초간단
아기 반찬

후기와 완료기편에 소개된 이유식 메인 메뉴들과 함께 차려주기 좋은 다양한 아기 반찬을
소개합니다. 한 가지 재료로 무침, 볶음, 조림, 전 등 여러 조리법의 아기 반찬 만드는 법을 알려드리니
식판을 구성할 때 다른 메뉴들과의 영양, 맛, 식감, 색감 등의 조화를 고려해 골라주세요.

지글지글 고소한 냄새에 먼저 반응하는 육전

재료

🍲 2회분 🍳 15분
❄️ 냉장 보관 2일

- 소고기 살치살 얇은 것 50g
- 달걀 1개
- 밀가루 1큰술
- 백후춧가루 약간(생략 가능)
- 현미유 약간(또는 아보카도유)

준비하기

① 소고기는 키친타월에 감싸
　눌러 핏물을 제거한다.
② 밀가루에 백후춧가루를 넣고
　섞는다.
③ 볼에 달걀을 넣고 푼다.

만들기

1 소고기에 밀가루를 묻혀 최대한 가루를 털어낸다.
2 달걀물을 골고루 입힌다.
3 달군 팬에 현미유를 두르고 ②를 넣는다.
4 중약 불에서 5~7분간 앞뒤로 노릇하게 부친다.

영양과 맛을 더해주는 초간단 아기 반찬

고소한 맛에 단백질이 가득 동태전

재료

😊 2회분　🍲 15분

🧊 냉장 보관 3일

- 냉동 순살 동태살 50g
- 달걀 1개
- 쪽파 15g
- 현미유 약간(또는 아보카도유)

준비하기

쪽파는 송송 썬다.

만들기

1　끓는 물에 동태를 넣고 중간 불에서 5분간 삶아 건진다.

2　볼에 ①을 넣고 수저로 으깬 후 쪽파를 넣는다.

3　달걀을 넣고 풀어가며 잘 섞는다.

4　중약 불로 달군 팬에 현미유를 두르고 ③을 한 수저씩 올려
　앞뒤로 노릇하게 부친다.

영양 만점의 새우가 듬뿍 새우 파전

재료

🍚 2회분　⏲ 15분
❄ 당일 섭취

- 냉동 새우살 50g
- 쪽파 4줄기(또는 부추)
- 달걀 1개
- 전분가루 2큰술
- 백후춧가루 약간(생략 가능)
- 현미유 약간(또는 아보카도유)

준비하기

❶ 새우살은 12시간 이상
냉장실에서 해동하거나
포장 그대로 찬물에 담가
해동한다. 이쑤시개로
두 번째 마디를 찔러
잡아당겨 내장을 제거한다.
흐르는 물에 씻은 후
키친타월로 감싸 물기를
제거한다.

❷ 쪽파는 2cm 길이로 썬다.

만들기

1 볼에 달걀을 넣어 푼다.
2 ①에 현미유를 제외한 모든 재료를 넣고 섞는다.
3 중약 불로 달군 팬에 현미유를 두른 후
②를 한 수저씩 올려 앞뒤로 노릇하게 부친다.

달콤한 봄내음을 전해주는 **봄동배추전**

재료

🐾 1회분 🍲 15분

❄ 당일 섭취

- 봄동 작은 잎 2장
  (또는 알배추 부드러운 잎부분)
- 뜨거운 물 100㎖(1/2컵)
- 밀가루 1큰술
- 백후춧가루 약간(생략 가능)
- 찬물 1/2큰술
- 현미유 약간(또는 아보카도유)

준비하기

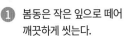

① 봄동은 작은 잎으로 떼어
   깨끗하게 씻는다.

② 줄기의 두꺼운 부분을 저며
   얇게 한다. 뜨거운 물을 부어
   5분간 두었다가 체에 밭쳐
   물기를 뺀다.

만들기

1 볼에 밀가루, 백후춧가루, 찬물을 넣어 반죽한다.
2 봄동을 넣어 반죽을 묻힌다.
3 중약 불로 달군 팬에 현미유를 두르고 ②를 넣어
   앞뒤로 노릇하게 부친다.

부들부들한 식감의 영양 반찬 # 달걀찜

재료

🥚 1회분 🍲 5분
❄️ 냉장 보관 2일

- 달걀 1개
- 채수 4큰술(29쪽)
- 저알코올 맛술 1/4작은술(생략 가능)
- 쪽파 약간
- 당근 약간

준비하기

쪽파, 당근은 곱게 다진다.

☆
알아두세요

맛술은 돌 이후부터 사용 가능해요.
단, 맛술 중 알코올이 다량 함유되어
있는 미림(14도)은 사용할 수 없어요.
식품 라벨을 참고해 주정이
1% 이하로 들어 있는 식초 베이스의
저알코올 맛술을 활용하세요.

만들기

1 볼에 달걀, 채수, 맛술을 넣고 완전히 푼다.
2 체에 ①을 걸러 내열 용기에 담는다.
3 쪽파, 당근을 넣고 뚜껑을 덮어 전자레인지에서 1분 30초간 돌린다.

고기를 싫어하는 아기들의 필수 반찬 **달걀말이**

재료

🍼 1회분　🍲 5분

❄️ 냉장 보관 3일

- 달걀 1개
- 쪽파 1줄기(또는 부추)
- 현미유 약간(또는 아보카도유)

준비하기　　　　　　　만들기

① 볼에 달걀을 넣고 푼다.
② 쪽파는 송송 썬다.

1　달걀을 푼 볼에 쪽파를 넣고 섞는다.
2　팬을 달군 후 약한 불로 줄인다. 현미유를 두르고 ①을 붓는다.
3　윗면이 반쯤 익으면 돌돌 말아 3~5분간 익힌 후 한 김 식혀 썬다.

흰살 생선 특유의 고소함이 가득 **가자미 달걀말이**

재료

🍚 1회분   🍲 10분
🧊 당일 섭취

- 냉동 순살 가자미살 50g
- 달걀 1개
- 부추 약간(또는 쪽파)
- 현미유 약간(또는 아보카도유)

준비하기

① 가자미는 12시간 이상 냉장실에서 해동하거나 포장 그대로 찬물에 담가 해동한다. 흐르는 물에 씻은 후 키친타월로 감싸 물기를 제거한다.

② 부추는 송송 썬다.

만들기

1 달군 팬에 현미유를 두르고 가자미를 올려 중간 불에서 5분간 앞뒤로 노릇하게 굽는다.

2 볼에 가자미를 넣고 숟가락으로 잘게 으깬다.

3 달걀, 부추를 넣고 풀어가며 섞는다.

4 달군 팬에 현미유를 두르고 ③을 넓게 펼쳐 중약 불에서 익힌다. 윗면이 반쯤 익으면 돌돌 말아 3~5분간 익힌 후 한 김 식혀 썬다.

영양과 맛을 더해주는 초간단 아기 반찬

아삭한 식감이 기분 좋은 **콩나물무침**

😊 1회분   🍳 10분

❄️ 당일 섭취

- 콩나물 40g
- 참기름 1/2작은술
- 통깨 1/4작은술

준비하기

만들기

콩나물 대가리는 제거한다.
★ 콩나물 대가리는
아기가 먹기 힘들어 할 수 있으니
모두 제거해요.

1 냄비에 콩나물, 잠길 만큼의 물을 넣고 뚜껑을 덮어
  센 불에서 5분간 데친다.

2 데친 콩나물은 체로 건져내 물기를 털고 그릇에 담아
  먹기 좋게 자른다.

3 참기름, 통깨를 넣고 섞는다.

변비에 도움이 되는 끙아반찬 양배추무침

재료

👶 2회분 🍲 15분
🧊 냉장 보관 1일

- 양배추잎 30g(또는 알배추, 애호박)
- 통깨 1/2작은술
- 참기름 1작은술

준비하기

양배추는 1cm 두께로 채 썬다.

만들기

1 냄비에 물을 넣고 김이 오르면 양배추를 올린 찜기를 올려 중간 불에서 10분간 찐다.
★ 양배추 두께가 얇다면 찌는 시간을 5~7분으로 줄여요.

2 한 김 식힌 후 볼에 ①, 통깨, 참기름을 넣고 무친다.

초록색 나물과 친해지기 좋은 **비름나물무침**

재료

🍼 1회분 🍳 5분

❄️ 냉장 보관 1일

• 비름나물 30g(또는 청경채, 오이)

양념
• 매실청 1/4작은술
• 조청 약간
• 통깨 1작은술
• 참기름 1/2작은술

준비하기

① 비름나물은 질긴 줄기를
제거하고 깨끗하게 씻는다.
끓는 물에 넣어 5~6분간 데쳐
물기를 꼭 짠 후 작게 썬다.
★ 젓가락으로 찔렀을 때
푹 들어갈 정도로 데쳐요.

② 작은 볼에 양념 재료를 넣고
섞는다.

만들기

1 볼에 비름나물, 양념을 넣고 섞는다.
2 훌훌 털어 뭉친 나물을 풀어가며 무친다.

동결건조 곤드레로 간단하게 만드는 **곤드레나물볶음**

재료

🍼 1회분   ⏲ 15분
❄️ 냉장 보관 3일

- 동결건조 곤드레 3g(30쪽)
- 참기름 1작은술
- 통깨 1/4작은술

만들기

1 냄비에 동결건조 곤드레를 넣고
  잠길 만큼의 물을 자작하게 부어 중간 불에 끓인다.

2 물이 완전히 졸아들 때까지 끓인 후
  마지막 수분은 날리듯 중간 불에 가볍게 볶는다.

3 바닥에 남은 수분이 없어지면 약한 불로 줄여
  참기름, 통깨를 넣고 3분간 볶는다.

영양과 맛을 더해주는 조건간 아기 반찬

들깨로 고소함을 더한 영양반찬 브로콜리 들깨무침

재료

👶 2회분   🍳 5분

🧊 냉장 보관 3일

- 브로콜리 100g(1/4송이)
- 들깻가루 1/2작은술(또는 통깨)
- 들기름 1작은술(또는 참기름)

★ 들깻가루는 호불호가 있으니 통깨를 쓰거나 통깨를 갈아 넣어도 돼요.

준비하기

냄비에 물을 넣고 김이 오르면 브로콜리를 올린 찜기를 올려 중간 불에서 4분간 찐다.

만들기

1 찐 브로콜리는 한입 크기로 썬다.
2 들깻가루, 들기름을 넣고 무친다.

상큼한 맛! 육류 요리에 곁들이기 좋은 브로콜리 초무침

재료

🍼 2회분   🍲 15분

❄️ 냉장 보관 3일

- 브로콜리 50g(또는 오이, 당근)

양념
- 저산 사과식초 1작은술(31쪽)
- 매실청 1작은술
- 조청 1/4작은술
- 참기름 1작은술
- 통깨 약간

준비하기

① 브로콜리는 한입 크기로 썬다.
② 작은 볼에 양념 재료를 넣고 섞는다.

만들기

1 냄비에 물을 넣고 김이 오르면 브로콜리를 올린 찜기를 올려 중간 불에서 4분간 찐다.

2 찐 브로콜리는 찬물에 헹군 후 키친타월에 감싸 물기를 제거한다.

3 볼에 브로콜리, 양념을 넣고 섞은 후 냉장실에 넣어 차게 한다.

영양과 맛을 더해주는 초간단 아기 반찬

풍부한 비타민과 아삭한 식감을 한 번에 **브로콜리 줄기볶음**

재료

🍼 1회분   🍲 15분

❄️ 냉장 보관 3일

- 브로콜리 줄기 30g
  (또는 파프리카, 마늘종)
- 물 2큰술
- 들기름 1작은술(또는 버터)
- 통깨 약간

준비하기

브로콜리 줄기는 돌려 깎아 껍질을
벗기고 한입 크기로 깍둑썬다.

만들기

1 팬에 기름을 두르지 않고 브로콜리 줄기, 물 2큰술을 넣고
　중간 불에서 10분간 브로콜리 줄기가 반투명하게 익을 때까지
　볶는다.

2 들기름, 통깨를 뿌린 후 3~5분간 남은 수분을 날리면서
　가볍게 볶는다.

달걀 속에 숨겨놓은 초록색 영양 덩어리 # 브로콜리 달걀전

재료

🍲 2회분　⏲ 15분

❄ 냉장 보관 1일

- 브로콜리 40g
- 밀가루 1큰술
- 달걀 1개

준비하기

① 브로콜리는 0.3cm 두께로
　얇게 썬다.
② 볼에 달걀을 넣고 푼다.

만들기

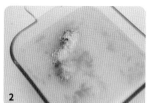

1 그릇에 밀가루를 담고 브로콜리를 넣어 앞뒤로 밀가루를 묻힌다.
2 달걀물을 골고루 입힌다.
3 달군 팬에 현미유를 두르고 ②를 넣어 중약 불에서 10~15분간
　앞뒤로 노릇하게 부친다.

영양과 맛을 더해주는 초간단 아기 반찬

쉽고 빠르게 만드는 볶음 반찬 **애호박 양파볶음**

🍼 1회분　⏲ 25분
❄ 냉장 보관 1일

• 애호박 90g(또는 양배추)
• 양파 40g
• 다진 마늘 1/4작은술
• 현미유 약간(또는 아보카도유)

준비하기　　　　　　만들기

애호박, 양파는
한입 크기로 깍둑썬다.

1 달군 팬에 현미유를 두르고 다진 마늘을 넣어
　약한 불에서 3분간 볶는다.

2 양파를 넣고 중간 불에서 5~7분간 볶는다.

3 애호박을 넣고 7~10분간 투명하게 익기 시작할 때까지 볶는다.

4 뚜껑을 덮고 약한 불에서 5분간 속까지 익힌다.

영양 가득한 밥새우와 달큰한 호박의 만남 애호박 밥새우볶음

재료

🍚 2회분 ⏲ 25분

❄️ 냉장 보관 1일

- 애호박 70g
- 양파 20g
- 다진 마늘 1/2큰술
- 밥새우 1/2작은술(또는 다진 건새우)
- 현미유 약간(또는 아보카도유)
- 참기름 약간

★ 밥새우나 건새우 대신 생새우살을
넣어도 돼요. 애호박이 반쯤 익었을 때
팬에 넣어 3~4분 정도 볶으세요.

준비하기

애호박, 양파는
한입 크기로 깍둑썬다.

만들기

1 달군 팬에 현미유를 두르고 다진 마늘을 넣어
   약한 불에서 3분간 볶아 향을 낸 후 양파를 넣는다.

2 양파가 반투명해질 때까지 중간 불에서 5~7분간 볶은 후
   애호박을 넣고 애호박이 익을 때까지 7~10분간 더 볶는다.

3 밥새우, 참기름을 넣고 가볍게 볶는다.

만 10개월 이후~

영양과 맛을 더해주는 촉촉한 아기 밑반찬

다진 소고기로 영양까지 챙긴 애호박 소고기볶음

재료

🍼 2회분   🍳 15분

❄️ 냉장 보관 3일

- 애호박 70g(또는 마늘종)
- 다진 소고기 40g
- 표고버섯 슬라이스 2개
- 다진 마늘 1/2큰술
- 저알코올 맛술 1/4작은술
  (431쪽, 생략 가능)
- 조청 1/2작은술
- 통깨 약간
- 참기름 약간

★ 애호박 대신 표고버섯을 더 넣어도 돼요.

준비하기

애호박, 표고버섯은
한입 크기로 깍둑썬다.

만들기

1 달군 팬에 현미유를 두르고 다진 마늘을 넣어
   약한 불에서 1~2분간 볶아 향을 낸다.

2 애호박을 넣고 5~7분간 볶은 후 표고버섯을 넣어 중간 불에서 볶는다.

3 소고기를 넣고 중간 불에서 5분간 볶아 고기가 완전히 익으면
   맛술, 조청을 넣고 3~5분간 조리듯 볶는다.

4 불을 끄고 통깨, 참기름을 넣고 섞는다.

촉촉하게 익혀, 부드러운 식감을 즐기는 아기에게 좋은 애호박조림

재료

😊 1회분 🍲 15분

❄ 냉장 보관 3일

- 애호박 90g
  (또는 당근, 고구마, 브로콜리, 두부)
- 다진 마늘 1/4작은술
- 채수 50㎖(1/4컵, 29쪽)
- 통깨 1/4작은술
- 참기름 1/2작은술

★ 닭안심을 작게 썰어 더해도 좋아요.
★ 채수에 분유물이나 우유를 섞어
우유조림을 만들어도 좋아요.

준비하기

만들기

애호박은 한입 크기로
깍둑썬다.

☆
응용하세요

고구마나 당근으로 대체했을 때 채수에
분유물이나 우유를 추가해 푹 익도록
끓여 우유조림을 만들면 고소한 맛과
단백질을 추가할 수 있어 좋아요.

1 냄비에 애호박, 채수, 다진 마늘을 넣고 중간 불에서 끓인다.
2 수분이 거의 없어질 때까지 끓인 후 센 불로 올려
  수분을 날리듯 저어가며 볶는다.
3 불을 끄고 통깨, 참기름을 넣고 섞는다.

영양과 맛을 더해주는 아기 반찬

밀가루 없이 부치는 달걀전 **애호박채전**

🍼 2회분　⏲ 15분

❄ 냉장 보관 3일

- 애호박 70g(또는 당근, 감자, 고구마)
- 달걀 1개
- 현미유 약간(또는 아보카도유)

준비하기

① 애호박은 0.3cm 두께로
　 채 썬다.
② 볼에 달걀을 넣고 푼다.

만들기

1 채 썬 애호박에 달걀물을 넣고 섞는다.
2 달군 팬에 현미유를 두르고 ①을 부어 얇고 넓게 편다.
3 중간 불에서 7~10분간 앞뒤로 노릇하게 부친 후
　한 김 식혀 먹기 좋게 썬다.

바삭바삭한 식감이 재밌는 세발나물 감자전

재료

😊 1회분   🍳 15분

❄️ 당일 섭취

- 세발나물 15g
  (또는 비름나물, 부추, 미나리)
- 감자 200g
- 전분가루 1큰술
- 백후춧가루 약간(생략 가능)
- 현미유 약간(또는 아보카도유)

준비하기

① 감자는 강판에 간 후
  생긴 물은 버린다.

② 세발나물은 깨끗하게
  씻은 후 키친타월로
  물기를 제거한다.
  1cm 길이로 송송 썬다.

만들기

1 볼에 현미유를 제외한 모든 재료를 넣고 섞는다.

2 중간 불로 달군 팬에 현미유를 두른 후
  ①을 한 수저씩 올려 납작하게 펴
  가장자리가 바삭하게 익으면 뒤집어 중약 불에 완전히 익힌다.

양념이 낯선 아기들을 위해 하얗게 조려낸 **감자 양파조림**

재료

😊 1회분　⏱ 15분

🧊 냉장 보관 3일

- 감자 100g
  (또는 고구마, 단호박, 무, 단호박)
- 양파 25g(또는 당근, 연근, 브로콜리,
  표고버섯)
- 채수 65㎖(약 1/3컵, 29쪽)
- 현미유 약간(또는 아보카도유)

★ 다진 고기를 더해도 좋아요.
★ 당근, 무, 고구마, 연근 등
한 가지 재료만으로 만들어도 돼요.

준비하기

감자, 양파는 한입 크기로
깍둑썬다.

만들기

1 달군 팬에 현미유를 두르고 감자, 양파를 넣고
　중약 불에서 10분간 감자 겉면이 익을 때까지 볶는다.

2 채수를 넣고 약한 불에서 끓인다.

3 채수가 바짝 줄어들 때까지 살살 볶는다.

쫄깃함과 부드러움을 함께 느낄 수 있는 감자 양념조림

재료

1회분 · 15분

냉장 보관 3일

- 감자 100g(또는 무, 버섯)
- 현미유 약간(또는 아보카도유)

양념
- 파프리카분말 1/4작은술
- 다진 마늘 1/4작은술
- 조청 1/2작은술
- 채수 1큰술(29쪽)
- 현미유 1/2작은술(또는 아보카도유)

준비하기

1. 감자는 한입 크기로 깍둑썰어 찬물에 헹궈 전분기를 제거한다.
2. 작은 볼에 양념 재료를 넣고 섞는다.

만들기

1. 달군 팬에 현미유를 두른 후 감자를 넣고 중간 불에서 10분간 겉면이 단단하게 익을 때까지 볶는다.
2. 양념을 붓는다.
3. 뚜껑을 덮고 약한 불에서 5~7분간 감자가 완전히 익을 때까지 조린다.

영양과 맛을 더해주는 초간단 아기 반찬

첫 젓가락 연습으로 좋은 **감자채볶음**

재료

🐣 1회분　🍲 15분

❄ 냉장 보관 3일

- 감자 100g(또는 고구마, 애호박,
  양배추, 파프리카)
- 현미유 1/2작은술
  (또는 아보카도유, 버터)
- 백후춧가루 약간(생략 가능)

★ 식감과 색감을 위해 브로콜리,
파프리카, 당근을 더해도 좋아요.

준비하기

감자는 0.5cm 두께로 채 썬 후
찬물에 헹궈 키친타월에 감싸
물기를 제거한다.

만들기

1 볼에 감자, 현미유를 넣고 섞은 후 전자레인지에 넣어
　1분 30초간 돌려 익힌다.

2 팬에 ①을 넣고 백후춧가루를 뿌린 후
　중약 불에서 15~17분간 가볍게 볶는다.

버터와 치즈를 넣어 더욱 부드러운 감자샐러드

🐷 1회분   🍲 15분

❄️ 냉장 보관 3일

- 감자 100g(또는 고구마, 단호박)
- 아기용 치즈 1/2장
- 무염버터 1g
- 멸균 우유 2작은술(또는 분유물)
- 조청 1/4작은술
- 데친 브로콜리 약간
- 건 블루베리 약간

★ 삶은 달걀을 으깨서 더해도 좋아요.

준비하기

① 감자는 깍둑썬 후 끓는 물에
   넣고 10~12분간 푹 삶거나
   내열 용기에 물(2큰술)을
   넣고 랩을 씌워 구멍낸 후
   전자레인지에 3분 30초간 돌려
   익힌다.

② 데친 브로콜리는 작게 다진다.

만들기

1 감자가 뜨거울 때 치즈, 버터를 넣고 함께 으깬다.
2 나머지 재료를 모두 넣고 골고루 섞는다.

영양과 맛을 더해주는 초간단 아기 반찬

10분만에 만드는 간단한 나물 반찬 **가지무침**

┌─ **재료** ─┐

😊 2회분   🍲 10분

❄️ 냉장 보관 3일

- 가지 75g
- 통깨 1/2작은술
- 참기름 1작은술

★ 식감과 색감을 위해
브로콜리를 더해도 좋아요.

┌─ **준비하기** ─┐ ┌─ **만들기** ─┐

가지는 한입 크기로 깍둑썬다.

1 냄비에 물을 넣고 김이 오르면 가지를 올린 찜기를 올려
중간 불에서 7분간 찐다.

2 그대로 뚜껑을 열어 식힌 후
볼에 한 김 식힌 가지, 통깨, 참기름을 넣고 무친다.

새콤한 맛을 연습하기 좋은 가지 초무침

재료

🍲 2회분   🍳 15분

❄️ 냉장 보관 3일

- 가지 75g(또는 양배추, 알배추)

양념
- 원당 1/2작은술
- 저산 사과식초 1/4작은술(31쪽)
- 참기름 1/2작은술

준비하기

1 가지는 껍질을 벗기고
   먹기 좋은 크기로 길게 썬다.
2 작은 볼에 양념 재료를 넣고
   섞는다.

만들기

1 냄비에 물을 넣고 김이 오르면 가지를 올린 찜기를 올려
   중간 불에서 7분간 찐다.

2 그대로 뚜껑을 열어 식힌 후
   볼에 한 김 식힌 가지, 양념을 넣고 무친다.

만
10개월
이후~

영양과 맛을 더해주는 초간단 아기 반찬

파프리카로 색을 내 새롭게 느껴지는 **가지볶음**

┤ **재료** ├

🍼 2회분   🍲 15분

❄️ 냉장 보관 3일

- 가지 50g(또는 양파)
- 다진 마늘 1/2큰술
- 대파 약간
- 현미유 약간(또는 아보카도유)

양념
- 파프리카분말 1/4작은술
- 발사믹식초 1/2작은술
- 조청 1/2작은술
- 참기름 1/2작은술

┤ **준비하기** ├---------------------------- ┤ **만들기** ├

① 가지는 한입 크기로 깍둑 썰고,
   대파는 송송 썬다.
② 작은 볼에 양념 재료를 넣고
   섞는다.

⭐
응용하세요

다진 소고기나 돼지고기,
닭고기 등 단백질 재료를 추가해
볶아도 잘 어울려요.

1 달군 팬에 현미유를 두르고 다진 마늘, 대파를 넣고
   약한 불에서 1~3분간 볶아 향을 낸다.

2 가지를 넣고 중약 불에서 10~12분간 숨이 죽을 때까지 볶는다.

3 양념을 넣고 골고루 섞어가며 3~5분간 더 볶는다.

톡톡 터지는 즐거운 식감 가지 옥수수전

🍼 2회분   🍲 15분
❄️ 냉장 보관 2일

- 가지 50g(또는 고구마)
- 무첨가 통조림 옥수수 2큰술
- 달걀 1개
- 현미유 약간(또는 아보카도유)

준비하기

가지는 사방 0.5cm로
깍둑썬다.

만들기

1 볼에 현미유를 제외한 모든 재료를 넣고 섞는다.

2 달군 팬에 현미유를 두르고 ①을 한 숟가락씩 떠서
  중약 불에서 7~10분간 앞뒤로 노릇하게 부친다.

영양과 마음을 더해주는 초간단 아기 반찬

간단한 재료로 만드는 데일리 반찬 **양송이버섯볶음**

재료

😊 2회분　⏲ 20분

🧊 냉장 보관 3일

- 양송이버섯 80g(또는 표고버섯, 새송이버섯, 팽이버섯)
- 양파 40g
- 올리브유 1작은술
- 무염버터 3g
- 발사믹식초 1작은술
- 조청 1작은술

준비하기

① 양송이버섯은 밑동을 제거하고 껍질을 벗겨 0.5cm 두께로 썬다.

② 양파는 0.3cm 두께로 채 썬다.

만들기

1 달군 팬에 올리브유를 두르고 양파를 넣어 중약 불에서 10~20분간 갈색이 되도록 볶는다.

2 양송이버섯, 버터를 넣어 중간 불에서 5~7분간 버섯이 완전히 익을 때까지 볶는다.

3 발사믹식초, 조청을 넣고 중약 불에서 5분간 가볍게 조린다.
　★ 발사믹식초를 사용하면 버섯의 비린내나 누린내를 잘 잡을 수 있어요.

달콤한 맛으로 채소 편식을 물리치는 버섯강정

재료

🍚 1회분   🍲 30분
❄️ 냉장 보관 3일

- 미니 새송이버섯 40g
  (또는 표고버섯)
- 현미유 1/2작은술(또는 아보카도유)
- 통깨 약간

소스
- 발사믹식초 1/2작은술
- 조청 1/2작은술

준비하기

미니 새송이버섯은
먹기 좋은 크기로 썬다.

만들기

1 버섯에 현미유를 넣고 섞은 후 에어프라이어에 넣고
  180℃에서 15분간 굽는다.

2 팬에 소스 재료를 넣고 약한 불에서 끓어오르면 ①을 넣고 조린다.

3 소스가 버섯에 완전히 스며들면 불을 끄고 통깨를 뿌린다.

☆
알아두세요

과정 ①에서 에어프라이어가 없다면
현미유를 넣고 중약 불로 달군 팬에
손질한 버섯을 넣고 중간 불에서
10분간 볶아요. 완전히 익으면
불 세기를 약간 올려 5분간 수분을
날려가며 익혀주세요.

457

영양과 맛을 더해주는 초간단 아기 반찬

온 가족 반찬으로 제격인 **채소 오븐구이**

재료

🍚 10회분   🍲 45분

❄️ 당일 섭취

- 감자 200g
- 토마토 150g(1개)
- 양파 50g
- 가지 50g
- 새송이버섯 50g
- 브로콜리 30g
- 마늘 1개
- 올리브오일 1큰술
- 레몬청 1큰술(또는 레몬즙, 생략 가능)
- 조청 1작은술

★ 감자, 가지, 파프리카 등 한두 가지 재료만으로 만들어도 돼요.

준비하기

모든 채소는 먹기 좋은
크기로 썬다.

만들기

1　오븐 팬에 모든 재료를 넣고 섞는다.

2　200℃로 예열한 오븐에서 15분간 굽는다.

3　골고루 섞어 10분간 노릇해지게 오븐에서 더 굽는다.

　★ 허브가루를 더해도 좋아요.

　★ 웍이나 팬에서 볶아도 돼요.

☆ 알아두세요

채소 오븐구이는 엄마, 아빠, 아기가
함께 둘러 앉아 같이 식사할 때
먹기 좋은 메뉴예요. 온 가족이 함께
먹으면서 채소에 대한 긍정적인
태도를 보인다면 아기도 채소를 더
좋아하게 될 거예요.

밥태기 아기의 입맛을 돋우는 # 토마토샐러드

재료

🍼 2회분　🍲 10분

❄️ 냉장 보관 3일

- 토마토 300g(또는 브로콜리)
- 쪽파 8g(또는 부추, 생략 가능)

드레싱
- 발사믹식초 1작은술
- 올리브유 1작은술
- 조청 1작은술

준비하기

쪽파는 송송 썬다.

만들기

1 토마토는 꼭지 반대쪽에 열십(十)자로 칼집을 내고 끓는 물에 30초간 데친다.

2 찬물에 담가 껍질을 벗기고 한입 크기로 깍둑썬다.

3 볼에 ②, 쪽파, 드레싱 재료를 넣고 섞는다.
　★ 봄, 여름 쪽파는 매운맛이 덜하지만 겨울 쪽파는 매울 수 있어요.
　이때는 부추로 대체해 사용해요.

영양과 맛을 더해주는 초간단 아기 반찬

토마토 마리네이드

새콤한 맛으로 아기들에게 인기 만점이에요. 방울토마토를 사용했기 때문에 치아가 얼마 없는 아기들도
편하게 먹을 수 있어요. 돌쯤에는 아기용 사과주스를 사용해 재워놨다 먹이면 되고 좀 더 커서
두 돌쯤 되면 사과식초를 사용해 새콤하게 절여주면 기름진 음식과 환상의 궁합을 자랑한답니다.

| 재료 | 👶 3~4회분 | 🍳 5분 | ❄️ 냉장 보관 5일 |

- 방울토마토 20개(또는 브로콜리)
- 오레가노가루 1/4작은술
- 올리브유 2작은술
- 아기용 사과주스 60㎖

방울토마토는 꼭지를 제거하고
꼭지 반대편에 열십(十)자로 칼집을 낸다.

1 냄비에 물을 넣어 끓인 후
　방울토마토를 넣고
　30초간 데친다.

2 찬물에 헹궈 껍질을 벗긴 후
　체에 밭쳐 물기를 뺀다.

3 볼에 방울토마토,
　오레가노가루, 올리브유,
　아기용 사과주스를 넣고
　섞는다.

4 밀폐 용기에 담아
　냉장실에서 1~2일간
　숙성시킨다.

영양과 맛을 더해주는 초간단 아기 반찬

아기 김치(맵지 않은 무염 깍두기)

아기라도 얼마든지 김치를 먹을 수 있어요. 간단하게 만든 무염깍두기는 아기가 제일 좋아하는
반찬이에요. 번거롭게 풀죽을 쑤지 않고 감자를 익혀 넣었는데, 감자의 전분기가 무가 아삭하게 익도록
도와줘요. 아주 어릴 때부터 빨간 음식에 익숙해져야 커서도 김치 같은 음식에 편식이 덜하기 때문에
어린이집에 가기 전, 아주 아기 때부터 맵지 않은 빨간 김치를 집에서도 꼭 맛보여 주세요.

재료   30회분   30분   ❄ 냉장 보관 1~3개월

• 무 800g(또는 알배추, 오이)
• 감자 80g
• 사과 100g
• 양파 50g
• 파프리카 1개
• 마늘 3개
• 매실청 2큰술
• 파프리카분말 15g

① 무는 아기가 먹기 좋도록 작게
한입 크기로 깍둑썬다.

② 감자, 사과, 양파는 껍질을 벗겨 큼직하게 썬다.

③ 파프리카는 씨를 제거하고 큼직하게 썬다.

1 작은 볼에 감자, 물 1큰술을
넣고 전자레인지에서 2분간
돌려 익힌다.

2 푸드프로세서에 무를 제외한
모든 재료를 넣는다.

3 ②를 사진처럼 최대한
곱게 간다.

4 무에 양념을 넣고 골고루
버무린다. 상온에서 3시간
두었다가 냉장실에 넣어
7일간 익힌 후 먹는다.

☆
알아두세요

• 풀 대신 감자를 익혀 넣어 만들면
감자의 전분기가 무를 아삭하게
익도록 도와줘요.

• 파프리카루는 맵지 않고 색감만
주는 역할을 하는데, 어릴 때부터
빨간 음식에 익숙해져야 커서도
김치 같은 음식에 편식이 덜하기
때문에 아기 때부터 맵지 않은 빨간
김치를 맛보여 주는 게 좋답니다.

아기 피클(토마토, 오이)

심심한 아기 음식 중에 몇 가지 쨍한 맛을 내는 곁들임 반찬이에요. 산뜻하게 입안을 정리해 주는 피클은 특히나 고기 요리에 잘 어울리는데, 기름진 음식을 먹을 때 피클을 함께 주면 평소에 육류 섭취가 부족했던 아기들도 입가심용 피클 덕분에 훨씬 더 많이 먹을 수 있어요. 같은 배합의 피클물에 다양한 채소를 이용해 만들면 그때그때 다른 맛의 피클이 된답니다.

영양과 맛을 더해주는 촘촘한 아기 반찬

토마토 피클 재료

🍼 4~5회분   🍲 15분   🧊 냉장 보관 2주

• 방울토마토 350g(또는 아스파라거스, 무)

피클물
• 물 120㎖(3/5컵)
• 저산 사과식초 60㎖(31쪽)
• 원당 80g
• 월계수잎 1장
• 통후추 1/4작은술

오이 피클 재료

🍼 1L 밀폐 용기 1개분   🍲 15분   🧊 냉장 보관 2주

• 오이 8개(또는 양배추, 연근)
• 물 180g
• 딜 약간

피클물
• 저산 사과식초 100㎖(1/2컵, 31쪽)
• 원당 140g
• 통후추 1/4작은술

토마토 피클 준비하기

① 방울토마토는 꼭지 반대편에
열십(十)자로 칼집을 낸 후
끓는 물에 30초간 데친다.

② 유리병은 끓는 물에
굴려가며 2~3분간 삶아
열탕 소독한 후 물기를 뺀다.

토마토 피클 만들기

1 데친 방울토마토를 찬물에
담가 껍질을 벗긴 후
열탕 소독한 용기에 담는다.

2 냄비에 피클물 재료를 모두
넣고 중간 불에서 끓인다.

3 완전히 끓어오르기 전에
불에서 내린다. ①에 붓고
한 김 식혀 뚜껑을 덮는다.
상온에 3시간, 냉장실에서
2~3일간 숙성한다.
★ 같은 배합의 피클물에
다른 채소를 넣어 다양한
피클을 만들어도 좋아요.

오이 피클 준비하기

오이는 필러로 껍질을 벗긴 후
0.3cm 두께로 썬다.

오이 피클 만들기

1 냄비에 피클물 재료를 넣고
중간 불에서 끓인다.

2 완전히 끓어오르기 전에
불에서 내린다.

3 밀폐 용기에 오이를 넣고
②를 붓고 딜을 넣는다.
상온에서 3시간, 냉장실에서
2~3일간 숙성한다.

아기가 먹기 좋은
영양 듬뿍
무염국

밥과 반찬으로 구성된 아기 식단에 더하기 좋은 영양가 높은 무염국을 소개합니다.
육수나 채수를 밑국물로 활용하면서 시원한 맛의 알배추와 무까지 넉넉히 더해 더 맛있게 끓였어요.
두부, 달걀, 소고기, 황태 등의 단백질 재료를 듬뿍 넣어 영양적으로도 좋아요.

고기 반찬과 곁들이기 좋은 기본 채소국 무국

재료

🍚 2회분   🍲 20분

❄️ 냉장 보관 3일

- 무 60g(또는 애호박, 감자)
- 채수물 240㎖
  (채수 120㎖ + 물120㎖)(29쪽)
- 다진 마늘 1/2작은술
- 쪽파 1줄기

준비하기

① 무는 먹기 좋은 크기로 썬다.
② 쪽파는 송송 썬다.

만들기

1 냄비에 채수물, 무를 넣고 중간 불에서 끓인다.
2 끓어오르면 거품을 걷어낸다.
3 다진 마늘을 넣어 10분간 무가 투명하게 익을 때까지 끓인다.
4 쪽파를 넣고 1분간 끓인다.

단백질 가득, 부들부들한 식감의 **연두부 달걀국**

재료

🍚 2회분   ⏱ 10분
❄ 냉장 보관 3일

- 연두부 1/4팩(생략 가능)
- 달걀 1개
- 부추 약간(또는 쪽파)
- 채수물 240㎖
  (채수 120㎖ + 물 120㎖)(29쪽)

준비하기

① 볼에 달걀을 넣고 푼다.
② 부추는 송송 썬다.

만들기

1

2

3

1 냄비에 채수물을 넣고 중간 불에서 끓이면서
  연두부를 수저로 떠 넣는다.

2 끓어오르면 달걀물을 둥글게 부어 뭉치지 않게
  천천히 섞어 3~5분간 끓인다.

3 부추를 넣고 불을 끈다.

달큰한 맛으로 아기의 입맛을 사로 잡는 새우 시금치국

재료

🍼 1회분   🍲 15분

❄️ 냉장 보관 3일

- 냉동 새우살 30g(또는 감자, 버섯)
- 시금치 30g
- 채수물 100mℓ
  (채수 50mℓ + 물 50mℓ)(29쪽)

준비하기

1 새우살은 12시간 이상 냉장실에서 해동하거나 포장 그대로 찬물에 담가 해동한다. 이쑤시개로 두 번째 마디를 찔러 잡아당겨 내장을 제거한다. 흐르는 물에 씻은 후 키친타월로 감싸 물기를 제거한다.

2 시금치는 끓는 물에 넣고 1분간 데친다. 찬물에 헹궈 물기를 꼭 짠 후 곱게 다진다.
★ 시금치는 수산이 있어 데쳐 사용해요. 시금치 데친 물은 사용하지 말고 버려요.

만들기

1 냄비에 채수물, 시금치를 넣고 중간 불에서 끓인다.

2 끓어오르면 새우살을 넣고 1분, 새우가 하얗게 익을 때까지 끓인다.

아기가 먹기 좋은 영양 가득 국물요리

가장 기본의 국맛을 알려주는 **소고기 무국**

🍼 6회분 🍲 30분
❄️ 냉장 보관 3일(냉동 2주)

- 국거리용 소고기 100g(또는 두부)
- 무 150g(또는 감자)
- 표고버섯 1개
- 대파 10cm
- 다진 마늘 2작은술
- 채수물 400㎖
  (채수 120㎖ + 물 280㎖)(29쪽)

준비하기

① 무는 한입 크기로 나박 썰고,
표고버섯은 깍둑썰고,
대파는 어슷썬다.
② 소고기는 먹기 좋은 크기로 썬다.

만들기

1

2

3

1 냄비에 무, 표고버섯, 대파를 넣고 채수물을 부어
중간 불에서 끓인다.
2 끓어오르면 소고기를 넣어 끓인다.
3 끓어오르며 생기는 거품을 걷어내고 다진 마늘을 넣는다.
4 무가 완전히 익을 때까지 15~20분간 끓인다.
★ 남은 국은 소분해 냉동 보관해요(2주).

제철 알배기 배추의 달큰함이 느껴지는 **소고기 배추국**

재료

🍚 6회분   🍲 20분
❄️ 냉장 보관 3일(냉동 2주)

- 다진 소고기 100g
- 알배추잎 3장(또는 근대, 애호박,
  콩나물, 감자)
- 다진 마늘 1작은술
- 채수물 400㎖
  (채수 120㎖ + 물 280㎖)(29쪽)

★ 콩나물로 대체할 때는 콩은 아기가
먹기 어려울 수 있으니 떼고 넣으세요.
434쪽 참고.

준비하기

알배추잎은 한입 크기로 썬다.

만들기

1 냄비에 알배추잎, 채수물을 넣고 중간 불에서 끓인다.
2 끓어오르면 소고기를 넣고 중간 불에서 끓인다.
3 끓어오르며 생기는 거품을 걷어낸다.
4 다진 마늘을 넣고 중약 불에서 10~12분간
  알배추잎이 투명하게 익을 때까지 끓인다.
  ★ 남은 국은 소분해 냉동 보관해요(2주).

 엄마가 뚝딱 만드는 영양식 이야기

고소한 참기름 향이 입맛을 돋우는 북어 배추국

🍼 2회분   🍲 20분

❄ 냉장 보관 3일

- 네모북어 10개
- 알배추잎 2장
- 다진 마늘 1/4작은술
- 참기름 약간
- 채수물 200㎖
  (채수 100㎖ + 물 100㎖)(29쪽)

준비하기 .... 만들기

① 네모북어는 미지근한 물에
담가 10분간 불린 후
물기를 짠다. 참기름을 넣어
밑간한다.

② 알배추잎은 한입 크기로 썬다.

1 냄비에 채수물, 알배추잎을 넣어 중간 불에서 끓인다.

2 끓어오르면 다진 마늘을 넣는다.

3 북어를 넣고 중간 불에서 10~12분간
알배추잎이 투명하게 익을 때까지 끓인다.

★ 남은 국은 소분해 냉동 보관해요(2주).

부드럽고 순한 국물맛 맑은 동태탕

재료

🍚 1회분 🍲 15분
❄️ 당일 섭취

- 냉동 순살 동태살 50g
- 채수물 160㎖
  (채수 60㎖ + 물 100㎖)(29쪽)
- 무 40g
- 다진 마늘 1작은술
- 쪽파 1줄기

준비하기

① 동태는 12시간 이상
   냉장실에서 해동하거나
   포장 그대로 찬물에 담가
   해동한다. 흐르는 물에
   씻은 후 키친타월로 감싸
   물기를 제거한다.

② 무는 나박 썰고,
   쪽파는 송송 썬다.

만들기

1 냄비에 무, 채수물을 넣고 중간 불에서 끓인다.
2 끓어오르면 마늘을 넣고 10분간 무가 완전히 익을 때까지 끓인다.
3 무가 투명하게 익으면 동태살을 넣고 5분간 끓인다.
4 동태가 하얗게 완전히 익으면 쪽파를 넣고 30초간 끓인다.

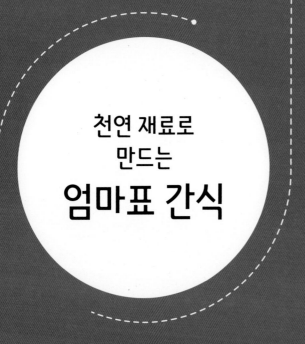

천연 재료로
만드는
엄마표 간식

후기와 완료기에는 하루 1~2회 간식으로 부족한 영양을 채우면 좋아요. 이때 탄수화물만 들어 있는
시판 간식보다, 천연 재료로 건강하게 만든 엄마표 간식을 만들어주면 어떨까요?
여기 소개된 간식들은 유아식, 아동식 때에도 만들어주기 좋은 영양가 풍부한 것들이랍니다.
단백질 섭취가 부족했다면 간단하게 치즈나 삶은 달걀을, 채소 섭취가 부족했다면 바나나, 아기용
무가당 떠먹는 요구르트를, 탄수화물 섭취가 부족했다면 빵이나 고구마 등을 주세요.

아기마다 잘 먹지 않는 식품군이 있을 때 간식은 그 영양을 채워주는 역할을 합니다.
혹 아기가 밥은 잘 안 먹고 간식만 먹으려고 한다면, 간식은 주지 않는 것이 좋습니다. 단 몸이 아파
제대로 먹지 못할 경우는 소량의 간식을 챙겨 아기의 영양상태가 나빠지지 않도록 돌봐야 합니다.

☑ 이유식 간식, 이렇게 활용하세요

* 간식은 그날 부족했던 영양을 보충하기 위한 것이지 반드시 먹여야 하는 건 아니에요. 간식을 끼니 중간에 챙겨 먹어야 하는 또 다른 끼니로 여기게 되면 아기의 식습관은 금세 엉망이 되어버린답니다. 아기가 정량의 식사를 배불리 먹고 필요한 영양소를 골고루 섭취했다면 별도의 간식을 줄 필요는 없어요.

* 아기가 매번 골고루 잘 먹을 순 없어요. 어떤 날은 안 먹을 때도 있고, 어떤 날은 고기, 어떤 날은 채소를 뱉어내는 날도 있어요. 그럴 때마다 거기에 맞춰 간식을 소량씩 주는데, 밥 먹기 2~3시간 전, 혹은 제시간에 주되 절대 식사 때 먹는 양보다 많은 양을 먹여서는 안 돼요. 말 그대로 간식이니까요.

* 간식의 양은 아기 손바닥 절반만큼의 양만 주는 게 적당한데, 간식으로 배를 채워선 안 되기 때문에 아기가 더 먹고 싶어 한다고 해서 많이 주게 된다면 정작 식사를 제대로 하지 않는 일이 생겨요.

* 이 책에는 주로 탄수화물 위주의 간식을 소개했는데요, 제 애들의 경우 이가 나거나 성장통이 있을 때 주기적으로 쌀을 먹지 않아서예요. 유난히 쌀을 가렸던 첫째는 다른 탄수화물로 영양을 채워야 했어요. 둘째도 이앓이를 하는 시기에 밥을 잘 먹지 않아 탄수화물을 채워줄 수 있는 간식을 먹였답니다.

* 만약 내 아기가 고기를 잘 먹지 않는다면 철분과 단백질을 채워줄 수 있는 간식을 준비해야 해요. 아기 치즈나 무가당 그릭 요거트, 무 염지 육포나 미트볼(232쪽), 고기머핀(242쪽), 볶은 멸치 같은 것도 간식으로 줄 수 있어요.

* 만약 채소를 가리는 아기라 그날 채소 섭취량이 부족했다면 식이섬유가 풍부한 바나나나 채소 팬케이크(256쪽), 아니면 간단하게 고구마를 쪄서 주거나, 과일을 소량 주는 것도 괜찮아요.

* 중기까지는 모유(분유)가 주식이고 이유식이 간식이라면, 후기부터는 이유식이 주식이고 모유(분유)가 간식의 개념이 되기 때문에 간식(모유나 분유)을 먹으며 또 다른 간식을 먹는 건 영양 과잉섭취로 소아 비만을 불러올 수 있어요.

만
10개월
이후~

천연 재료로 하는 영양 표준 간식

달콤한 맛으로 기분 좋게 하는 **고구마맛탕**

재료

👶 2회분   🍲 30분

❄️ 냉장 보관 3일

- 고구마 1개
- 현미유 1큰술(또는 아보카도유)
- 원당 1작은술
- 조청 2작은술
- 검은깨 1/2작은술

준비하기

고구마는 껍질을 벗겨
한입 크기로 깍둑썬다.

만들기

1 오븐 팬에 고구마, 현미유, 원당을 넣고 섞는다.
2 190℃ 오븐에서 20분간 굽는다.
3 조청, 검은깨를 넣고 섞는다.

간식도, 아침식사로도 먹기 좋은 **바나나 요거트 팬케이크**

재료

🍼 2회분   🍲 30분

❄️ 냉장 보관 1일

- 바나나 1개
- 아기용 떠먹는 요구르트 85g
- 박력분 33g(1/3컵)
- 무염버터 약간

만들기

1

3

1 볼에 바나나를 넣고 곱게 으깬다.

2 ①에 요구르트, 박력분을 넣고 골고루 섞는다.

3 달군 팬에 버터를 넣어 녹이고 ②의 반죽을 한 국자씩 떠 올린다.

4 중약 불에서 10~12분간 앞뒤로 노릇하게 굽는다.
   ★ 콩가루를 뿌리거나 조청을 살짝 뿌려도 좋아요.
   아기용 콩포트(424쪽)를 곁들이면 더 맛있게 먹을 수 있어요.

☆
알아두세요

팬케이크는 검은 점이 있는
잘 익은 바나나로 만들어야
따로 설탕을 넣지 않아도 달콤하고,
바나나 향이 진해 맛있어요.

바나나 찹쌀떡

두 가지 재료로 쉽고 간단하게 만드는 아기 간식이에요. 찹쌀가루에 으깬 바나나를 넣어 호떡처럼 기름
두른 팬에 구워 먹는 바나나 찹쌀떡은 겉은 바삭하고 속은 쫄깃 부드러워요. 바나나 대신 다른 과일이나
치즈를 넣어도 돼요. 넉넉하게 만들어 냉동 보관했다가 전자레인지에 데워줘도 되기 때문에 출출해 하는
아기에게 주기 좋지요. 완료기 때부터 먹기 좋은데, 속이 아주 뜨겁기 때문에 호호 불어 먹여야 해요.

| 재료 | 🐣 2회분(8개분) | 🍲 30분 | ❄️ 냉장 보관 2일 |

• 바나나 1개
• 찹쌀가루 6큰술
• 현미유 약간(또는 아보카도유)

1 바나나는 1/3 분량만 떡 속에
들어가는 용으로 0.5cm
두께가 되게 8조각으로 썬다.

2 ①에서 남은 2/3 분량의
바나나는 볼에 넣고 으깬다.

3 ②에 찹쌀가루를 넣어
반죽한다.

4 반죽을 8등분한 후 펴서
①을 한 조각씩 넣고 만두
빚듯이 둥글넓적하게 모양낸다.

5 달군 팬에 현미유를 두르고
④를 넣어 약한 불에서
10~12분간 앞뒤로 노릇하게
굽는다.
★ 겉은 식어도 속은
아주 뜨거울 수 있으니
꼭 완전히 식혀주세요.

바나나타르트

바나나는 탄수화물에 식이섬유, 단백질, 엽산, 칼륨까지 풍부해 간식으로 안심하고 줄 수 있죠.
베이킹을 할 때도 활용도가 높은 게 바나나인데, 버터나 달걀 대신 사용할 수 있고,
바나나 자체의 당도가 높아 설탕이나 올리고당을 넣지 않아도 달달한 맛을 낼 수 있어요.
간단한 재료로 쉽게 만들면서, 아기가 잘 먹는 간식이 엄마에게 가장 필요한 레시피죠.

재료   6개분   30분   냉장 보관 2일

- 바나나 100g
- 오트밀 2큰술
- 밀가루 1큰술
- 달걀노른자 1개분
- 무염버터 10g

볼에 바나나를 넣고 포크로 으깬 후
70g, 30g으로 나눠 담는다.

1 으깬 바나나 70g에
오트밀, 밀가루를 넣고
섞는다.

2 으깬 바나나 30g에
노른자를 넣고 섞는다.

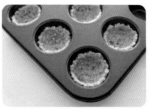

3 머핀 틀에 버터를 바르고
①의 반죽을 6등분해 넣어
얇게 편다.

4 ③에 ②를 넘치지 않게
담는다.

5 200℃로 예열한 오븐
(또는 에어프라이어)에서
10~15분간 굽는다.

☆
알아두세요

검은 점이 있는 잘 익은 바나나로
만들어야 따로 설탕을 넣지 않아도
달콤하고, 바나나 향이 진해 맛있어요.

만
10개월
이후~

천연 재료로 만드는 영양 간식

고구마쿠키

바삭한 쿠키 보다는 부드러운 버터 쿠키에 가까운 식감이에요. 찐 고구마가 칩처럼 박혀
촉촉하고 묵직하게 먹을 수 있어요. 냉장고에 숙성시킬 필요 없이 바로 구워 먹는 쿠키라 조리 시간도
짧고 다음 날까지 상온 보관해도 맛있게 먹을 수 있기 때문에 넉넉하게 구워 다음 날, 우유와 함께
간식으로 주기 좋아요.

| 재료 | 🍼 5~6개분 | 🍳 45분 | ❄️ 상온 보관 2일 |

- 고구마 1개
- 바나나 1/2개
- 통밀가루 100g
- 베이킹파우더 1작은술
- 무염버터 30g
- 조청 2큰술

482

① 볼에 통밀가루, 베이킹파우더를 넣고 섞는다.

② 버터는 내열 용기에 담아
전자레인지에서 1분간 돌려 녹인다.

③ 고구마는 껍질을 벗긴 후 작게 깍둑썬다.
스팀홀이 있는 내열 용기에 넣고
전자레인지에서 3분 30초간 돌려 익힌다.

1 볼에 바나나를 넣고
으깬 후 버터, 조청을 넣고
섞는다.

2 ①에 가루류를 넣고 주걱을
세워 반으로 가르듯 섞는다.
★ 날가루가 보이지 않을
정도로만 반죽해요.

3 고구마를 넣고
가볍게 섞는다.

4 6등분한 후 두툼하게 모양을
빚어 오븐 팬에 올린다.

5 180℃로 예열한 오븐
(또는 에어프라이어)에서
20~25분간 굽는다.

티딩쿠키

아기가 처음 먹는 이앓이 간식으로 알려진 티딩쿠키는 바 형태로 만들어 아기가 스스로 들고
먹을 수 있어요. 일부러 살짝 단단하게 구웠기 때문에 간지러운 잇몸을 긁듯이 녹여 먹을 수 있어요.
중기부터 먹는 간식이기 때문에 모든 재료는 아기가 먹을 수 있는 걸 사용해야 하고, 견과류 등
단면이 날카로워 잇몸에 상처가 날 수 있는 재료는 넣지 않아요.

| 재료 | 🍼 4회분 | 🍲 20분 | ❄️ 상온 보관 2~3일(냉동 2주) |

- 바나나 1개
- 오트밀 140g
- 무염버터 15g
- 우유 2큰술

484

버터는 내열 용기에 담아
전자레인지에서 45초간 돌려 녹인다.

1 푸드프로세서에 모든 재료를
넣고 곱게 간다.

2 ①을 꺼내 여러번 치대듯
반죽한다.

3 반죽을 밀대로 밀어
1cm 두께로 편다.

4 길쭉한 막대기 모양으로
썬다.

5 오븐 팬에 올려
버터나이프를 사용해
모양을 내고
이쑤시개로 구멍을 낸다.

6 180℃로 예열한 오븐
(또는 에어프라이어)에서
12~13분간 굽는다.

485

오트밀 넛츠쿠키

버터쿠키에 가까운 식감을 가진 오트밀 넛츠쿠키는 달콤하고 고소한 맛이 강한 간식이에요.
평소에 잘 먹지 못하는 견과류도 쿠키에 넣어주면 목에 걸리지 않고 수월하게 먹을 수 있는데,
부드러운 쿠키 사이사이에 박힌 견과류 덕분에 씹는 맛이 있어요.

재료   😊 4회분   🍳 30분(+ 냉장 휴지 30분)   🗄 상온 보관 2~3일(냉동 2주)

- 오트밀 60g
- 아몬드가루 40g
- 베이킹파우더 1/2작은술
- 바나나 1개
- 무염버터 15g
- 조청 2큰술
- 모둠 견과류 30g(아몬드, 캐슈넛 등)

볼에 오트밀, 아몬드가루, 베이킹파우더를
넣고 섞는다.

1 푸드프로세서에
  모둠 견과류를 제외한
  모든 재료를 넣고 간다.

2 오트밀 입자가 완전히 갈리면
  모둠 견과류를 넣는다.

3 푸드프로세서로
  한두 번 섞는다.

4 지퍼백에 반죽을 담아
  냉장실에서 30분간 둔다.

5 먹기 좋은 크기로
  모양을 만들고
  오븐 팬에 올린다.

6 180℃로 예열한 오븐
  (또는 에어프라이어)에서
  20분간 굽는다.

☆
알아두세요

견과류를 단독으로 주면 목에 걸릴 수
있기 때문에 어릴 때는 쿠키나
빵 종류에 더해 함께 씹도록 하는 게
좋아요.

블루베리바이트

활동이 많은 날 만들어주는 간식이에요. 다른 간식들에 비해 달지 않지만 꾸덕한 식감 탓에
열량이 좀 높은 편이에요. 야외 활동이 많은 날, 한바탕 뛰어놀고 쉴 때 채소주스나 우유와 함께
주곤 해요. 약간만 먹어도 포만감이 드는 간식이니 5개 이상은 주지 않는 게 좋아요.

 재료   🍼 4회분   🍲 30분   🧊 상온 보관 1~2일(냉동 2주)

- 오트밀 100g
- 베이킹파우더 1/2작은술
- 무염버터 30g
- 조청 2큰술
- 바나나 1개
- 블루베리 1컵

① 푸드프로세서에 오트밀을 넣고
   반 정도 간다.

② 버터는 내열 용기에 담아
   전자레인지에서 45초간 돌려 녹인다.

③ 볼에 바나나를 넣고 포크로 으깬다.

④ 블루베리는 깨끗하게 씻어
   키친타월로 물기를 제거한다.

1 볼에 오트밀, 베이킹파우더를
  넣고 섞은 후 블루베리를
  제외한 모든 재료를 넣고
  주걱으로 가르듯이 섞는다.

2 날가루가 보이지 않게
  완전히 섞은 후
  블루베리를 넣고 섞는다.

3 오븐 팬에 넓게 편 후
  190℃로 예열한 오븐
  (또는 에어프라이어)에서
  17분간 굽는다.

4 한 김 식혀 먹기 좋은
  크기로 썬다.

미니 도넛

입에 쏙 넣기 좋아 아기들이 특히 좋아하는 간식이에요. 특별한 모양 틀 없이 짤주머니로 짜서
간단하게 만들 수 있어요. 도넛 위에 토핑하는 아이싱에 따라 맛도 달라지기 때문에 코코넛가루 외에
고소한 볶은 콩가루를 묻혀도 좋아요.

재료   🍼 2회분   🍲 45분   ❄ 상온 보관 1~2일(냉동 2주) ----------------------------

- 바나나 1개
- 달걀노른자 1개
- 무염버터 15g
- 박력분 70g
- 베이킹파우더 1/4작은술

★ 짤주머니를 준비하세요.

아이싱

- 조청 1작은술
- 코코넛가루 1큰술
  (또는 볶은 콩가루)

① 볼에 바나나를 넣고 포크로 으깬다.

② 버터는 내열 용기에 담아
전자레인지에서 30초간 돌려 녹인다.

③ 박력분, 베이킹파우더를 섞어 체 친다.

1 볼에 바나나, 노른자, 버터를
넣고 섞는다.

2 체 친 가루류를 넣고
주걱으로 가르듯이 섞는다.

3 짤주머니에 ②를 담아
오븐 팬에 도넛 모양으로
동그랗게 짠다.

4 180℃로 예열한 오븐
(또는 에어프라이어)에서
15분간 노릇하게 굽는다.

5 식힌 도넛 위에 조청을
바르고 코코넛가루를 올린다.

천연 재료로 만드는 영양만점 간식

채소가 가진 단맛을 최대한으로 끌어낸 **채소머핀**

재료

🍼 미니 머핀 6개분   🍲 45분

❄️ 냉장 보관 3일

- 양파 40g
- 당근 25g
- 달걀 1개
- 박력분 90g
- 베이킹파우더 1/2작은술
- 우유 30g
- 현미유 15g(또는 아보카도유)
- 조청 1작은술
- 분말 페스토 약간(30쪽, 생략 가능)

준비하기

만들기

❶ 양파, 당근은 다진 후 팬에 넣어 중약 불에서 10분간 볶는다.

❷ 박력분, 베이킹파우더는 체 친다.

❸ 분말 페스토는 잘게 부순다.

1 볼에 모든 재료를 넣고 골고루 섞는다.

2 짤주머니에 ①의 반죽을 넣어 담은 후 머핀 틀에 반죽을 2/3씩 채우고 윗면에 분말 페스토를 살짝 뿌린다.

3 180°C로 예열한 오븐(또는 에어프라이어)에서 20~25분간 굽는다.

★ 이쑤시개로 찔러 반죽이 묻어나지 않을 때까지 구워요.

매운맛 없이 대파의 달큰한 풍미만 가득 대파 치즈머핀

재료

🍮 3개분　🍲 45분

❄️ 냉장 보관 3일

- 송송 썬 대파 40g(또는 다진 시금치)
- 아기용 치즈 1장
- 실온에 둔 무염버터 15g
- 달걀 1개
- 박력분 90g
- 베이킹파우더 1/2작은술
- 우유 30g
- 조청 1작은술
- 원당 약간

준비하기

① 팬에 버터 약간, 송송 썬 대파를
　넣고 약한 불에서 3~5분간 볶는다.

② 치즈는 손으로 작게 찢는다.

③ 박력분, 베이킹파우더는 체 친다.

만들기

1　볼에 원당을 제외한 모든 재료를 넣고 섞는다.

2　짤주머니에 ①의 반죽을 넣어 담은 후 실리콘 머핀 틀에
　반죽을 2/3씩 채운다.

3　반죽 윗면에 원당을 조금씩 뿌린다.

4　180℃로 예열한 오븐(또는 에어프라이어)에서 15~20분간 굽는다.
　★ 이쑤시개로 찔러 반죽이 묻어나지 않을 때까지 구워요.

☆ 알아두세요

대파는 두께가 얇은 것을 골라 사용해요. 대파는 볶으면 매운맛이 없어지고
단맛과 특유의 아삭한 식감만 남아요. 버터와도 잘 어울려 머핀이나 스콘으로 만들면 맛있어요.
대파의 식감이 싫다면 우유에 넣고 곱게 갈아요.

블루베리 클라푸티

클라푸티는 홈메이드 케이크 같은 음식이에요. 주로 프랑스 시골에서 먹는
디저트인데, 밀가루와 우유, 달걀 등으로 만든 반죽에 체리를 넣어 만들어요.
일부러 거품을 내지 않고 묵직하게 만들기 때문에 공기층이 많이 들어간 케이크에 비해
식감이 묵직해 한두 조각만 먹어도 오후 간식으로 아주 든든해요.

재료   🐷 2회분   🍲 1시간 20분   🧊 냉장 보관 3일

- 블루베리 80g
- 바나나 1개
- 오트밀 35g(또는 박력분)
- 달걀 1개
- 아기용 떠먹는 요구르트 85g
- 시금치 20~30g(또는 케일, 1줄기)
- 무염버터 약간

바나나 1/2개는 토핑용으로
블루베리와 비슷한 크기로 깍둑썰고,
1/2개는 푸드프로세서에
갈 수 있게 큼직하게 썬다.

1 푸드프로세서에 블루베리,
토핑용 바나나를 제외한
나머지 재료를 모두 넣고
곱게 간다.

2 지름 18cm의 오븐 용기에
버터를 골고루 바른다.

3 오븐 용기에 ①을 붓는다.

4 블루베리, 바나나를
골고루 올린다.

5 170℃로 예열한 오븐에서
60분간 굽는다.
★ 165℃로 예열한
에어프라이어에서 60분간
구워도 좋아요.

우리 아기 생일상 차리기

첫돌, 두 돌, 매년 생일마다 차려주는 생일상이에요.
**기본적인 삼신상에 전 몇 가지와 수수팥떡을 같이 올리는데, 아기가 무탈하게
자라도록 삼신(포태신)에게 비는 의미로 차려줘요.**
미신이지만 7살까지는 챙기는 게 좋다는 친정엄마의 말에 큰아이도, 작은
아이도 생일 1~2주 전에 떡을 맞추고 당일 밤에 준비해 새벽에 상에 올려요.
삼신상에 올라가는 미역국은 그저 미역만 넣어 끓이고, 조상과 부모, 아기를
뜻하는 뿌리(도라지), 줄기(고사리), 잎(시금치)채소로 삼색나물을 무쳐
정화수와 함께 동트기 전 동쪽에 상 차려 절하고 축문 읽으며 아기의 복과
장수를 기원하지요.

여러 가지 지켜야 되는 것들도 있는데, 음식은 생일 당일 자정부터 준비하고,
가위나 칼을 사용하지 않고, 오신채나 소금간을 하지 않는 것. 준비한 음식은
해 뜨기 전 차리고 당일에 다 먹어야 하는 것들이에요. 이 많은 것들을 다
지키지 않고 아기의 건강과 행복을 기원하는 마음만 있어도 돼요. 첫째
아이 때는 모든 조건을 맞춰 차렸는데, 막상 차려보니 정작 아기는 먹지도
않고 어른도 잘 먹지 않아 후에는 그냥 온 가족이 맛있게 먹을 수 있도록
준비했어요. 미역국에 소고기도 듬뿍 넣고, 먹지 않는 도라지, 고사리 대신 무,
버섯, 시금치로 삼색나물도 무쳤어요. 잔칫날이라 고기 반죽 넣어 몇 가지 전도
부치고요. 떡은 아기도 먹을 수 있게 무염으로 맞추면 더 좋겠지요.

상을 차리는 데 중요한 건 이것저것 지켜야 하는 수많은 주의 사항이 아니라
아기를 사랑하는 부모의 마음인 것 같아요. 모든 아기가 무탈하게 태어나
건강하게 자라는 것만큼 행복한 일이 있을까요. 정갈하게 상을 차리며
이 아기를 제게 보내주신 삼신께 감사 인사드리는 의미로 첫돌에는 삼신상을
차려 부부가 함께 뜻깊은 날이 되셨으면 좋겠어요.

축문

젖 잘 먹고, 젖 흥하게 점지해서
잘 먹고, 잘 놀고 잘 자고
긴 명은 서리 담고
짧은 명은 이어 대서
수명장수하게 점지하고
장마 때 물 불듯이
초생달에 달 붙듯이
아무 탈 없이 무럭무럭
잘 자라게 해주십시오.

Plus Page

소고기 미역국

생일 때마다 부모님이 정성스레 끓여주신 미역국에는 사랑이 담겨있지요.
푹 익은 미역은 잘게 잘라주면 부드럽게 먹을 수 있어요. 특유의 미끄덩거리는 식감에
거부감을 느낄 수 있는데, 잘게 찢은 고기와 함께 주면 곧잘 먹어요.
미역의 영양이 듬뿍 들어 이유식 시기에 끊임없이 만드는 메뉴기도 해요.

재료   👶 4회분   🍲 90분   ❄ 냉장 보관 3일(냉동 2주)

- 소고기 양지(덩어리) 100g
- 마른 미역 10g
- 물 1ℓ(5컵)

미역은 미지근한 물에 30분간 불려
진액이 나올 때까지 주물러가며
깨끗하게 씻고 물기를 꼭 짠다.

1 소고기는 끓는 물에
5분간 데친 후 헹군다.

2 냄비에 물 1ℓ, 소고기를 넣어
중간 불에서 30분간 끓인다.
소고기를 꺼내 한 김 식힌 후
잘게 찢는다.

3 ②의 국물에 미역을 넣고
중간 불에서 끓인다.

4 끓어오르면 찢어둔 소고기를
넣는다.

5 중약 불에서 1시간 동안
푹 끓인다.

499

길게 썬 지단으로 장수를 기원하는 **달걀잡채**

재료

🐷 2회분   🍲 30분
❄️ 냉장 보관 1일

- 달걀 2개
- 미니 파프리카 1개
- 표고버섯 25g
- 양파 50g
- 부추 약간(또는 쪽파)
- 현미유 약간(또는 아보카도유)

준비하기

만들기

① 미니 파프리카, 표고버섯,
양파는 얇게 채 썬다.
부추는 3cm 길이로 썬다.

② 볼에 달걀을 넣고 푼다.

1, 2   3

1 달군 팬에 현미유를 두르고 달걀물을 부어 얇게 펼쳐
약한 불에서 지단을 부친 후 얇게 채 썬다.

2 팬을 다시 달궈 현미유를 두르고 채소를 각각 넣고
중간 불에서 5~7분간 숨이 죽도록 볶아 덜어둔다.

3 팬에 ①, ②, 부추를 넣어 부추의 숨이 죽을 정도로 볶는다.

곱게 다져 아기가 먹기 편해하는 소보로 불고기

🍚 1회분 ⏲ 30분

❄ 냉장 보관 3일

- 다진 소고기 50g
  (또는 다진 돼지고기)
- 아기용 만능 고기양념 1큰술(415쪽)
- 양파 25g
- 표고버섯 10g
- 현미유 약간(또는 아보카도유)

준비하기

1 볼에 다진 소고기,
   만능 고기양념을 넣고
   섞는다.
2 양파, 표고버섯은
   곱게 다진다.

만들기

1 달군 팬에 현미유를 두른 후 양파, 표고버섯을 넣고
  중약 불에서 7~10분간 양파가 익을 정도로 볶는다.
2 소고기를 넣고 중간 불에서 10~15분간 익을 때까지 볶는다.

소고기 표고버섯전 & 파프리카전 & 애호박전

원래 전은 삼신상에는 들어가지 않는 음식이에요. 다만 생일상이니 만큼 잔치의 기쁨을 담아
삼색이 고운 각종 전을 부쳐 올렸어요. 생일날은 아기뿐만 아니라 부모도 함께 축하받아야 하는
날이니 만큼 모두가 같이 맛있게 먹을 수 있는 모둠전으로 상을 다채롭게 차려보세요.

재료   🍼 2회분   ⏲ 45분   🧊 냉장 보관 2일

- 표고버섯 2개
- 미니파프리카 2개
- 애호박 70g
- 달걀 1개
- 밀가루 1큰술
- 현미유 약간
  (또는 아보카도유)

고기소
- 다진 돼지고기 30g
- 다진 소고기 30g
- 다진 양파 25g
- 다진 표고버섯 10g
- 송송 썬 부추 약간
  (또는 쪽파)

준비하기

만들기

① 볼에 고기소 재료를 넣고 섞는다.

② 볼에 달걀을 넣고 푼다.

1 **표고버섯** 밑동을 떼고 윗면에 별모양을 칼집을 낸 후
속에 밀가루를 묻힌다.
미니 파프리카 길이로 2등분하고 씨를 제거한 후
속에 밀가루를 묻힌다.
애호박 0.5cm 두께로 썬 후 밀가루를 묻힌다.

2 **표고버섯, 미니 파프리카** 속에 고기소를 채우고
고기소 부분에 밀가루를 묻힌다.
애호박 고기소를 적당량 올린 후 다른 애호박을 올려 샌드한다.

3 **표고버섯, 미니 파프리카** 달걀물을 고기소 부분에 묻힌다.
달군 팬에 현미유를 두르고 고기소 부분이 팬에 닿게 올려
중약 불에서 10~15분간 고기소가 잘 익도록 부친다.
애호박 밀가루 → 달걀물 순으로 입힌다.
달군 팬에 현미유를 두르고 중약 불에서 10~15분간
겉은 노릇하게, 안의 고기소까지 잘 익도록 부친다.

느타리버섯나물 & 무나물 & 시금치나물

삼색나물은 도라지, 고사리, 시금치를 의미하는데, 쓴맛이 강한 도라지와 떫은맛의 고사리는 먹기 쉽지
않아요. 이럴 때는 평소에 익숙하게 먹었던 채소로 삼색나물을 만들어주세요. 삼신상의 의미를 담아
땅에서 나는 뿌리채소, 땅 위로 자라는 줄기채소, 푸르게 자라는 잎채소를 골라 정갈하게 무쳐주세요.

재료   🍼 2회분   🍲 30분   ❄️ 냉장 보관 3일

- 느타리버섯 50g(또는 새송이버섯, 표고버섯, 팽이버섯)
- 무 50g(또는 당근, 배)
- 시금치 50g(또는 브로콜리)
- 통깨 약간
- 참기름 약간

★ 무나물에서 무 대신 배를 써서 나물을 할 때는
생으로 해도 되고, 살짝 익혀 부드럽게 만들어도 좋아요.

① 느타리버섯은 잘게 찢는다.
② 무는 채 썬다.

1 느타리버섯은 마른 팬에
넣고 중약 불에서 7~10분간
볶는다.

2 볼에 느타리버섯, 통깨,
참기름을 넣고 무친다.

1 팬에 무, 무가 잠길 만큼의
물을 자작하게 부어
중간 불에서 수분이 없어질
때까지 볶듯이 끓인다.

2 통깨, 참기름을 넣고
가볍게 볶는다.

1 시금치는 끓는 물에 1분간
데친 후 찬물에 헹궈 꼭 짠다.
★ 시금치는 수산이 있어
데쳐 사용해요. 시금치 데친
물은 사용하지 말고 버려요.

2 볼에 시금치, 통깨, 참기름을
넣고 무친다.

< 진짜 기본 요리책 완전 개정판 >
레시피팩토리 지음 / 356쪽

요리에 진짜 왕초보인 엄마들을 위한
기본과 응용이 탄탄한 '국민 요리책'

☑ 애독자 패널 100명과 함께 더 탄탄하게 보강한
기본 메뉴 320개, 응용 방법 100여 개

☑ 왕초보 엄마들도 따라 하면 성공할 수 있는
레시피와 분량, 불 세기, 조리 시간 등을 정확하게 제시

☑ 기호에 따라 선택할 수 있도록 다양한 양념, 대체 재료,
아이들을 위한 매운맛 조절 등 여러 옵션 수록

☑ 재료 고르는 법부터 남는 재료 냉장&냉동, 해동법까지
왕초보 엄마들이 궁금해 하는 정보 총망라

베이킹을 한 번도 해본 적 없는 엄마들도
이 한 권이면 기본 베이킹은 진짜 끝!

☑ '진짜 기본' 베이킹책을 만들기 위해 레시피팩토리
독자기획단 101명이 함께 고르고 기획한 기본 메뉴

☑ 작은 과자, 머핀, 파운드케이크, 타르트, 파이, 빵까지
더 이상 더할 것도, 뺄 것도 없는 111개 레시피

☑ 베이킹 왕초보 엄마도 따라 하면 성공할 수 있도록
수차례 테스트해 분량, 온도, 시간까지 정확하게 제시

☑ 기본 반죽을 재료, 필링, 토핑 등으로 다양하게
응용할 수 있는 방법 수록

< 진짜 기본 베이킹책 >
레시피팩토리 지음 / 296쪽

< 골고루 식습관 유아식 >
김미리 & 김좋은 지음 / 312쪽

유아식 전문 영양사맘들이 쉽게
풀어주는 편식 없는 완밥 습관 노하우

☑ 국내 최초로 전국 어린이집과 유치원의 표준 급식표를
  완벽 분석해 설계한 유아식 레시피 164개

☑ 유아식 식판 구성에 맞춰 밥, 국물(국, 탕, 찌개),
  단백질 반찬, 사이드반찬, 아이김치로 나눠 소개

☑ 유아식 초보맘도, 워킹맘도 유아식 준비 걱정 Zero!
  늘 바쁜 워킹맘 저자들이 터득한 '엄마 손 편한 노하우' 공개

☑ 준비도 먹기도 편한 한 그릇 밥과 면, 아플 때 좋은
  죽과 수프, 부족한 영양 채우는 영양간식 풍성하게 수록

그대로 따라 하면 쉽게 완성되는
아이들이 환호하는 캐릭터 도시락

☑ 도시락 하나로 96만 팔로워와 소통하는
  파워 인플루언서 콩콩도시락의 두 번째 도시락 책

☑ 재료도, 조리법도, 모양내기도 간편하고 아이들과
  함께 준비하기 좋은 캐릭터 도시락 40여 가지

☑ 주먹밥, 김밥, 볶음밥, 덮밥 등 밥 도시락과 빵 도시락,
  감자나 고구마 활용한 간식 도시락까지 다양

☑ 도구부터 재료, 맛내기, 모양내기까지
  가득한 꿀팁을 기본 가이드에 자세하게 소개

**< 추억을 만드는 귀여운 도시락
캐릭터 콩콩 도시락 >**
김희영 지음 / 176쪽

토핑으로 시작해 아이주도로 완성하는
아기 성장 맞춤 이유식

1판 1쇄 펴낸 날	2024년 8월 19일
편집장	김상애
책임편집	구효선
디자인	원유경
사진보정 및 표지촬영	박형인(studio TOM)
사진	석은선
기획 · 마케팅	내도우리, 엄지혜
표지 제품 협찬	마더케이
편집주간	박성주
펴낸이	조준일
펴낸곳	(주)레시피팩토리
주소	서울특별시 용산구 한강대로 95 래미안용산더센트럴 A동 509호
대표번호	02-534-7011
팩스	02-6969-5100
홈페이지	www.recipefactory.co.kr
애독자 카페	cafe.naver.com/superecipe
출판신고	2009년 1월 28일 제25100-2009-000038호
제작 · 인쇄	(주)대한프린테크

값 32,000원

ISBN 979-11-92366-40-1

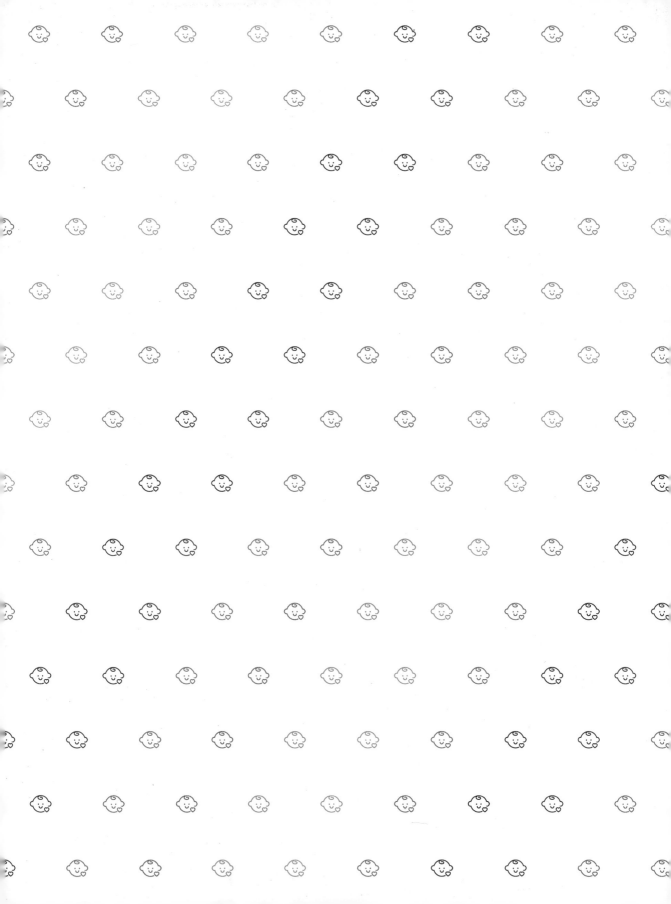